化学实验室
风险控制与管理

张静　杜奕　张燕　刘群 ◎ 编著

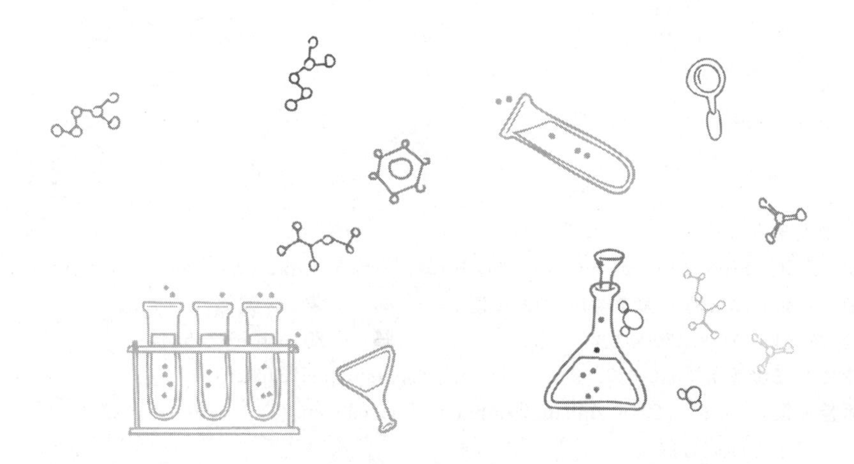

清華大学出版社
北　京

内 容 简 介

本书以“危害辨识—风险评估—降低风险—应急准备”这一基本方法为主线，系统阐述了化学实验室风险控制与管理的思路和具体措施。内容总结了国际知名化工企业陶氏化学的实验室安全管理理念和风险评估工具，以及清华大学化学工程系实验室安全实践经验，为大家传授科学而行之有效的风险控制思维和方法。

本书适合化学、化工类专业的高校师生和实验室从业人员学习借鉴，也可以供其他专业人员在接触化学实验时参考。

图书在版编目（CIP）数据

化学实验室风险控制与管理 / 张静等编著. -- 北京 ：清华大学出版社，2024. 12. -- ISBN 978-7-302-67576-1

Ⅰ. O6-37

中国国家版本馆 CIP 数据核字第 20241XT250 号

责任编辑：刘　杨
封面设计：何凤霞
责任校对：王淑云
责任印制：杨　艳

出版发行：清华大学出版社
　　网　　址：https://www.tup.com.cn，https://www.wqxuetang.com
　　地　　址：北京清华大学学研大厦 A 座　　**邮　　编**：100084
　　社 总 机：010-83470000　　**邮　　购**：010-62786544
　　投稿与读者服务：010-62776969，c-service@tup.tsinghua.edu.cn
　　质量反馈：010-62772015，zhiliang@tup.tsinghua.edu.cn
印 装 者：三河市东方印刷有限公司
经　　销：全国新华书店
开　　本：185mm×260mm　　**印　张**：11.25　　**字　　数**：271 千字
版　　次：2024 年 12 月第 1 版　　**印　　次**：2024 年 12 月第 1 次印刷
定　　价：45.00 元

产品编号：100458-01

序

“如果很不幸，出了安全事故，最悲惨的人是谁？不是公司，不是我，也不是你的部门主管，而是你和你的家人。遭受身体痛苦的是你，遭受生活不幸的是你的家人。我们都不希望这样的事情发生。所以当你在做实验的时候觉得不确定，或者有些担心，就应该停下来。找安全部门的同事一起来会商，评估所有的安全风险，然后再继续。”这是我经常在实验室安全大会上讲的话。正是因为陶氏有着安全第一的准则，完整的安全体系，专业的安全管理制度和人员，深入人心的安全文化，陶氏研发中心一直保持着优异的安全纪录。

上海陶氏中心的实验室安全委员会主席由企业高层领导班子成员轮流兼任，所有的实验室部门领导都在委员会中；研发中心的科研骨干也轮流担任实验室安全主题项目活动的召集人；每天实验开始前的“safety moment”成了每一位实验者分享实践经验和安全事件的专属时间。另外，一支10人组成的全职安全管理团队为亚太区研发实验室的安全运行提供了强有力的支持。与此同时，我们非常乐意和科研实验室的同行分享我们的知识体系和实操案例。陶氏通过互联网以视频的方式与全社会分享我们的实验室安全理念，创立“Dow Lab Safety Academy”帮助科研实验室和化工领域的从业者提升安全意识，牢记安全第一的信条。从2012年开始，陶氏就和中国化学会合作，在高校开展实验室安全工作的经验分享。我们将安全文化和实践经验传递给了许多高校，希望能对大学化学实验室的安全工作作出我们的贡献。

2018年，一切似乎水到渠成。陶氏和清华大学达成合作意向，由亚太区研发部EHS负责人张静和她的团队成员，与清华大学杜奕老师通力合作，参与清华大学化学工程系研究生课程“实验室风险控制与管理”的教学内容的开发工作。经过五年的打磨，形成了适合大学教育形式的系统性的课程体系，并且结合陶氏的实验室安全经验、科学的风险评估工具和可操作性强的安全实践方法，汇总成书，形成了这本正式出版的教材。

正是由于作者对实验室安全工作的热爱和对生命、健康和环境的敬畏，她们在本职工作之外付出劳动和心血，本着培养具有正确价值观之创新人才的初心，将当前科学、系统的实验室安全体系和方法总结出来，希望可以为同学们和实验室管理者提供有效的参考和借鉴。我相信如果所有的实验室能够建立科学、有效的实验室管理体系并遵照落实，一定能够预防实验室事故的发生，保证实验室从业人员的安全和健康。每个人都是自己安全的第一责任人，祝愿每一位读者都能够在化学实验室平安地探索未知，用科学的风险控制方法助力科技的进步与创新！

最后，我愿意引用张静的签名档作为结语：“明天——你今天安全工作的礼物！”

陶氏化学亚太区首席技术官　姚维广

2023年3月于上海

序

前 言

高校的科学实验有很强的探索性，即通过各种尝试在未知中寻找新的科学规律。然而探索往往是伴随着风险的，特别是化学实验室，涉及的危险要素尤其复杂且多变，包括危险化学品、机械、电气、特种设备、辐射、生物等。高校实验室安全管理起步较晚、安全教育体系不成熟，实验室人员的组成复杂、知识背景差异以及流动性大，这都给实验室安全工作带来了巨大挑战。因此在化学实验室中，危害意识不足、风险评估不充分、防护措施不到位、应急响应不完善等问题都将埋下事故隐患，一个极其微小的引发事件，就可能导致严重的后果。

安全是教育、科研事业不断发展以及学生成长成才的基本保障。事实上，科学的安全管理绝不会成为实验进程的绊脚石，反而会助力科研的行稳致远，减少意外的损失。在实验室安全管理体系中，无论哪一个层级的控制手段，均需要依靠管理者的认知和执行，因此实验室安全理念的传播与方法的分享至关重要。实验室安全管理不仅关系到师生的安全健康，也是个育人的过程。一流的工科人才，不仅要有一流的创新能力，而且要有把公众的安全、健康和福祉放在首位的价值观。因此，开展实验室安全教育及课程建设势在必行。清华大学化学工程系和化工行业内安全标杆企业陶氏化学公司依靠自身专业优势，于 2018 年在清华大学合力推出了研究生学位课“实验室风险控制与管理”，并在此课程的基础上编写了配套教材《化学实验室风险控制与管理》。本教材以风险分析为主线，系统性地将化学实验室的安全知识和风险评估方法进行了清晰的阐述，让读者能够在开展实验之前，即对可能遇到的风险进行思考分析，培养先评估风险再动手实验的好习惯。

本教材第 1 章、第 6 章、第 7 章主要由杜奕执笔，第 2 章～第 5 章主要由张静、张燕、刘群执笔。非常感谢李玉平、张翀、杜武俊、徐宏勇、赵劲松几位老师提出的宝贵建议和修改意见。衷心希望本教材能让同学们对化学实验室的危害辨识、风险评估与控制手段、应急响应和事故分析有充分的了解，也期待其中的方法和实践能够帮助实验室从业人员提高安全管理和风险防范水平，为科研创新保驾护航。

鉴于作者水平有限，书中疏漏之处在所难免，恳请广大读者批评指正。

编　者

2024 年 10 月

目录

第1章

在化学实验室创造神奇，你准备好了吗?

如果你在很小的时候就对新物质或新材料感兴趣，那么你在中学的时候就一定会喜欢化学课，也会喜欢做化学实验。在进行化学合成实验的时候你甚至可能有一种做上帝造万物的感觉，这就是化学这门基础学科给大家带来的神奇体验。对化学实验着迷的你也会感受到化学元素的神秘力量：气态的氧原子构成了地球上生命体赖以生存的氧气，而高纯的氧气一旦遇到可燃的油脂会立即引发燃烧甚至爆炸。液态金属汞元素是我们日常使用的体温计中不可或缺的指示剂，然而体温计破碎后泄漏出来的汞具有很高的毒性，必须在良好的通风条件下立即收集在密封的容器中，以防汞蒸气的进一步扩散。历史上的化学家在探索未知世界的征程中甚至付出了健康和生命的代价：诺贝尔发明安全炸药，而他的弟弟却在一次试验的爆炸事故中去世；居里夫人发现了放射性元素，却因为长期暴露于射线危害而病逝于白血病。这些科学研究的先驱者用他们的奉献揭示了化学实验研究在价值利用的同时出现的风险。

随着对化学学科的深入了解，你会发现科学研究往往涉及新知识和新技术。科学方法一般基于假设，基于一个我们并不知道答案的问题，其操作和原料性质也许是我们并非完全知晓的。了解上的缺失增加了实验过程中的风险，而且风险往往会随着科学探究的愈加前沿而逐渐地增加。除探索未知世界带来的潜在风险之外，越来越多跨学科的研究也让我们暴露在不了解的风险中，比如你可能没有在化学实验室工作过，没有接受过化学专业的教育和训练，你的研究课题会使用并不熟悉的化学品。因此，实践中的科学工作者们必须面对跨学科的挑战，学习并实施风险评估与控制。

随着科技的进步，人们在进行科学研究时已经逐渐掌握了安全的操作技术；对越来越多的化学品进行了危害评估；一些最佳实践和事故案例通过各类媒体分享，帮助科研工作者们更安全和顺利地开展实验研究。与此同时，国家法律法规和各类标准的出台以及规章制度的实施，也约束着科研工作者们在合理、合规的范围内进行科学研究。如果你即将进入化学实验室工作，或者即将开始化学实验研究，那么你必须参加化学安全相关的培训与课程学习。当你学习了基础的安全知识，就会在认识事物的时候增加风险防范的视角，在看待问题的时候就会更加全面；就会带头遵守实验室安全规则，带头做好个人防护，带头考虑实验中的风险，带头分享安全事件，从事故中学习和改进。久而久之，你将建立自己的“安全价值观”，用你的安全知识和风险控制技术让工作更加顺利而高效。你会变得与别人不一样，你的一举一动都将体现出优秀的专业素养，即使你以后不在实验室工作，这种多维度的思考方式也将让你的工作和生活受益匪浅。

现代一流的科学研究中，对科技的探索与实验风险控制已经成为密不可分、相辅相成的两个方面。在《化学实验室风险控制与管理》这本书中，我们将从危害辨识入手，介绍化学实验室常见的风险及其控制方法，并从风险的视角重新审视我们的实验和实验室，帮助喜欢化学的你在通过化学反应发明创新的时候，可以充分保护自己和他人，让你的工作更加安全而顺利地开展。

1.1 你了解自己的实验室吗？

化学/化工实验室是一个创造神奇的地方，我们生活、生产中的新发明、新工艺、新材料就是在这里诞生的。然而我们在实验室创造神奇的同时，也面对着各类风险。化学实验室有很多危险源，例如危险化学品、高温高压设备、机械加工设备，等等。在实验过程中，如果你随心所欲地操作，那么除了会受到伤害，也表现出缺乏必备的专业素养。我们常常说化学品是一种危险源，是因为化学品本身具有危险性，但是这一事实并不意味着我们不能在实验室中使用它们。每一个化学品都存在“利用价值”和“固有危险”的两面性，这是由其特有的原子组成和键接结构决定的。我们在使用化学品的时候正好是这两面性同时出现的时候。例如我们在生活中常用的洁厕灵含有盐酸（HCl），84 消毒液中含有次氯酸钠（NaClO），两者混合就会发生化学反应（$2HCl + NaClO \xlongequal{} NaCl + H_2O + Cl_2\uparrow$）产生剧毒的氯气（$Cl_2$），如果处于不通风的房间就会使人产生明显的急性中毒症状。化学品是很多实验中必不可少的原料或辅助添加剂，在化学实验室更是几乎天天接触，如果不了解化学品的危害，就可能给自己或他人带来伤害，甚至威胁到生命安全。因此在开始实验之前，就应该了解所使用的化学品具有的危害。只有学会控制其危险性的方法，我们才能更好地发挥化学品的利用价值。

实验室中的大多数风险是我们可以预见并进行有效控制的，然而要实现“有效预防实验事故”，就需要我们学会识别风险并掌握控制风险的科学方法。例如我们的常见操作往往涉及多种易燃易爆的有机溶剂，但如果将其挥发（或蒸发）控制在合适的范围内，或者合理控制用量，并且从该区域排除了点火源，则风险就得到了控制。如果使用某种危害健康的易挥发化学品，我们就需要在一个规范运转的通风橱中使用来降低风险。强酸对皮肤有腐蚀性，但如果我们采取保护措施避免皮肤接触，风险也会进一步降低。

一个化学实验往往涉及多种危险源，因此风险也相应叠加。此外，实验的风险还随着实验原料的种类、用量，实验操作方式等因素的变化而发生较大改变，因此，实验开始之前的风险评估就尤为重要。不管是从文献中找到的实验步骤，还是自己设计的实验方案，都不是最终的实验标准操作程序（standard operating procedure，SOP）。需要先对实验方案进行风险分析，在确定了风险控制措施、了解了突发事件的应急处理和实验中的三废处理方法之后，形成的带有安全注意事项的详细操作步骤才是可以遵循的实验 SOP。

我们强调安全意识，是因为上文中讲到的实验风险不是所有具备了专业知识的人就一定会掌握的。对风险的认知需要在刚刚接触化学实验的时候培养，这几乎可以追溯到高中甚至初中时期第一次进入化学实验室的时候。此时老师就有义务向所有同学介绍实验室的危险源和实验中的潜在风险，并培训学生如何使用实验室安全设施和个人防护装备，让每一位同学了解应急响应的步骤。在大学里，学生会进入教学实验室和科研实验室进行实验操作，这两种实验室由于主要功能上的差别，使其在安全管理和安全意识的培养上会有不同的侧重。然而随着大学科研教学工作的飞速发展，教学实验室与科研实验室的界限越来越不清晰，很多同学在教学实验室开展科研活动，大学科研实验室也从始至终承担着人才培养的教育教学功能。

1.1.1　教学实验室

化学教学实验室从高中就开始设立，到了大学，教学实验室仍具有实施最初实验室安全教育培训的使命。中国大学的教学实验室在实施教学任务的时候，往往有较多的学生同时进行化学实验，意外事故的发生将会影响甚至伤害到较多的人，因此教学实验室的安全管理和教育培训尤为重要，学生第一次进入实验室的时候就必须确立对实验风险的正确认知。2018 年 11 月 11 日上午，泰州市医药高新区某中医药大学实训中心的实验室在实验过程中发生爆燃，导致当时身处实验室内的三十多名师生受伤（图 1-1）。师生缺乏对实验过程风险的深入了解，实验设备操作失误，致使乙醇蒸气浓度过高引发爆燃是事故的直接原因。

大多数教学实验是在一定的内容范围之内进行实验操作，主要目的是让学生对所学习的理论进行验证，并对现象作深入思考，教学内容相对固定，带来的风险是可控的。但这并不意味着教师在实验开始前只需要强调注意事项。实际上，正是由于教学实验的风险相对确定，因此任何教学实验的实验过程都可以进行危害辨识与评估的训练，教给学生如何选择合适的个体防护装备（personal protective equipment，PPE），如何正确地使用危险化学品，了解应急响应步骤和应急设备的使用，确保学生掌握风险控制技能后进行安全操作，并保持良好的实验环境，按照规定管理化学废弃物。从上述实训中心的事故案例可以看出，教师在教学环节没有对实验风险进行全面分析和评估，直接导致学生没有掌握实验过程的控制措施，可见在教学实验中教师的作用尤为重要。教学实验室的全体教员应致力于做好实验室的安全管理和安全工作的实践，因为教学实验室的安全环境、学生初次接触化学实验时的正确认知，将为学生今后在工业、学术、管理等领域的职业生涯打好基础。学生在教学实验室的实践中学到的安全知识、风险控制技能、对风险的判断与安全理念，甚至是实验室环境对学生认知的影响、安全设施对学生人身健康保护的效果，都将在学生此后的职业生涯中影响他的判断和选择，并通过他传播给更多的人。因此，在任何一个教育体系中，都不要忘记教育的本质和教育的力量不仅存在于专业知识的传授过程，还存在于对学生安全观念的培养中。

图 1-1　2018 年某中医药大学实训中心实验室事故

教学实验室在设计建造的初期就应该考虑到其台柜布局、通风系统、电气系统、工艺管道、消防应急等安全设施必须满足化学教学实验室的基本安全要求（图 1-2），应对突发事件和意外事故发生时的应急响应措施也应考虑教学实验室的特点，并在培训学生的时候进行应急演练。学生必须了解实验室中各类危险源，学会评估实验中的各种风险以及消除和降低风险的有效途径。大学的教学实验通常是由研究生作助教，他们对安全知识的理解和掌握也影响着其他学生的认知，因此也需要培养和培训研究生助教，让他们参与实验室安全管理，使他们有能力为上课的学生树立实验室安全实践的榜样。

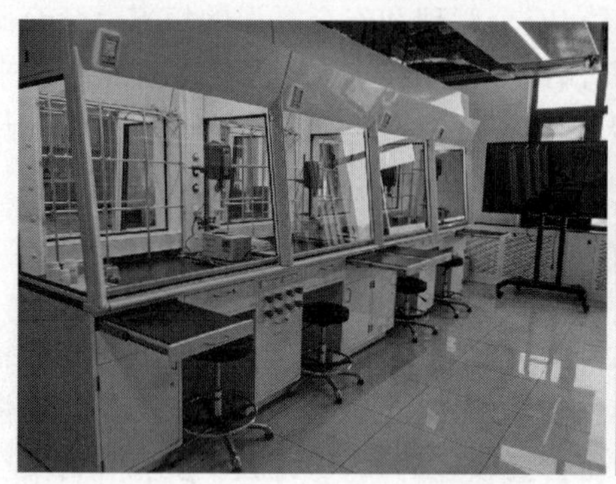

图 1-2 化学教学实验室

1.1.2 科研实验室

科研实验室最突出的特点就是工作者常常使用新方法制备新材料，未知的风险远远高于教学实验室。实际上科研实验室的工作人员并不总是有深厚的安全管理经验，因此学校、学院和负责教师应该为科学研究提供一个安全的环境。通过严格的实验室安全教育培训，让研究人员真正掌握实验过程风险分析的基本方法，使他们在不断变化的科研实验方案中始终做好风险控制。我们强调风险分析的方法，是因为对于科研实验室，一些常规的实验室安全管理规定、基本认识和安全操作只能在一定范围内降低风险，面对复杂的科研内容和实验过程，风险也往往不是显而易见的，而是多种因素叠加或是相互影响的结果。2015 年 4 月 5 日，某大学化工学院实验室发生气瓶爆炸，导致 1 位同学丧生，1 位工作者残疾，另有 3 位同学耳膜破裂。实验人员当时正在进行甲烷混合气燃烧实验，使用了自己充装的甲烷-氮气-氧气混合气气瓶。虽然实验者特别将混合气中甲烷的含量设定在 17%(超过常压爆炸范围的上限 16%)，但是并没有考虑到在气瓶压力为 2.0MPa(20 倍大气压)的前提下，爆炸上限会高于 16%，因此 17%的甲烷含量仍处于爆炸范围内。此时实验者开启气阀的速度过快，使得管道中的高速气流产生静电或摩擦热，引发了甲烷爆炸。从这一事故中可以看到，我们虽然从书本上学到了甲烷在常压下的爆炸范围是 5%～16%，但是在实际的实验条件下甲烷的爆炸极限会发生变化，而且在自行充装时仅仅通过表压来控制充装气体的含量是比较粗糙的。此时气瓶内已经具备了燃烧三要素中的两个，即可燃物和助燃气，实验中气阀打开过快又满足了第 3 个要素——点火源。由此可见，在实际的实验过程中，人为因素带来了很大的不确定性，实验风险需要依靠更专业的分析。如果实验之前没有进行过风险评估，实验人员就暴露在未知风险下，极大增加了事故发生的概率。

科研实验室另一个特点就是人员流动性高、复杂程度强。与教学实验室计划性的授课不同，科研实验室的每个时期都有离开或新进入实验室的学生、博士后、合作者、聘用人员等。他们可能对实验室一无所知，或者完全没有接受过专业训练。因此，在科研实验室，安全培训往往是一个持续的过程，而且当一项新的实验技术被采用时，需要通过充分的危害辨识和评估制定相关的SOP，并做好相应的培训考核，以减少人为失误。实际上，实验室负责教师对安全的认知和态度至关重要，将直接影响整个实验室的安全文化。这一点我们将在下一节进行详细阐述。

2010年1月7日，美国某大学化学与生物化学系的两名研究生进行高氯酸肼镍衍生物(nickel hydrazine perchlorate，NHP)相关实验，一般每次合成所得产品最多只有300mg，为了避免多次合成重复性变差，两名学生没有咨询导师擅自放大合成实验规模，一次性得到了10g NHP。在实验过程中，他们发现少量NHP在水或己烷存在下不会因为受撞击而爆炸，于是认为更大量的NHP也是一样的。由于放大实验得到的块状产物需要研磨，一位研究生在己烷中研磨5g NHP时发生爆炸(图1-3，事故报告见二维码1-1)。遗憾的是他当时没有戴护目镜。爆炸导致这名研究生失去了3根手指，一只眼睛被穿孔，手和面部被烧伤。

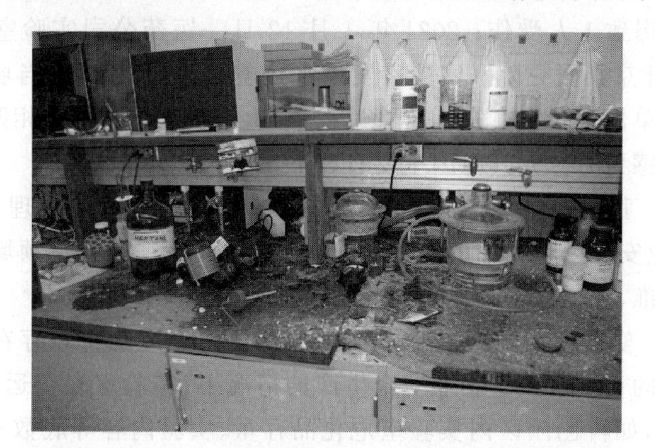

图1-3　2010年美国某大学化学与生物化学系实验室事故

1-1

可见实验中的任何变更都会带来风险的变化，不进行充分的风险评估贸然开展实验可能会导致严重的恶果。然而目前很多科研实验室的安全培训主要局限于安全管理规定的学习、安全实践(如废弃物管理、特殊设备操作)的要求、应急设备使用等方面；一些有积累的实验室会增加专业性标准操作程序的学习和考核。实际上这些内容还远远不够，科研实验室多变和复杂的实验过程要求所有工作人员不仅应该掌握实验室安全的基本知识和原则，还要利用风险分析和控制的方法做好变更管理。

科研实验室复杂多变的实验内容不仅带来难以预计的实验风险，还可能同时增加其他风险：①实验室布局或功能经常发生变化。由于课题的变化或新方向的探索，当负责教师或者实验者单纯地凭借新增设备或功能的需求，随意改变实验室布局或末端排风设备的时候，很可能带来实验室逃生通道不满足要求、应急设备受到阻挡、通风效果变差等安全隐患。②实验室危险源变更频率加快，风险控制措施更新不及时；或设备不能得到及时维护，在使用的时候出现问题导致事故。③安全设施无法及时满足变化中的实验要求，实验过程存在安全隐患。④在资源相对不足的地方，科研实验室经常是公用的，实验室的人均面积受到了很大的限制，实验内容的变更可能导致操作安全距离不足、逃生通道被挤占、公用设备的交叉污染等问题。⑤使用自制或组合的实验装置与器材，其风险可能是高温、辐射、高电压等物理伤害，以及夹伤、缠绕等机械伤害的叠加，复杂的装置其风险很难判断，需要更专业和系统的分析评估。由此可见，实验过程的变更管理在风险控制中是极为重要的部分，是整个风险控制理念中的核心要素。

1.1.3 企业研发实验室

除了大学中常见的实验室，随着科学技术的迅猛发展，各类科创园区、高新产业园区、技术型企业的实验室呈现暴发式增长态势。作为科技创新的重要载体，实验室的建设与管理水平是实现国家创新发展战略目标的重要基石。尽管企业研发实验室相较工业生产而言危险源体量小，但是由于实验室内危险源种类复杂（不仅限于危险化学品、放射性物质、病原微生物、特种设备等），探索性强，实验内容变更频繁，却缺乏有效的安全管理，导致我国的部分初创企业研发实验室存在系统性风险，实验室事故屡见不鲜，且存在群死群伤的可能性。例如仅上海市闵行区 2020 年 6 月—2021 年 2 月就有两起事故见诸报道，2020 年 6 月 11 日商务楼中一实验室闪爆致 1 人受伤；2021 年 1 月 12 日一医药公司实验室爆炸致 4 人受伤。2021 年 3 月 31 日北京某研究院一实验室发生水热釜爆炸，1 名学生当场死亡。此外，企业研发实验室及科研单位实验室在实际监管过程中，由于缺乏与其特点相匹配的执法依据，让基层执法单位亦颇感无力。究其原因主要有以下 5 点：

（1）"缺标准"。我国安全生产管理体制具有"企业负责，行业管理，国家监察，群众监督"的特点。各行业安全风险评估的实践做法各不相同，导致实验室领域缺少有针对性的、统一的风险评估标准、规范和工具。

（2）"少关注"。实验室安全风险特点与生产现场安全风险特点存在较大差异，在国家和行业将安全监管的重点聚焦于企业安全生产的情况下，实验室安全运行及管理长期游离于重点监管领域外，如科创园区内实验室危化品存量、实验内容等底数不明；园区、政府监管缺位；相当比例的实验室从设计建设初期即缺少评估与监管，导致其"先天"存在安全隐患。

（3）"难度大"。以高新产业园区和科技园区为代表的实验室是我国科技进步的支撑力量，跨学科研究与交叉学科技术的探索存在较大不确定性，风险复杂多变。如何在鼓励创新的机制下通过科学合理的手段进行监管，破解初创研发型小微企业监管困局，预防事故发生越来越成为政府部门的难题和挑战。

（4）"差数据"。现阶段科创园区、高新产业园区、企业实验室的安全管理主要以安全检查为抓手，运动式管理为特点，缺乏有针对性、系统化、长效稳定的风险评估及治理机制。对其风险的特点、影响、控制现状等数据尚不全面掌握，无法有针对性地对实验室风险防控进行策划和落实。

（5）"无配套"。科创园区、高新产业园区和企业的实验室不同于普通民用建筑，对水电气通风系统要求较高。例如：物理实验室对高电压与稳定性的要求；微电子实验室对洁净度和特气配置的要求；生物实验室对合理布局和气流组织的要求；化学实验室对动线布局、通风系统、气体供应和防爆等级的要求……这些不仅需要非常专业的设计选型和安装调试，更需要根据不同实验室功能要求进行灵活调整。但是目前多数园区配套实验室硬件都是普通民用建筑和民用通风条件，很难满足实验室研发需求。配套硬件的不足导致实验室各类风险没有得到有效控制，也是导致事故时有发生的重要原因之一。

综上所述，无论是学校的实验室，还是科研院所及企业的实验室，一个科学的安全管理体系是其顺利运转的可靠保障。然而我们在实际工作中不难发现，安全管理体系并不是简单地进行合规性检查，也不能仅仅停留在常规的治安保证。要真正从根本上实现"预防事故发生"，就需要有一支具备所需各类专业知识、专职致力于实验室安全管理的团队，从实验室的实际情况出发，从风险管理的角度建设安全管理体系。

安全管理体系的建立并不是一蹴而就的，"安全科学"作为一门多专业的交叉学科发展至今，已经积累了一定的理论基础和实践经验。安全管理体系的建立必须基于对安全科学的学习与运用，而这一目标的达成首先就需要比较统一的价值认知，每个人都需懂得自己身上肩负的责任关乎生命、健康与我们身处环境的安危。

1.2　你了解自己的权利与义务吗?

全世界对于安全的定义均源于一个共同的标准：将损害控制在人类可接受水平以下。然而人们的经验、阅历、受教育水平不同，对"可接受水平"的定义不尽相同。不同角色、不同岗位的人对安全的理解也有一定的差距。

1.2.1　安全管理中的伦理责任

诺贝尔小时候曾经这样问爸爸："炸药伤人，是可怕的东西，你为什么还要制造它呢?"父亲回答说："炸药可以开矿、筑路，许多地方需要它呢。"在人类不断向现代科学技术迈进的过程中，始终面临着"进步"与"安全"的选择和平衡。

以生产黑火药为主的杜邦公司在成立早期事故频发，濒临破产。创始人皮埃尔·杜邦(Pierre Dupont)下决心狠抓安全生产，干脆把自己家建在工厂火药库旁边，后面是一条小河与外界相隔，如果仓库发生爆炸，家人必死无疑。公司规定，任何一道新的工序、新的设施在没有经过杜邦家庭成员亲自试验前，其他员工不得进行操作。之后虽然杜邦公司停止了火药生产，也剥离了石油业务，但是"坚持创新、以人为本、安全至上"的企业文化始终是杜邦不断发展的核心价值观。

同是"百年老店"的陶氏公司(以下简称陶氏)一样具有负责任的企业文化，环保、健康和安全(environment，health & safety，EHS)信条(DOW's core values and EHS creed)成为陶氏的核心价值观。

在陶氏，保护人类和环境将是公司所做的每件事和所做的每一个决定的一部分。每位员工都有责任确保公司的产品和操作符合适用的政府标准或陶氏标准(以更严格的为准)。陶氏的目标是消除所有伤害，防止对环境和健康的不利影响，减少废物和排放，在产品生命周期的每个阶段促进资源节约，并向公众汇报公司的进展，响应公众的诉求。陶氏的企业价值观基于安全、健康、环保的全面要求，以及工程师的伦理责任——诚信、公正、负责任、注重社会价值，更加贴近全球化工行业倡导的"责任关怀"。

"责任关怀"的口号在1985年由加拿大政府首先提出，1992年被国际化工协会联合会接纳并形成在全球推广的计划，是化工行业针对自身发展情况提出的一套自律性的，持续改进环境、健康和安全绩效的管理体系。其基本含义是：化学品制造企业关心产品从实验室研制到生产、分销以及最终再利用、回收、处置销毁的全生命周期，关心承包商、用户、附近社区及公众的健康与安全，有责任保护公共环境，不应因自身的行为使员工、公众和环境受到损害。确保化工企业达到最低的风险水平。

美国兰德公司用20年时间追踪了500家世界大公司,发现其中百年不衰的企业有一个共同的特点,就是他们坚持了具有4个特征的价值观,即:①人的价值高于物的价值;②共同价值高于个人价值;③社会价值高于利润价值;④用户价值高于生产价值。“以人为本”成为企业安全生产的灵魂,是企业安全发展的“DNA”。对安全的认知体现了这些负责任的企业对待生命、健康、环境的态度,坚持尊重生命、维护健康、保护环境的态度将上升为人的伦理价值观。坚持正确的价值观是企业长盛不衰的秘诀,是行业持续发展的核心,是可以通过每个人传播到各个领域引领社会进步的源泉。

与企业安全管理中的伦理要求相似,实验室安全管理同样需要所有人特别是管理者具有正确而统一的价值认知,这将是形成良好安全文化的前提条件。下面我们通过两个真实的例子来说明伦理观对人行为的影响。

(1) 含铅汽油的发明

托马斯·米基利·梅勒是美国著名的机械工程师和化学家,拥有100多项专利,也是当时媒体眼中的科学界明星。他经常活跃在大众眼前,也获得了众多荣誉。1916年,年轻的机械工程博士梅勒加入通用汽车的戴顿(Dayton)实验室,得到的第一个课题就是研究新的汽油抗爆剂。自学了化学的梅勒博士最终发明了一种优良的汽油抗爆剂——四乙基铅。在汽油中加入很少量的四乙基铅就可以达到抗爆效果,便宜且高效。梅勒因此获得了美国化学协会授予的尼克斯奖章。

然而铅是一种神经性毒素,通过在血液和骨骼中沉积最终对大脑和中枢神经系统造成无法修复的破坏。四乙基铅这种脂溶性的剧毒化学品是强烈的神经毒剂。虽然铅和铅化合物在当时都是已知的毒物,通用汽车公司却将含铅汽油称作“乙基汽油”(ethyl),故意隐瞒产品的危害(图1-4,图1-5)。随着含铅汽油的推广,汽油燃烧时产生的铅严重污染了大气,使得世界各地患铅中毒的人急剧增多。四乙基铅生产厂的工人更是饱受其害,死亡和中毒的工人越来越多,人们对含铅汽油的质疑也逐渐增加。梅勒本人在与有机铅化合物接触一年以后,也不得不休假,以缓解含铅粉尘对肺的压力。在众人对含铅汽油的质疑和谴责下,为了向公众证明四乙基铅的使用是安全的(图1-6),梅勒博士在举办的新闻发布会上以自己为实验对象,先是将四乙基铅洒在手上,然后打开一瓶四乙基铅,将其放在鼻子下闻了60s。试验完后的他安然无恙,于是他向媒体说,他就是每天都暴露在这样的环境下,也从来没有

图1-4 使用含铅汽油的通用汽车

图1-5 乙基汽油

图1-6 梅勒博士在新闻发布会上

发生过任何问题，因此四乙基铅是安全的。讽刺的是，发布会几天后，生产厂就被州政府强制关闭。事后的梅勒也用了将近一年的时间才从这60s的四乙基铅急性中毒中缓过来。但是导致众多人受害的含铅汽油直到20世纪80年代末期才被禁止使用。

51岁患脊髓灰质炎瘫痪的梅勒为自己发明了机械滑轮病床帮助翻身，在一次意外故障中被绳索勒住窒息而亡，享年55岁。纵观托马斯·米基利·梅勒的一生，发明与获奖众多，可见他是对科学技术孜孜以求的人。然而盲目地追求科技发明而忽略其对生命、健康和环境的损害，最终也害了自己。在四乙基铅被质疑的时候，是什么样的价值观支撑着梅勒博士宁可违背事实牺牲自己的健康，也要去证明其安全性？如果创新发明的本身可能包含对事物不全面的了解，但众多死亡、中毒案例的出现，仍不能让科学家警醒；已知含铅汽油对人和环境的损害却故意在商品名中隐去“铅”，让无辜的工人、公众深受其害，这些行为的背后是怎样的伦理观让“责任”二字如此轻如鸿毛？

(2) 沙利度胺的副作用

1953年，瑞士汽巴(Ciba)药厂为了开发新型抗菌药首次合成了沙利度胺，但结果显示其非但没有抗菌作用，反而有镇静作用。德国的格兰泰公司(Grunenthal)发现沙利度胺的镇静催眠作用能有效地抑制孕妇晨吐。1957年，沙利度胺(反应停)正式在欧洲上市，风靡欧洲、非洲、澳大利亚和拉丁美洲，仅联邦德国一个月就能卖出1t，并被标榜为“没有任何副作用的抗妊娠反应药物”。1960年，沙利度胺申请进入美国市场，当时的美国食品药品监督管理局(Food and Drug Administration，FDA)审查员弗朗西斯·奥尔德姆·凯尔西博士发现申请中只有动物实验，没有孕期妇女使用后的安全性评价。她想到自己曾经在研究抗疟疾药物时发现它可以通过胎盘屏障，因此拒绝了申请并要求补充孕妇服用药物的评价数据。与此同时，她顶住了来自上司、妇女权益组织等各方面的巨大压力，在未拿到有说服力的数据之前绝不签字。又是什么样的价值观支撑着凯尔西博士在巨大的压力下坚持自己的原则？

1961年，澳大利亚的一位产科医生威廉·麦克布里德在《柳叶刀》杂志上发表文章，指出沙利度胺可致婴儿畸形，造成婴儿四肢短小形如海豹(图1-7)。“海豹儿”患者的母亲都服用过沙利度胺，怀孕35～50天服用是导致悲剧的重要原因。此后沙利度胺由于其手性分子带来的强烈致畸作用，被很多国家禁止使用并撤出市场。但此时已有10万多名“海豹儿”出生，更多的婴儿胎死腹中。而当时美国只有17个案例，如果没有凯尔西的阻止，美国可能会出现成千上万的畸形儿。一夜之间凯尔西成为美国英雄，被授予联邦雇员的最高荣誉——优异联邦公民服务总统奖(图1-8)。1962年10月，美国通过了《科夫沃-哈里斯修正案》，要求药品制造商在制造和销售一种新药前必须经过动物与人体试验证明药物安全、有效，以确保消费者使用安全。之前走过场的FDA作为食品药品监管部门，逐渐走上了正轨。1973年，英国经销商Distillers同意对英国的受害者进行赔偿，并建立了沙利度胺基金。2012年，格兰泰公司才首次作出道歉，但依然拒绝承担责任。

这两个故事充分说明了科技工作者的伦理责任与企业的价值观对人类社会的深远影响。不正确的价值认知会加剧科技风险带来的灾难，让社会失去安全感；而正确的价值取向会引导人们对自己的行为负责，负责任的企业会考虑对公众和环境的影响，社会才会可持续发展。

图 1-7 先天畸形的"海豹儿"

图 1-8 凯尔西博士获总统奖

1.2.2 不同角色的责任担当

实验室安全管理同样需要责任担当，特别是实验室主管领导、岗位负责人和实验室责任人，其伦理责任的实施与践行，不仅直接关系到实验室安全整体水平的提高，也与培养什么样的人、如何培养人密切相关。因为一流的人才不仅要有一流的创新能力，而且要有把公众的安全、健康、福祉放在首位的价值观。不同角色的人在实验室安全管理中均恪守伦理准则、履行责任担当是所有工作的前提。

实验室安全管理是系统化的工作，因为这项工作依据的是一门具有跨多学科系统工程特点的技术管理学科。在这一前提下，不是有一腔热情就可以管理实验室安全，也不是有专业知识就可以胜任相应实验室的安全管理岗位。实验室安全管理只有遵循合理科学的体系，才能真正预防实验室事故，保证实验室安全健康的常态。在对实验室安全管理体系的不断探索过程中，风险管理的思维和方法已经被越来越多的人学习和接受。我们以美国高校实验室安全管理体系为例，简要介绍化学实验室安全管理中的责任规定。

美国实验室安全管理中涉及的化学风险控制都归纳在相应的《化学卫生计划》(*Chemical Hygiene Plan*，CHP)中，遵循美国劳工部的职业安全与健康管理局(Occupational Safety and Health Administration，OSHA)1970 年制定的实验室化学危害职业暴露标准 29 CFR 1910.1450。CHP 的定义是："由雇主制定和实施的书面程序，其中规定了标准操作程序、设备、个人防护设备和工作实践，能够保护雇员免受该特定工作场所使用的危险化学品对健康造成的危害。"

CHP 的目的是制定每个在化学实验室工作的雇员、学生、访客和其他人员应遵守的适当做法、操作程序，以及设备和设施的使用，以保护他们免受工作场所使用的化学品带来的潜在健康危害，并将接触量控制在规定的限度以下。教师、行政人员、研究人员和监督人员有责任了解并遵守该计划的规定。

CHP 中的第一部分首先明确了计划的目标、范围以及责任。在责任部分包括系主任、教师、员工及其他人员，还有 EHS 办公室各角色的职责。

美国麻省理工学院(MIT)规定系主任有权利和义务了解 CHP 的撰写、修改和更新，系主任对教师、雇员、学生，以及与所管辖实验室相关的人员负最终责任。这一点与国内实验室责任制的情况比较一致。EHS 办公室负责开展和执行 CHP，并向实验室负责人提供人员培训的帮助并确保 CHP 的顺利执行。MIT 的 EHS 办公室是环境计划办公室的组成部分，负责控制、审查、监测和建议有关科研和教学中使用的化学、放射性和生物制剂的工作。EHS 办公室由工业卫生、生物安全、辐射防护、环境管理和安全五个部分组成。办公室所有人员都有权停止任何他们认为立即危及生命或健康的活动。此外，EHS 办公室拥有专家团队，可就安全和环境卫生问题向他们寻求建议和帮助。日常的安全评估、执行安全政策、审查设备和操作的 SOP，都是为了最大限度地减少火灾、电力、爆炸、压力和机械对实验室、社区和访客的危害。EHS 办公室负责事故调查，提出补救措施和程序，提供 24h 咨询和应急求助服务。

麻省理工学院和斯坦福大学的 CHP 都规定了实验室责任人(principal investigator，PI)对所有在其管辖实验室工作的人员的安全与健康负责，PI 可以委托团队中的其他人作为 EHS 方面的负责人，但是必须确保委托人履行并完成其职责。此外，PI 有义务向学校 EHS 办公室提交所有必要的 EHS 执行记录。所有员工和"非雇员"，包括研究生和本科生、博士后、访问科学家、外协研究人员和临时工，有责任确定他们是否有足够的知识和经验来安全地进行实验，有责任遵循 CHP 中的要求和 SOP，对自己的每项实验研究进行风险评估，如有疑问需咨询实验室主管或 EHS 办公室。不遵守安全规程的人员被拒绝进入化学实验室，直到他们证明有能力安全地进行实验工作。

美国各高校制订的化学卫生计划不尽相同，内容至少包含危化品的定义与分类、化学品暴露与危害评估、化学品采购/标签/存储/运输、培训内容与培训矩阵、实验室检查与合规性、危险废弃物管理、PPE、SOP、应急响应(暴露、火情、急救、泄漏)、医学信息、人员体检和医学监视。虽然 CHP 是各单位根据自己实验室管理的实际情况制定的，但基本上都遵循了风险管理的 EHS 体系和方法(将在第 4 章具体介绍)。

1.3　在实验室更安全地工作

化学实验室复杂多变的危险源和经常流动的实验人员为实验室安全管理带来较大的难度，但是这并不意味着实验室风险不可控、事故不可预防。美国化学会(ACS)的实验室安全中心推荐的一套实验室风险管理方法——RAMP[①]——被越来越多的实验室采用和实践。RAMP 是"危害辨识(recognize hazards)—风险评估(assess risk)—降低风险(minimize risk)—做好应急准备"(prepare for emergencies)的简称。在美国化学会的网站上有较完整的风险管理方法介绍，特别适合作为化学实验室风险管理的科学方法，本书也是遵循这一方法的基本原则，让每个在实验室工作的人员都能掌握 RAMP，做到"风险可控"、"事故可预防"。

1. 危害辨识

危害辨识是 RAMP 的第一步，实际上危害辨识是实验室所有风险管理方法中最重要的一环，因为只有正确的危害辨识才能确保此后所有风险控制方案的有效和全面。

化学实验室最常见的就是化学品，迄今为止在美国化学会的化学文摘社(Chemical Abstracts Service，CAS)登记网站上，有超过 2.52 亿种化学品和生物序列被注册了 CAS

---

① 有兴趣的读者可以去 ACS 官网查阅更多资料。

号。而自19世纪初以来,出版物中公开过1.83亿种有机和无机物质,包括合金、配位化合物、矿物、混合物、聚合物和盐。在如此众多的化学品中,真正经过风险评估的并不多。作为化学品危害辨识的数据库,“安全技术说明书”(safety data sheet,SDS)成了实验前必须查阅的重要参考资料。常用的SDS数据有来源于美国、加拿大等国家的SDS版本,以及《全球化学品统一分类和标签制度》(*Globally Harmonized System of Classification and Labelling of Chemicals*,GHS)的国际通用SDS版本,包括4万多种化学品。2015年6月,OSHA将MSDS版本与GHS统一为SDS版本。我国于2009年2月1日实施的《化学品安全技术说明书内容和项目顺序》(GB/T 16483—2008)也给出了我国的“化学品安全技术说明书”。除了SDS,化学品包装物上的安全信息标签和象形图也简要地说明了该化学品的主要风险,而且这一初步的危害辨识非常适用于化学品的分类存储。

除了化学品的危害辨识,实验室中的物理伤害、生物与辐射风险也需要进行辨识;同时要引起关注的是实验过程的风险(详见第2章)。

2. 风险评估

风险评估可能是RAMP中最复杂的步骤,因为风险的定义是对意外事件发生的可能性与发生后果的严重程度的综合评价,同时暴露的频率也会增加风险。所以必须通过特定设计的矩阵同时考虑严重性和发生概率。风险评估是以危害辨识为前提,通过收集的客观信息(包括事故学习中积累的经验)对风险大小进行分级。

实验者应该在工作之前的实验计划阶段评估风险,并在进行实验的过程中根据需要评估风险——尤其是当条件发生变化时,要及时进行风险评估,也称为变更管理。

3. 降低风险

在此步骤中,应首先关注那些风险评估后处于较大风险的危害。“重大风险”的含义应已经考虑到工作人员的经验和已存在的实验室安全设施;最小化风险的目标是将风险降低到可接受的水平。由此可见,无论是“重大风险”的含义,还是“可接受”风险的水平都应该是所在部门或机构共同认定的明确定义。

降低风险和控制危害的方法有多种,美国国家职业安全与健康研究所(National Institute for Occupational Safety and Health,NIOSH)对风险控制手段进行了分级(图1-9),风险控制等级同时显示了其相对有效性,顶部的控制方法通常比底部的控制方法更有效和更具保护性。我们将在教材的第4章进行详细阐述。

此外,最小化风险还包含识别意外事件中涉及的人为因素。盘点未遂事件和吸取的教训,留出时间进行反思、休息和从研究压力中恢复精神。

4. 做好应急准备

实验室工作中总是有可能发生意外事件。即使已经识别、评估和最小化危害,实验室中仍然可能出现人为错误。做好应急准备对于减轻任何可能发生的暴露或损害的影响至关重要。

应急管理的核心仍然是危害辨识,只有通过正确的危害辨识找到事故危害后,才能确定合理的应急设备与措施,以及相应的应急响应步骤,这也为应急预案的制定奠定了基础。关于应急管理的理念和方法,我们后文将通过专门的一章来详细阐述。

作为在实验室工作的人员,应急准备最先也是最基本的工作是在实验室中配备所有必需的应急响应设备——灭火器具、洗眼器、应急喷淋设备、泄漏处理工具、气体关断阀等。其

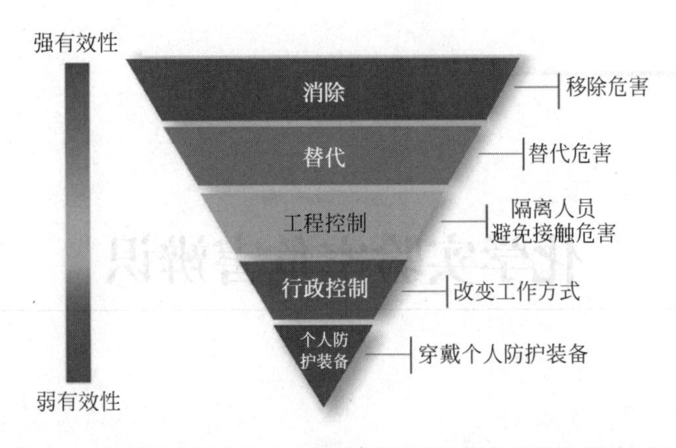

图 1-9　美国国家职业安全与健康研究所推荐的风险控制层级图

次，仅仅拥有设备并知晓应急设备的位置是不够的，还必须定期检查和测试设备。应急准备的最后一步是培训和演练，因为应急反应是唤起大脑的"肌肉记忆"，所以只有通过训练和反复练习才能有效。学会使用应急设备，根据实验室的不同特点，对疏散和自救进行演练，记住疏散路线的转向，学会进行自救的方法，为混乱的情况做好准备。

我们的工作实践证明，RAMP 是一套切实有效的风险管理原则，然而它的具体实施还需要一个较完善的安全管理体系来保证。目前我国实验室安全管理体系还存在责权不清晰、知识和方法不普及、没有建立风险管理核心思想等问题，因此，在实施安全管理的时候容易无计可施，或者仅仅停留在合规性检查，也容易出现一些概念的混淆和认识的误区。在共同价值观的前提下，本教材旨在借鉴当前安全管理体系中的主流思想，基于风险管理理念，以 RAMP 的风险管理方法为主线，介绍化学实验室风险控制与管理的主要内容，为化学实验室的安全管理提供思路与方法。

第2章

化学实验室危害辨识

实验是科学研究的基本方法之一，实验操作本身就是不断探索新事物、新科技的过程。随着科技飞速发展，专业领域不断交叉、外延，原来熟悉的知识不再明晰，原来掌握的技术可能难以解决复杂的科学或工程问题，这种不确定性和变化性使得实验室安全比生产安全面对着更多的风险和更大的挑战。但这并不是说实验中所有的风险都不可预知，科学技术发展到今天，人们在各个领域的认知不断提升，对风险的控制也总结出了行之有效的方法，确保了科研实验活动顺利且可持续地开展，成为实验室安全的立足之本！

在第1章中，我们谈到了 RAMP 这一实验室风险管理方法，其首要环节就是“R”(recognize hazards)，即危害辨识，它是实验室安全开展工作、风险管控中至关重要的一步。如果没有辨识出危害，或者没有辨识充分，存在遗漏，就会导致后续的风险评估“A”(assess risk)和降低风险“M”(minimize risk)不够充分，甚至造成整块内容的缺失，从而无法控制风险。更严重的是一旦发生事故，由于缺少危害辨识的应急准备“P”(prepare for emergencies)，没能第一时间采取正确的响应措施，甚至混乱中出现人为错误，会导致事故进一步扩大或恶化。因此，危害辨识作为风险管控的第一步，是定义后续风险控制措施的源头和基础。我们必须时刻保持警惕，对实验室里“潜伏出没”的各种危害保持高度敏感性，把好风险管控的第一关！

实验室的危害多种多样，本章将就以下常见危害作具体介绍：①化学品危害；②机械伤害；③电气危害；④压力容器危害；⑤辐射危害；⑥烫伤危害；⑦噪声危害；⑧振动危害；⑨玻璃仪器伤害；⑩生物危害。

2.1 化学品危害

2021年7月，某大学药学院一博士生为了清理之前毕业生遗留在烧瓶内的未知白色固体，在并不了解化学品危害的情况下，直接用水冲洗，清洗过程中烧瓶忽然炸裂，产生的玻璃碎片刺破了该学生的手臂动脉血管。后续调查发现该固体中可能含有氢化钠或氢化钙，遇水发生剧烈反应并引起烧瓶炸裂。在这起案例中，该化学品的潜在危害被忽略了。学生并没有做好危害辨识这首要的一步就开始贸然操作，他所看到的安静的不明试剂遇水之后顷刻间变成猛虎要伤人性命！在没有全面了解化学品的危害性之前就动手操作导致的事故实在不胜枚举，这些惨痛教训一再提醒我们，在着手进行化学品操作之前，一定要先了解其危害特性。

2.1.1 危险化学品概述和分类

危险化学品指具有毒害、腐蚀、爆炸、燃烧、助燃等性质，对人体、设施、环境具有危害的化学品。我国在1992年通过国家强制标准《化学品分类和危险性公示通则》(GB 13690—1992)对危险化学品进行了分类，分为：①爆炸品，②压缩气体和液化气体，③易燃液体，④易燃固体、自燃物品和遇湿易燃物品，⑤氧化剂和有机过氧化物，⑥毒害品和感染性物品，⑦放射性物品，⑧腐蚀品，共8大类。2009年，此标准更新并逐渐与联合国GHS分类统一。2013年10月，国家标准化管理委员会发布了新版的《化学品分类和标签规范》系列国家标准(GB 30000.2～GB 30000.29)，替代了GB 13690—2009和《化学品分类、警示标签和警示性说明安全规范》系列标准(GB 20576～20599—2006、GB 20601—2006、GB 20602—2006)，于2014年11月1日起正式实施。GB 30000系列国标采纳了GHS(第4版)中大部分内容，新增了“吸入危害”和“对臭氧层的危害”等规定。2012年颁布的《危险货物分类与品名编号》(GB 6944—2012)标准与联合国《关于危险货物运输的建议书》第2部分“分类技术”内容一致，与1992年标准中的8大类基本一致，增加了第9类杂项危险物质和物品，包括危害环境物质。

化学品的危险性主要表现在物理危害、健康危害和环境危害三方面，其下又有28个细分种类。

(1) 物理危害：爆炸物、易燃气体、易燃气溶胶、氧化性气体、压力下气体、易燃液体、易燃固体、自反应物质或混合物、自燃液体、自燃固体、自热物质和混合物、遇水放出易燃气体的物质或混合物、氧化性液体、氧化性固体、有机过氧化物、金属腐蚀物。

(2) 健康危害：急性毒性、皮肤腐蚀/刺激、严重眼睛损伤/眼刺激、呼吸或皮肤过敏、生殖细胞突变性、致癌性、生殖毒性、特异性靶器官系统毒性一次接触、特异性靶器官系统毒性反复接触、吸入危险。

(3) 环境危害：危害水生环境、危害臭氧层。

通常危险化学品并不只具有一种危害，而是同时存在着多重危害，忽视了任何一方面的危害都属于危害辨识不充分，会导致后续的风险评估和管控环节产生相应的疏漏，从而埋下安全隐患。因此，我们在进行危害辨识的时候，要从物理危害、健康危害、环境危害三方面一一识别，不可遗漏任何一方面的危害。

比如甲苯是一种实验室常用易燃溶剂，它可与空气混合形成爆炸性混合物。除具有易燃性这一物理危害特性之外，它还会导致健康危害：吞咽及进入呼吸道可能致命，可能造成昏昏欲睡或眩晕，长期或反复接触可能损害器官，怀疑对生育能力或胎儿造成伤害。它还会对皮肤黏膜有轻度的刺激和脱脂作用。在环境危害方面，它对水生生物有毒。我们可以看到，这一特别常见的溶剂同时存在物理危害、健康危害和环境危害，所以需要做好充分辨识，才能引导我们完整地去思考后续的风险评估和管控措施。比如在良好通风环境下操作，避免点火源的存在，选择适用于甲苯的防护手套，采用避免皮肤直接接触的操作方式，落实正确的废弃物处理方式以避免环境污染，使用量大时应制定好溅洒等应急响应的程序。由此可见，只有先辨识出甲苯各方面的危害，我们才能从这些危害着手，无遗漏地采用适合而有效的管控措施，安全地使用它。

再如一氧化碳，它是一种无色无味的有毒气体，与血红蛋白的亲合力比氧与血红蛋白的亲合力高 200～300 倍，所以一氧化碳极易与血红蛋白结合，形成碳氧血红蛋白，使血红蛋白丧失携氧的能力和作用，造成组织缺氧，威胁人体心血管系统、中枢神经系统等的正常运转。这是我们通常辨识到的一氧化碳的危害。除此之外，容易让人遗漏掉的是它另外一方面的危害——易燃性。它与空气混合能形成爆炸性混合物，遇明火、高温能引起燃烧、爆炸。如果在危害辨识时，只关注它的健康危害，而并没有考虑它的易燃易爆危害，就会缺失这一方面的防护措施，埋下一颗"炸弹"。

因此，充分了解化学品的多重危害，对其各方面的危害做好识别是特别重要的。辨识化学品危害是对化学品风险管控的第一步，也是至关重要的一步！

2.1.2 化学品危害性的主要公示方式

前面我们谈到了化学品危害性是多方面的，且每种化学品的危害性各异，那么从哪里可以获取化学品危害性的信息呢？

实际上许多国家都已建立了提供化学品危害性的信息制度，制定了保证化学品安全生产、运输、使用、处置以及应急响应时的控制措施。然而这些制度对化学品危害的定义、分类和公示方式的规定各不相同，这就导致同样的化学品却有着不同的、不一致的危害性，尤其是应急响应处置方法、操作该化学品时推荐的保护措施存在差异，从而给化学品使用者和应急响应人员造成混乱。因此，需要建立一种能在全球推行的、把各个国家不同制度统一起来的化学品危害分类和标签制度。2003 年，联合国正式发布 GHS《全球化学品统一分类和标签制度》。它通过基于统一分类标准的标签和安全技术说明书这两大公示方式，提供综合性的全球一致的化学品危害信息和保护措施，从而减少与化学品的有害接触和伤害事故，加大对人类健康和环境的保护。

1. 化学品安全技术说明书

化学品安全技术说明书(SDS)是化学品供应商和经销商按法律要求必须提供的化学品理化特性(如 pH、闪点、易燃度、反应活性等)、毒性、环境危害，以及对使用者健康(如致癌，致畸等)可能产生的危害等信息的一份综合性文件，它是向下游用户传递化学品基本危害信息的一种载体，它提供了化学品在安全健康和环境保护等方面的信息，也推荐了防护措施和紧急情况下的应对措施。SDS 是我们了解化学品危害的重要途径，它涵盖以下 16 部分的内容：

第 1 部分 化学品及企业标识：化学品的名称、推荐用途和限制用途，供应商(含应急电话联系方式)。

第 2 部分 危险性概述：标明化学品主要的化学和物理危险性信息，以及对人体健康和环境影响信息，GHS 危险性类别和标签。

第 3 部分 成分/组成信息：化学品名或通用名，美国化学文摘登记号等。

第 4 部分 急救措施：接触化学品后的急性和迟发效应、主要症状，(CAS Registry Number)对健康的主要影响，应采取的急救措施。

第 5 部分 消防措施：合适的灭火方法，保护消防人员所需的特殊的防护装备。

第 6 部分 泄漏应急处理：化学品的收容、清除以及所使用的处置材料，应急处理人员防护措施。

第 7 部分 操作处置与储存：安全操作和储存的注意事项，包括禁配物、储存条件、包装材料要求等。

第 8 部分 接触控制和个体防护：接触限值、减少接触的工程控制方法以及个体防护方法。

第 9 部分 理化特性：化学品的外观与性状、气味、pH、凝固点、沸点、闪点、爆炸极限、蒸汽压等。

第 10 部分 稳定性和反应性：描述化学品的稳定性和在特定条件下可能发生的危险反应，提示应避免的情况（如静电、震动、撞击等）、不相容的物质和危险的分解产物。

第 11 部分 毒理学信息、包括急性毒性、皮肤/眼睛刺激或腐蚀、呼吸或皮肤过敏、生殖细胞突变性、致癌性、特异性靶器官系统毒性、吸入危害、毒代动力学信息等。

第 12 部分 生态学信息：化学品的环境影响、环境行为和归宿，如持久性、降解性、潜在的生物累积性、土壤中的迁移性。

第 13 部分 废弃处置：推荐安全、有利于环境保护的废弃处置方式。

第 14 部分 运输信息：国际运输法规规定的编号和分类信息。

第 15 部分 法规信息：使用本 SDS 的国家和地区中管理该化学品的法规名称、标签信息。

第 16 部分 其他信息：进一步提供上述各项未包括的其他重要信息。

在阅读 SDS 时，我们经常会看到以下名词，理解这些名词的含义对于获取化学品危害的关键信息是非常必要的。

(1) 闪点：挥发性物质挥发出的气体达到燃烧下限，与火源接触时产生闪火的最低温度。物质的闪点越低，就越容易被点燃引起燃烧，火灾的危险性就越大。

(2) 爆炸极限：可燃气体或蒸气与空气组成的混合物并不是在任何比例下都可以燃烧或爆炸。当可燃气体或蒸气浓度太低时，没有足够燃料来维持燃烧爆炸；当可燃气体或蒸气浓度太高时，没有足够氧气支持燃烧。只有在这两个浓度之间才可能引爆，这两个浓度称为爆炸下限（lower explosive limit，LEL）和爆炸上限（upper explosive limit，UEL），常以体积百分比表示。SDS 中的爆炸极限都是常压下与空气混合时测定的数值，在温度、压力、混合气成分变化时，爆炸极限也会变化。如氢与空气混合物的爆炸极限为 4%～75%，与纯氧气混合的爆炸极限则是 4%～96%。爆炸下限越低越容易达到爆炸浓度，因而危险性就越大；爆炸上限和下限之间跨度越大，即爆炸范围越宽，形成爆炸性混合物的机会就越多，燃爆风险也越高。在多种易燃气体中，环氧乙烷的爆炸上限是 100%，因为环氧乙烷易聚合放热或受热分解发生爆炸，这个过程并不需要氧气。

(3) 职业接触限值（occupational exposure limit，OEL）：是职业性有害因素的接触限制量值，指在职业活动过程中长期反复接触，对绝大多数接触者健康不引起有害作用的容许接触水平。化学有害因素的职业接触限值包括时间加权平均容许浓度、短时间接触容许浓度和最高容许浓度 3 类。通常化学品的职业接触限值越低，其危害越大，越应引起重视。

① 时间加权平均容许浓度（permissible concentration-time weighted average，PC-TWA）：以时间为权数规定的 8h 工作日、40h 工作周的平均容许接触浓度。

② 短时间接触容许浓度（permissible concentration-short term exposure limit，PC-STEL）：在遵守 PC-TWA 前提下，容许短时间（15min）接触的浓度。

③ 最高容许浓度（maximum allowable concentration，MAC）：指在一个工作地点，一个工作日内，任何时间有毒化学物质均不应超过的浓度。

(4) 半数致死剂量或浓度（median lethal dose or concentration，LD50 或 LC50）：引起

一组受试动物半数死亡的剂量或浓度。它是一个经过统计处理得到的数值，常用以表示急性毒性的大小。LD50是半致死剂量，单位是mg/kg体重。LD50数值越小，表示外源化学物的毒性越强，反之LD50数值越大，则毒性越低。与LD50概念类似的毒性参数，还有半数致死浓度LC50，即能使一组实验动物经暴露于外源化学物一定时间（一般固定为2～4h）后，死亡50%所需的浓度，单位是mg/L或mg/m^3。

在SDS中我们还经常会看到字母H和字母P与数字组合的代码，比如H225、H305、P271、P261等。这些代码代表了化学品的危害说明（hazard statements）和防备说明（precautionary statements），字母H和字母P后面的数字依据一定的规则进行编写。危害说明的第一个数字的意义：2表示物理危害，3表示健康危害，4表示环境危害；后续两位数对应于物质或混合物固有属性引起危害的序列编号，如爆炸性（代码200～210）、易燃性（代码220～230）。防备说明的第一个数字的意义：1表示一般类防备说明，2表示预防类防备说明，3表示应对类防备说明，4表示存放类防备说明，5表示处置类防备说明；后续两位对应防备说明的序列编号。

例如，H225表示高度易燃液体和蒸气，H315表示造成皮肤刺激，H304表示吞咽及进入呼吸道可能致命，P271表示只能在室外或通风良好处使用，P261表示避免吸入粉尘/烟/气体/烟雾/蒸气/喷雾，等等。全部的危害说明和警告说明清单可参见unece.org网站上的《全球化学品统一分类和标签制度》（*Globally Harmonized System of Classification and Labelling of Chemicals*，二维码2-1）。

2-1

2. 化学品标签

除了化学品安全技术说明书，化学品标签也是化学品危害沟通的另外一个重要途径。化学品标签应涵盖产品标识符、危险象形图、信号词、危险说明、防范说明和供应商标识等。在购买化学品的时候，我们会在包装上看到表示危害的标签，称为化学品危害象形图，如图2-1所示（摘自化学危害沟通协会的危害象形图说明，完整版见二维码2-2），它可以帮助我们快速了解化学品的危害。

在实验室，实验员经常会遇到这些情形：从采购的原包装容器中分装化学品到小容器中；接收外来需要进行分析的样品；蒸馏纯化后收集得到待用的溶剂；通过实验合成的产物等。此时就需要实验员通过加贴化学品标签进行危害性标识，向该化学品的使用人员传递它的危害信息，警示其危害性，提醒安全操作注意事项。试想2.1节开头清理不明化学品爆炸的案例，如果当时容器上粘贴了化学品标签，让大家知道该化学品的危害，很可能这起惨痛的事故就不会发生。化学品标签是沟通危害的一个载体，更是帮助我们辨识化学品危害性的重要途径。

在陶氏的实验室，实验人员根据化学品SDS上第二部分危害性概述的内容，按照表2-1列举的规则判断危害，填写化学品标签。

步骤一：明确应选用的标签颜色。标签颜色分别是红、橙、黄、绿，危害性依次降低，绿色标签表示该化学品是非危险化学品。通常情况下，一种化学品会同时具有多种危害性，这些危害性分别对应二维码2-3中的不同颜色，此时标签颜色的选择应就高、就严。

步骤二：填写化学品标签内容。包含中英文名称、接收/过期日期、负责人及危害等级。皮肤吸收、皮肤接触、眼睛接触、吸入、摄入、易燃性、反应性的危害等级分为H、M、L、P，即高度危害（high，H）、中度危害（medium，M）、低度危害（low，L）、预防（precaution，P）；生殖危害、致敏剂、皮肤记号处填写Y、N，即是（yes，Y）或否（no，N）。

【火焰】

适用的危险类别：
易燃气体
烟雾剂/气溶胶
易燃液体
易燃固体
自反应物质和混合物
发火液体/自燃液体
发火固体/自燃固体
自热物质和混合物
遇水放出易燃气体的物质和混合物
有机过氧化物

2-2

【圆圈上方火焰】

适用的危险类别：
氧化性气体
氧化性液体
氧化性固体

【爆炸弹】

适用的危险类别：
爆炸物
自反应物质和混合物
有机过氧化物

【腐蚀】

适用的危险类别：
金属腐蚀剂
皮肤腐蚀
严重眼损伤

【高压气瓶】

适用的危险类别：
高压气体/压力下气体

【骷髅和交叉骨】

适用的危险类别：
急性毒性（经口/经皮/吸入）
（类别1–类别3）

【感叹号】

适用的危险类别：
急性毒性（经口/经皮/吸入）（类别4）
皮肤刺激（类别2）
眼刺激（类别2A）
皮肤过敏
特异性靶器官毒性－一次接触
（类别3）
危害臭氧层

【健康危害】

适用的危险类别：
呼吸过敏
生殖细胞致突变性
致癌性
生殖毒性
特异性靶器官毒性－一次接触（类别1、类别2）
特异性靶器官毒性－反复接触
吸入危险

【环境】

适用的危险类别：
危害水生环境
（急性类别1）
（慢性类别1、类别2）

图 2-1　GHS全球统一化学品危害象形图

表 2-1　化学品危害等级判断表

2-3

危害	红 高度 （HER[①] 4）	橙 中度 （HER 3）	黄 低度 （HER 2）	绿色 预防 （HER 1）
皮肤吸收	H310：皮肤接触致死 H311：皮肤接触会中毒	H312：皮肤接触有害	H313：皮肤接触可能有害	没有健康危害
皮肤接触	H281：内装冷冻气体；可能造成低温烫伤或损伤 H314：造成严重皮肤烫伤和眼损伤	H317：可能造成皮肤过敏反应	H315：造成皮肤刺激	H316：造成轻微皮肤刺激

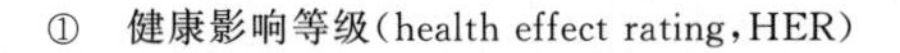

① 健康影响等级（health effect rating，HER）

续表

危害	红 高度 （HER[①] 4）	橙 中度 （HER 3）	黄 低度 （HER 2）	绿色 预防 （HER 1）
眼睛接触	H281：内装冷冻气体；可能造成低温烫伤或损伤 H310：皮肤接触致死 H311：皮肤接触会中毒 H314：造成严重皮肤烫伤和眼损伤 H318：造成严重眼损伤	H312：皮肤接触有害 H319：造成严重眼刺激	H320：造成眼刺激	没有健康危害
吸入	H300：吞咽致死 H301：吞咽中毒 H330：吸入致死 H331：吸入会中毒 H334：可能导致过敏或哮喘病症状或呼吸困难 H340：可能造成遗传性缺陷 H350：可能致癌 H351：怀疑致癌 H360：可能对生育能力或胎儿造成伤害 H362：可能对母乳喂养的儿童造成伤害 H370：损害器官 H372：长期吸入或反复接触会对器官造成损害	H302：吞咽有害 H314：造成严重皮肤烫伤和眼损伤 H332：吸入有害 H341：怀疑可造成遗传性缺陷 H361：怀疑对生育能力或对胎儿造成伤害 H371：可能损害器官 H373：长期或反复接触可能损害器官	H333：吸入可能有害 H335：可能造成呼吸刺激 H336：可能造成昏昏欲睡或眩晕	没有健康危害
摄入	H300：吞咽致死 H301：吞咽中毒 H304：吞咽并进入呼吸道可能致命 H314：造成严重皮肤烫伤和眼损伤	H302：吞咽有害	H303：吞咽可能有害 H305：吞咽并进入呼吸道可能有害	没有健康危害
致敏	H334：吸入可能导致过敏或哮喘病症状或呼吸困难	H317：可能造成皮肤过敏反应	没有健康危害	没有健康危害
致癌	H350：可能致癌 H351：怀疑致癌	没有健康危害	没有健康危害	没有健康危害
生殖	H340：可能造成遗传性缺陷 H360：可能对生育能力或胎儿造成伤害 H362：可能对母乳喂养的儿童造成伤害	H341：怀疑可造成遗传性缺陷 H361：怀疑对生育能力或对胎儿造成伤害	没有健康危害	没有健康危害

续表

危害	红 高度 （HER① 4）	橙 中度 （HER 3）	黄 低度 （HER 2）	绿色 预防 （HER 1）
易燃性	H220：极其易燃气体 H221：易燃气体 H222：极其易燃气溶胶 H224：极其易燃液体和蒸气 H225：高度易燃液体和蒸气 H250：暴露空气中立即着火	H223：易燃气雾剂 H226：易燃液体和蒸气 H228：易燃固体 H261：遇水放出易燃气体	H227：可燃液体	没有健康危害
反应性	H200：不稳定爆炸物 H201：爆炸物；整体爆炸危害 H202：爆炸物；严重迸射危害 H203：爆炸物；起火、爆炸或迸射危害 H230：即使在没有空气的条件下也可能发生爆炸反应 H240：加热可能爆炸 H241：加热可能起火或爆炸 H260：遇水会放出可自燃的易燃气体 H270：可能导致或加剧燃烧；氧化剂 H271：可能引起燃烧或爆炸；强氧化剂	H204：起火或迸射危害 H205：遇火可能整体爆炸 H231：在高压和/或高温下即使没有空气也可能发生爆炸反应 H242：加热可能起火 H251：自热；可能燃烧 H261：遇水放出易燃气体 H272：可能加剧燃烧；氧化剂	H229：压力容器；遇热可爆 H252：数量大时自热；可能燃烧 H280：内装高压气体；遇热可能爆炸 H281：内装冷冻气体；可能造成低温烫伤或损伤 H290：可能腐蚀金属	没有健康危害

以下以丙酮为例来具体说明标签是如何选择和填写的：

SDS的第二部分危害性概述	查表 2-1 得到主要危害		标签颜色选择	标签危害等级填写
H225 高度易燃液体和蒸气	易燃性	红色	红色、橙色、黄色中危害等级红色最高，最终选择红色标签	易燃性：H
H319 造成严重眼刺激	眼睛接触	橙色		眼睛接触：M
H336 可能造成昏昏欲睡或眩晕	吸入	黄色		吸入：L

注：丙酮没有皮肤吸收、皮肤接触等危害，因此其余都填写 P；同理，它也不是致癌物、致敏剂，没有生殖危害，不产生皮肤记号效应，因此这些危害都填写 N。所得标签如图 2-2 所示。

图 2-2 是陶氏上海研发中心的 4 种化学品标签样张（彩色版见二维码 2-4），分别是丙酮、二甲苯、碳酸钙、乙基纤维素。

我们通过化学品标签和安全技术说明书这两大途径了解了化学品的危害性，并在化学品操作过程中时刻小心注意已经辨识出来的危害性，从而安全地完成实验。但是化学品的危害性在实验结束时也同时消除了吗？其实并没有。这些危害性很可能转移到了实验产生的废弃物上。我们千万要时刻警醒自己，这些废弃物很可能也具备易燃、易爆、腐蚀、有毒等危险特性。此外，当我们清理实验室的时候也会发现一些长期不用、发生质量变化的化学品，需要作为废弃物处理。实验过程中也会产生一些废弃材料，如用过的滤纸、被污染的手套和塑料滴管、一次性注射器等，如果处置不当，除了会造成人员伤害，还容

2-4

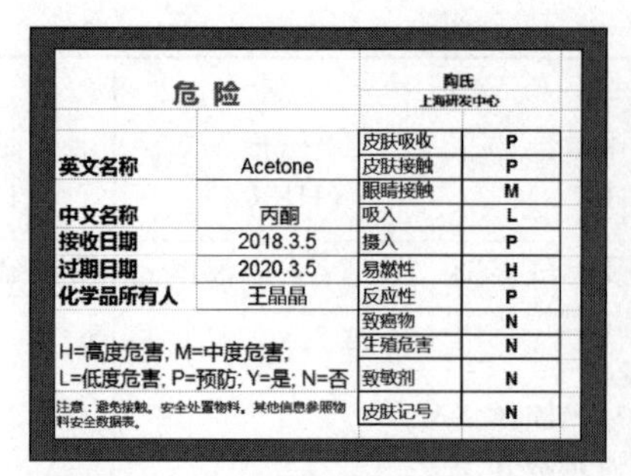

图 2-2　陶氏上海研发中心化学品标签样张

易引发环境污染事故，而一旦出现污染问题，治理将消耗巨大资金，且恢复自然生态环境往往需要较长的时间，甚至无法恢复。因此，我们一定要对废弃物进行科学的妥善处置。

2.1.3　实验室危险废物的风险和管理

1. 实验室废弃物分类

危险废弃化学品是指被列入国家危险废物名录或者根据国家规定的危险废物鉴别标准和鉴别方法认定的，具有腐蚀性、毒性、易燃性、反应性和感染性等一种或一种以上危险特性，废弃不用的、不合格的、过期失效的化学品，也包括包装过化学品的容器。

实验室内产生的危险废物种类较多。在《实验室废弃化学品收集技术规范》(GB/T 31190—2014)中，把实验室废弃化学品分为5类，即：①优先控制的实验室废弃化学品，主要包含的是剧毒化学品；②实验过程中产生的废弃化学品，指在教学、科研、分析检测等实验活动中产生的实验室废弃化学品；③过期、失效或剩余的实验室废弃化学品；④盛装过化学品的空容器；⑤沾染化学品的实验耗材等废弃物。其中“实验过程中产生的废弃化学品”也需要分类收集，详见表2-2。危险废物必须委托有相应危险废物处理资质的单位处置。

表 2-2　实验过程产生的废弃化学品分类

序号	类　别
1	无机浓酸溶液及其相关化合物
2	无机浓碱溶液及其相关化合物
3	有机酸
4	有机碱
5	可燃性非卤代有机溶剂及其相关化合物

续表

序号	类　别
6	可燃性卤代有机溶剂及其相关化合物
7	不燃非卤代有机溶剂及其相关化合物
8	不燃卤代有机溶剂及其相关化合物
9	无机氧化剂及过氧化物
10	有机氧化剂及过氧化物
11	还原性水溶液及其相关化合物
12	有毒重金属及其混合物
13	毒性物质、除草剂、杀虫剂和致癌物质
14	氰化物
15	石棉或含石棉的废弃物
16	自燃物质
17	遇水反应的物质
18	爆炸性物质
19	不明废弃化学品

生产企业还会产生一般工业固废，包括废玻璃、废纸箱、废木料等，应交由资源回收利用公司资源化处理。在实行生活垃圾分类的城市也会将可回收废弃物与其他垃圾分开处理，另设有害垃圾类别，包括废电池、家用药品、消毒液、油漆（含包装）、杀虫剂（含包装）、废胶片、废灯管、水银温度计和血压计、荧光棒、含溶剂化妆品等。可见在日常生活中也会产生一些危险废物，只不过含量较少，在生活垃圾处置中也考虑了其危害性。

实验室产生的危险废物有相当比例是混合物，其危害是复杂的，也给危害辨识带来了困难。因此，不可忽视实验室危险废物收集过程中的安全问题。

2. 实验室危险废物的危害

实验室危险废物同危险化学品一样，同样具有易燃易爆、腐蚀、有毒、反应性等危险特性，主要体现在以下几个方面：

（1）直接暴露对人体健康的危害。

（2）存放以及处置不当，发生火灾爆炸等反应性化学品安全事故。

（3）随意排放经食物链进入人体的潜在健康危害。

（4）随意排放对环境的污染危害。

2011 年 3 月，某高校实验室研究生使用乙醇进行废弃金属钠的减活处理，没等反应液完全降温就将其倒入废液桶并盖上盖子，过了一段时间，废液桶盖子突然飞出，桶发生变形。在这一事故中，当事人没有充分辨识废弃金属钠在减活处理后生成的乙醇钠具有较强的碱性，也就是仍然存在较高的反应活性，没有降温就将其倒入废液桶，极易与废液桶中的其他物质反应，放热使桶内气压上升导致盖子飞出，废液桶变形。可见废弃物的危害辨识往往容易被人们忽略，以为反应结束就不再有风险了，然而事实并非如此，由于废弃物危害辨识的缺失直接导致的事故屡见不鲜。

2018 年 7 月 18 日，某实验室工作人员接收到一个纸板箱装的样品，箱内充满了塑料垫片缓冲以及干冰保持低温。接收人将大块干冰移除，然后将剩下的塑料垫片倒入一个固废桶中并密封。一段时间后固废桶的盖子突然被喷射飞出 15m（图 2-3）。后来查明事故直接原因是塑料垫片被扔进固废桶时，小片的干冰也混在一起被扔了进去。干冰在常温常压下迅速转变为气态 CO_2，成百倍增加的体积使得密闭固废桶压力增大，最终固废桶盖子飞出。与第一个案例相似，都是因为缺乏对废弃物的危害辨识才导致了事故发生。

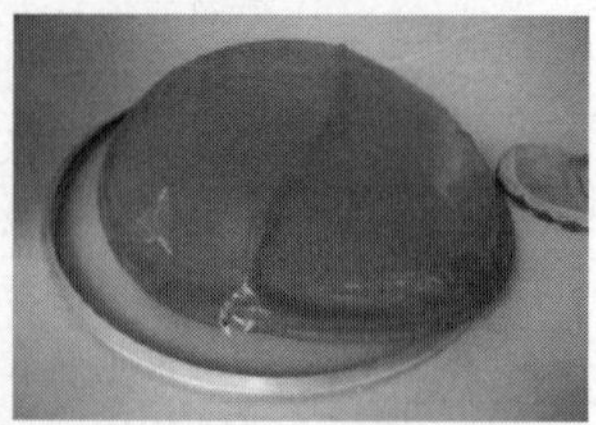

图 2-3 废弃物桶盖飞出

3. 实验室危险废物收集与存放的一般原则

实验室危险废物收集与存放管理应当遵循以下一般原则：

(1) 实验室危险废物不可以随意丢弃，随意丢弃或掩埋危废是违法行为，会被依法追责。

(2) 实验室要有指定的地点存放危险废物，墙上要有标示。危险废物集中存放场所仅供实验室危险废弃物存放，不可放置其他物品或废弃物，避免交叉污染(图 2-4)。

图 2-4 危险废物存放点

(3) 实验室的危险废物存放点可分为"实验室危险废物临时存放点"，用来临时存放未装满的废物容器；以及"实验室危险废物收集点"，用来存放已经分类收集并包装好，需要被直接收走的废物容器。

(4) 不同种类的废物须分类收集(表 2-2)在不同的废物容器中，不相容的化学品废弃物必须分开存放。

(5) 废物容器须根据废物的种类张贴标签和明显标识，完整填写危险废物标签上所列的信息，包括化学名称/危险废物名称、主要成分、危险类别或危险情况、产生日期和联系人信息等(图 2-5)。

(6) 反应性的或有特殊注意事项的要单独收集并在标签上写明。例如：含硅氢的化学品由于反应产生胶质物和热量并释放易燃性气体(例如氢气)，在储存、收集和处理废弃物时，不应与其他废弃物混合。单独收集的含硅氢废料，在填写危废标签时，主要成分一栏要写明"含硅氢"。为方便仓库和危废处理商识别出含硅氢的废料，提醒其特殊风险和分类处理。

(7) 选择合适的容器，废物须与废物储存容器材质相容。

(8) 容器不可填满，废物桶建议收集 80%的体积，以降低涨桶导致容器内物料泄漏的风险。

(9) 废液的存放须有二次容器。

(10) 废物容器必须时刻保持密封，仅在操作废物时例外，不可用不严密的橡胶塞、封口膜、胶带等材料代替原盖子。

(11) 实验室产生任何分类不明确的废物，应提前向安全员咨询。

(12) 各实验室的研究人员需负责实验室废物存放场所的卫生管理。

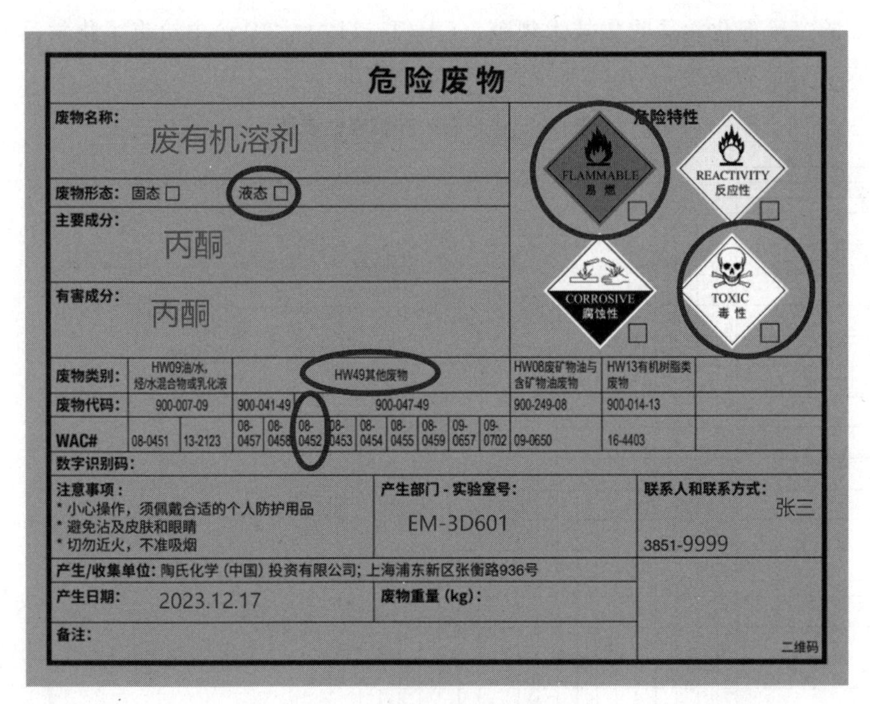
危险废物

废物名称：废有机溶剂

废物形态：固态 □　液态 □

主要成分：丙酮

有害成分：丙酮

危险特性
FLAMMABLE 易燃 □
REACTIVITY 反应性 □
CORROSIVE 腐蚀性 □
TOXIC 毒性 □

废物类别：	HW09油/水，烃/水混合物或乳化液		HW49其他废物									HW08废矿物油与含矿物油废物	HW13有机树脂类废物
废物代码：	900-007-09		900-041-49		900-047-49							900-249-08	900-014-13
WAC#	08-0451	13-2123	08-0457	08-0458	08-0452	08-0453	08-0454	08-0455	08-0459	09-0657	09-0702	09-0650	16-4403

数字识别码：

注意事项：
* 小心操作，须佩戴合适的个人防护用品
* 避免沾及皮肤和眼睛
* 切勿近火，不准吸烟

产生部门-实验室号：EM-3D601

联系人和联系方式：张三　3851-9999

产生/收集单位：陶氏化学（中国）投资有限公司；上海浦东新区张衡路936号

产生日期：2023.12.17

废物重量（kg）：

备注：

二维码

图 2-5　危险废物标签样张

（13）必须建立管理台账并如实记录，包括危险废物类别、产生量、转移量、责任人等。

（14）关于实验室废水，至少前两次高浓度清洗废水要收集到危险废液桶里作为危险废物处理，不可直接倾倒废液或高浓度清洗水进入实验室水池。通过实验室水池排放的废水要进行取样和检测，确保符合《污水排入城镇下水道水质标准》(GB/T 31962—2015)。如果检测结果符合要求，则此废水可直接排放进市政污水管网系统；若有指标超标，则废水要作为危废交由有资质的危险废物承包商处理。若有超标情况，还应进行原因调查，采取措施避免再次发生偏离。

4. 实验室危险废物收集相容性的考虑

在《危险废物贮存污染控制标准》(GB 18597—2023)中明确要求"贮存危险废物应根据危险废物的类别、形态、物理化学性质和污染防治要求进行分类贮存，且应避免危险废物与不相容的物质或材料接触"。不相容危险废物及其混合时会产生的危险如表 2-3 所示。

表 2-3　不相容危险废物及其混合时会产生的危险

不相容危险废物		混合时会产生的危险
甲	乙	
氰化物	酸类、非氧化	产生氰化氢，吸入少量可能会致命
次氯酸盐	酸类、非氧化	产生氯气，吸入可能会致命
铜、铬及多种重金属	酸类、氧化，如硝酸	产生二氧化氮、亚硝酸盐，引致刺激眼目及烧伤皮肤
强酸	强碱	可能引起爆炸性的反应及产生热能
铵盐	强碱	产生氨气，吸入会刺激眼目及呼吸道
氧化剂	还原剂	可能引起强烈及爆炸性的反应及产生热能

在《实验室废弃化学品收集技术规范》(GB/T 31190—2014)中给出了化学品贮存相容性表格(表 2-4)作为参考,来指导危险废物的分类收集。

表 2-4 化学品贮存相容性表格

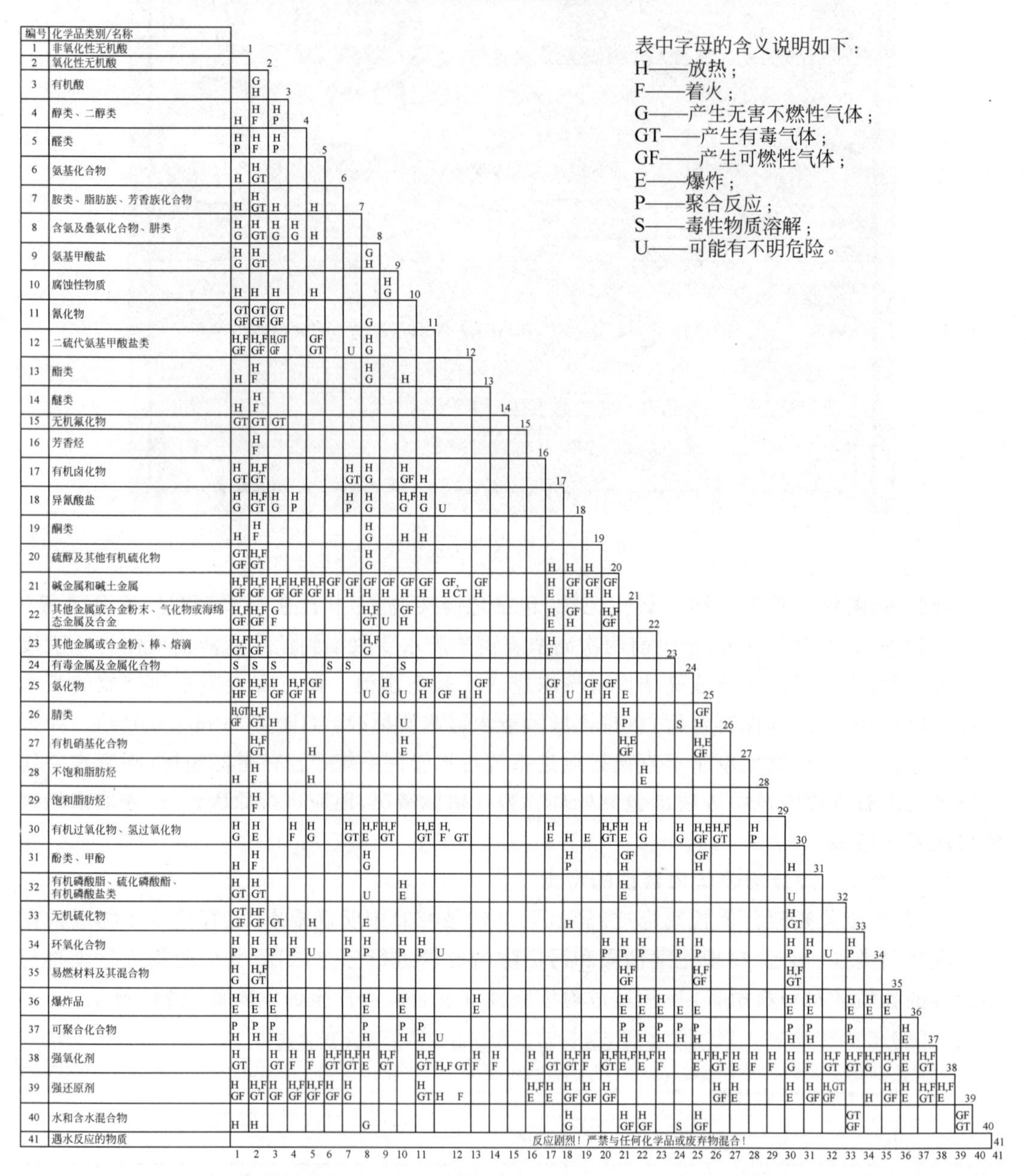

编号	化学品类别/名称	1	2	3	4	5	6	7	8	9	10	11	12	13	14	15	16	17	18	19	20	21	22	23	24	25	26	27	28	29	30	31	32	33	34	35	36	37	38	39	40	41
1	非氧化性无机酸																																									
2	氧化性无机酸																																									
3	有机酸		G H																																							
4	醇类、二醇类	H	H F	H P																																						
5	醛类	H P	H F	H P																																						
6	氨基化合物	H	H GT																																							
7	胺类、脂肪族、芳香族化合物	H	H GT	H		H																																				
8	含氨及叠氨化合物、肼类	H G	H GT	H G	H G	H																																				
9	氨基甲酸盐	H G	H GT						G H																																	
10	腐蚀性物质	H	H	H		H				H G																																
11	氰化物	GT GF	GT GF	GT GF					G																																	
12	二硫代氨基甲酸盐类	H,F GF	H,F GF	H,GT GF		GF GT		U	H G																																	
13	酯类	H	H F						H G		H																															
14	醚类	H	H F																																							
15	无机氟化物	GT	GT	GT																																						
16	芳香烃		H F																																							
17	有机卤化物	H GT	H,F GT					H GT	H G		H GF	H																														
18	异氰酸盐	H G	H,F GT	H G	H P			H P	H G		H,F G	H G	U																													
19	酮类	H	H F						H G		H	H																														
20	硫醇及其他有机硫化物	GT GF	H,F GT						H G									H	H	H																						
21	碱金属和碱土金属	H,F GF	H,F GF	H,F GF	H,F GF	H,F GF	GF H	GF H	GF H	GF H	GF H	GF H	GF, H CT	GF H				H E	GF H	GF H	GF H																					
22	其他金属或合金粉末、气化物或海绵态金属及合金	H,F GF	H,F GF	G F					H,F GT	U	GF H							H E	GF H		H,F GF																					
23	其他金属或合金粉、棒、熔滴	H,F GT	H,F GF						H,F G									H F																								
24	有毒金属及金属化合物	S	S	S			S	S			S																															
25	氨化物	GF HF	H,F E	H GF	H,F GF	GF H			U	H G	U	GF H	GF H	GF H				GF H	U	GF H	GF H	E																				
26	腈类	H,GT GF	H,F GT	H							U											H P			S	GF H																
27	有机硝基化合物		H,F GT			H					H E											H,E GF				H,E GF																
28	不饱和脂肪烃	H	H F			H																	H E																			
29	饱和脂肪烃		H F																																							
30	有机过氧化物、氢过氧化物	H G	H E		H F	H G		H GT	H,F E	H,F GT		H,E GT	H, F GT					H E	H	E	H,F GT	H E	H G		H G	H,E GF	H,F GT		H P													
31	酚类、甲酚	H	H F						H G										H P			GF H				GF H					H											
32	有机磷酸脂、硫化磷酸酯、有机磷酸盐类	H GT	H GT						U		H E											H E									U											
33	无机硫化物	GT GF	HF GF	GT		H			E										H												H GT											
34	环氧化合物	H P	H P	H P	H P	U		H P	H P		H P	H P	U								H P	H P	H P		H P	H P					H P	H P	U	H P								
35	易燃材料及其混合物	H G	H,F GT																			H,F GF				H,F GF					H,F GT											
36	爆炸品	H E	H E	H E					H E		H E			H E								H E	H E	H E	E	E					H E	H E		H E	H E	H E						
37	可聚合化合物	P H	P H	P H					P H		P H	P H	U									P H	P H	P H	P H	P H					P H	P H		P H			H E					
38	强氧化剂	H GT		H GT	H F	H F	H,F GT	H,F GT	H E	H,F GT		H,E GT	H,F GT	H F	H F		H F	H GT	H,F GT	H F	H,F GT	H,F E	H,F E	H F		H,F E	H,F GT	H E	H F	H F	H G	H F	H,F GT	H,F GT	H,F G	H,F G	H E	H,F GT				
39	强还原剂	H GF	H,F GT	H GF	H,F GF	H,F GF	H GF	H G				H GT	H F				H,F E	H E	H GF	H GF	H GF						H GF	H E			H E	H GF	H,GT GF		H	H GF	H E	H,F GT	H,F E			
40	水和含水混合物	H	H						G										H G			H GF	H GF		S	H GF								GT GF						GF GT		
41	遇水反应的物质	反应剧烈！严禁与任何化学品或废弃物混合！																																								

表中字母的含义说明如下：
H——放热；
F——着火；
G——产生无害不燃性气体；
GT——产生有毒气体；
GF——产生可燃性气体；
E——爆炸；
P——聚合反应；
S——毒性物质溶解；
U——可能有不明危险。

以上主要是给出了不同危险废物类别之间的相容性,然而即便是同一个危险废物类别,具体的化学品废弃物之间也可能会有相容性的问题。所以,从根本上考虑还是要遵循化学品之间的相容性来指导废弃物的收集与存放。

图 2-6 所示为美国化学品工艺安全中心(Center for Chemical Process Safety,CCPS)提供的 CRW (Chemical Reactivity Worksheet)免费软件工具(可扫描二维码 2-5 下载),可以用来生成化学品相容性对照表(图 2-6),了解常用有害化学品的反应性、吸附剂的相容性,以及化

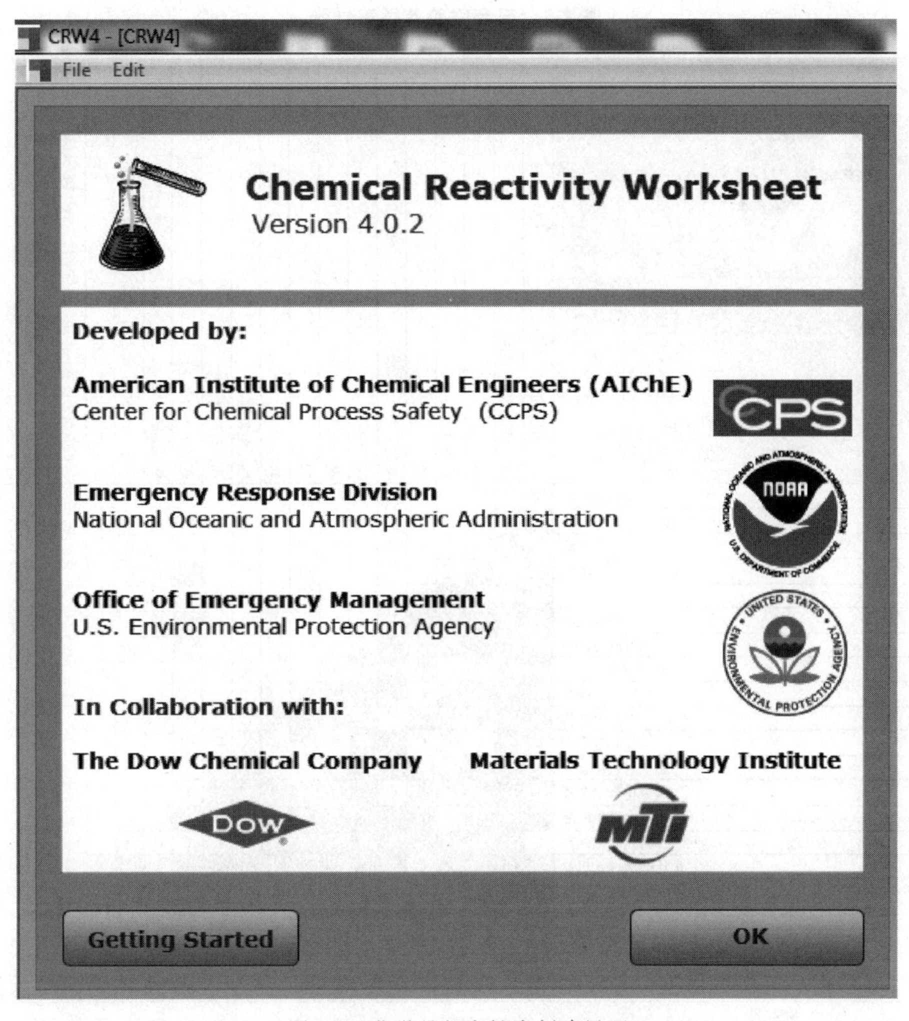

图 2-6 化学品相容性表创建界面

学工艺流程中的容器管线等材质的适合性。

使用 CRW 进行相容性判别时，需要做好以下三步工作：

(1) 明确化学品的活性反应基团。

(2) 将数据录入 CRW 工具并生成表格，转换成 Excel 表格。

(3) 彩打并张贴在实验室，供实时查看。

废弃物相容性表格张贴于废弃物收集点附近，在收集废弃物的时候用来识别哪些化学品可以安全地混合在一个废弃物容器中，哪些化学品需要分开收集，以及泄漏用吸附材料的相容性。相容性表样张见表 2-5(彩色版见二维码 2-6)。

危险废物与收集容器材质之间也存在相容性问题，可参考《危险废物贮存污染控制标准》(GB 18597—2001)中的不同危险废物种类与一般容器的化学相容性表，如表 2-6 所示。基于危险废物的具体化学品性质，也可参考具体化学品与容器的相容性。另外，在我们选择容器时，总是可以从容器供应商那里拿到容器的化学品相容性参考指南。

2-6

表 2-5 废弃物兼容性表样张

实验室废物管理相容性表：

确定哪些化学物质可以安全混合在一个常见的废物容器中

此表仅适用于以下混合情况：

在环境温度下(最高35℃)，将两种化学物质混合在一个绝缘的废物容器中，该容器不是密闭的。

注意：如果一个化学物质含有多个官能团，您必须评估每个官能团的相容性。

图例

X	无自反应
N	不相容
C	注意
Y	相容
SR	自反应

	酸(羧酸，弱酸，盐类)	酸(强酸，硝酸，盐酸)	醇	酰胺	胺	叠氮化物	碱(强碱)	碱(弱碱，盐类)	脲酮	氰化物	酯、醚和酮	卤代有机化合物	碳氢化合物杂项	异氰酸酯	单体(丙烯酸酯，苯乙烯，环氧化物，醛，酸酐)	非氧化还原活性无机盐	有机金属化合物、金属、易与水反应的材料、硅烷和自燃物	氧化剂(过氧化物、硝酸盐、漂白剂)	硅氧烷	硫化物	水溶液(>90%)
酸(羧酸，弱酸，盐类)	X																				
酸(强酸，硝酸，盐酸)	N	X																			
醇	C	N	X																		
酰胺	Y	C	Y	X																	
胺	N	N	Y	N	X																
叠氨化物	N	N	N	Y	N	X															
碱(强碱)	N	N	N	N	Y	N	X														
碱(弱碱，盐类)	N	N	Y	C	Y	N	Y	X													
脲酮	Y	N	Y	Y	C	Y	N	Y	X												
氰化物	N	N	Y	Y	Y	C	Y	Y	Y	X											
酯、醚和酮	Y	N	C	Y	C	N	N	C	Y	C	X										
卤代有机化合物	Y	N	Y	Y	N	N	N	Y	C	Y	Y	X									
碳氢化合物杂项	Y	N	Y	Y	Y	C	Y	Y	Y	Y	Y	Y	X								
异氰酸酯	N	N	N	C	N	N	N	N	N	N	C	Y	Y	X							
单体(丙烯酸酯，苯乙烯，环氧化物，醛，酸酐)	C	N	N	N	N	N	N	N	N	N	C	C	C	C	SR						
非氧化还原活性无机盐	Y	N	Y	Y	C	N	Y	Y	Y	N	Y	Y	Y	C	N	X					
有机金属化合物、金属、易与水反应的材料、硅烷和自燃物	N	N	N	C	C	C	C	C	C	C	C	N	N	N	N	C	X				
氧化剂(过氧化物、硝酸盐、漂白剂)	N	N	N	N	N	N	N	N	N	N	N	N	N	N	N	N	N	X			
硅氧烷	Y	C	Y	Y	Y	Y	C	Y	Y	Y	Y	Y	Y	Y	C	Y	Y	C	X		
硫化物	N	N	C	Y	N	N	N	Y	Y	N	Y	N	Y	N	N	C	N	N	Y	X	
水溶液(>90%)	Y	C	Y	Y	Y	N	N	Y	Y	Y	Y	Y	Y	N	N	Y	N	C	Y	N	X
吸附剂																					
纤维素基(纸巾，锯末)	Y	N	C	Y	C	Y	N	Y	Y	Y	Y	Y	Y	C	C	Y	Y	N	Y	Y	Y
黏土/矿物质基(Zorbal，蛭石，猫砂)	Y	Y	Y	Y	C	Y	N	Y	Y	Y	Y	Y	Y	N	N	Y	Y	Y	Y	Y	Y
聚合物基(塑料吸油垫)	Y	N	Y	Y	Y	Y	Y	Y	Y	Y	Y	Y	Y	Y	Y	Y	Y	N	Y	Y	Y

表 2-6 不同危险废物种类与一般容器的化学相容性

	容器或衬垫的材料							
	高密度聚乙烯	聚丙烯	聚氯乙烯	聚四氟乙烯	软碳钢	不锈钢		
						$OCr_{18}Ni_{9}$ (GB)	$M_{03}T_{i}$ (GB)	$9Gr_{18}M_{0}V$ (GB)
酸(非氧化)如硼酸、盐酸	R	R	A	R	N	*	*	*
酸(氧化)如硝酸	R	N	N	R	N	R	R	*
碱	R	R	A	R	N	R	*	R
铬或非铬氧化剂	R	A*	A*	R	N	A	A	*
废氰化物	R	R	R	A*-N	N	N	N	N
卤化或非卤化溶剂	*	N	N	*	A*	A	A	A

续表

	容器或衬垫的材料							
	高密度聚乙烯	聚丙烯	聚氯乙烯	聚四氟乙烯	软碳钢	不锈钢		
						$OCr_{18}N_{i9}$(GB)	$M_{03}T_{i}$(GB)	$9Gr_{18}M_{0}V$(GB)
金属盐酸液	R	A*	A*	R	A*	A*	A*	A*
金属淤泥	R	R	R	R	R	*	R	*
混合有机化合物	R	N	N	A	R	R	R	R
油腻废物	R	N	N	R	A*	R	R	R
有机淤泥	R	N	N	R	R	*	R	*
废漆油(原於溶剂)	R	N	N	R	R	R	R	R
酚及其衍生物	R	A*	A*	R	N	A*	A*	A*
聚合前驱物及产生的废物	R	N	N	*	R	*	*	*
皮革废物(铬鞣溶剂)	R	R	R	R	N	*	R	*
废催化剂	R	*	*	A*	A*	A*	A*	A*

A：可接受；N：不建议使用；R：建议使用。

*：因变异性质，请参阅个别化学品的安全资料。

实验室危险废物处理，原则上应尽量减量化、资源化和无害化。对一些高危的实验室废弃化学品需进行安全预处理。安全预处理是指在废弃化学品最终处置前，废弃化学品产生者对废弃化学品进行的回收再利用、稀释、中和、氧化、还原等旨在消除或减少废弃化学品危害的处置。例如：

(1) 废弃活泼金属碎屑的减活处理，可以将其浸泡在无水试剂中，缓慢滴加过量无水乙醇，滴加速度根据放热情况进行调整，直到反应完毕，完全冷却后作为废液单独收集(图 2-7)。

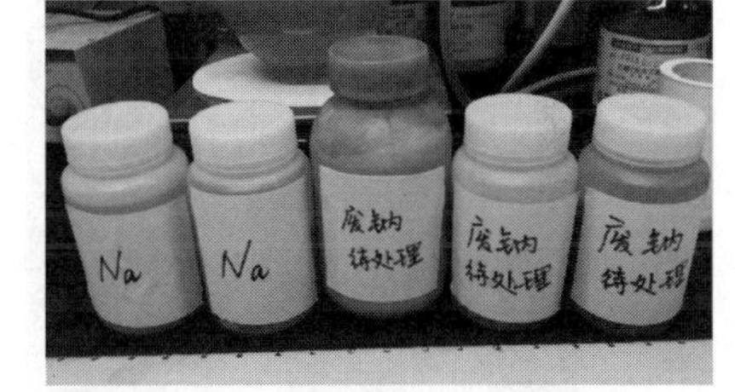

图 2-7 活泼金属废弃物处理

(2) 液体有机金属首先用无水溶剂稀释，然后在低温下缓慢滴入过量无水乙醇，充分反应后作为废液单独收集。

(3) 六价铬可通过加入酸式亚硫酸盐或硫酸亚铁还原成三价铬。

(4) 强酸或强碱小心中和至 pH 为 3～11 以减少最终处置时的危害。

(5) 硫化氢、氯化氢等气体可用碱液吸收；氨气可用酸液吸收；二氧化硫、异氰酸酯等气体或溶剂挥发可用雾状水吸收。

在 2020 年 9 月第七十五届联合国大会一般性辩论中，我国首次明确提出碳达峰和碳中和的目标，向全世界表示我国将采取更加有力的政策和措施，力争于 2030 年前达到二氧化碳排放峰值，2030 年单位国内生产总值二氧化碳排放将比 2005 年下降 60%～65%，2060 年年前实现碳中和的宏远目标。在大学，节能减排不仅是实现“双碳目标”的实际行动，也会在年轻学生心中建立可持续发展的观念，让节能减排的习惯带到各个行业，成为全社会“绿色发展”的基础。废弃物减排措施有源头减排和回收再利用两种主要方式。

1）源头减排

（1）优化实验设计，在不影响实验结果的前提下，尽量使用低风险的化学品，减少化学品用量。

（2）根据项目的实际需要采购化学品和原材料；根据实验的需要让客户提供适量的样品——这样可以减少化学品库存并且减少过期化学品的量。

（3）通过化学品分享，将不需要的化学品送给其他有需要的实验室。

（4）做好实验准备工作，避免因反应失败而产生危险废物。

（5）采用少量多次清洗的方式，减少废液的产生量。

2）回收再利用

（1）企业的实验室可以遵循样品寄送流程将合格的样品送给有需要的客户，而不是作为危险废物处理，减少废弃物处置量和处置费用。

（2）实验室可回收废弃物，交由有资质的供应商回收处理。如：电线电缆，塑料粒子，聚氨酯泡沫，金属片，其他外包装、纸箱、木箱等。

（3）使用塑料袋盛装非尖锐和重量轻的废弃物，废物容器回收再利用。

（4）重复使用废乳液，给旧设备重新刷涂料，以保持其外观整洁，防腐，同时也可以减少废乳液的量（图 2-8）。

（5）重复使用废弃木板做成架子，方便样品的存放（图 2-9）。

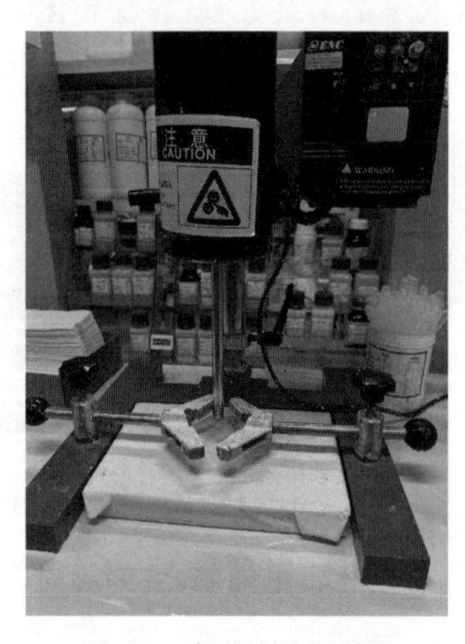

图 2-8　废乳液重新利用

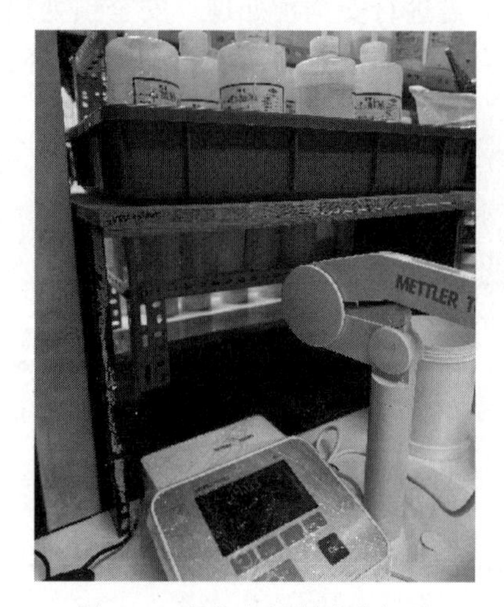

图 2-9　废弃木板制成的架子

（6）如果可以，清洗并重复使用容器，避免不必要的采购和废弃。

对于上述废弃物减排措施无法削减的危险废物，必须将其分类收集到危险废物容器并包装好，委托有资质的单位处置。作为危险废物产生单位，我们需要核实处置单位的资格和技术能力，通过签订合同约定污染防治要求，并且监管处置单位对于产生的危险废物的处置情况。如果没尽到监管责任和义务，按照《中华人民共和国固体废物污染环境防治法》，产生单位需要承担环境污染的连带责任。

2.2 机械伤害

实验室有些设备有运动/转动部件、锋利边缘等，带来了夹击、碰撞、剪切、卷入、绞、碾、割、刺等潜在危害(图 2-10)。如带与带轮、啮合的齿轮之间、相对回转的辊子之间有卷入碾轧的危害；联轴器、齿轮、皮带轮等有卷绕和绞缠的风险；机床、刨床等产生挤压、剪切、冲击的危害；发生断裂、松脱使失控物件甩飞或反弹的危害；设备部分结构突出如下挂部分、长手柄等会造成碰撞、剐蹭的危害；切削刀具的锋刃、零件带来毛刺、设备尖棱、利角等有导致切割、擦伤等危害。

提高机械伤害识别和防护的能力，可以从我们提高"火线"风险意识做起。"火线"这一概念最初源自军事，是指士兵在敌人的射程、攻击范围之内，现今这个概念延伸为人员暴露于危害可及的范围内。它包含能量源、火线范围和防护壁垒三要素(图 2-11)，即当人们处于能量源可攻击到的范围内，且和能量源之间防护屏障缺失的时候，就会导致人员受伤。因此，消除能量源、远离火线范围、建立防护壁垒，从这三方面入手就可以帮助降低机械伤害的危害。

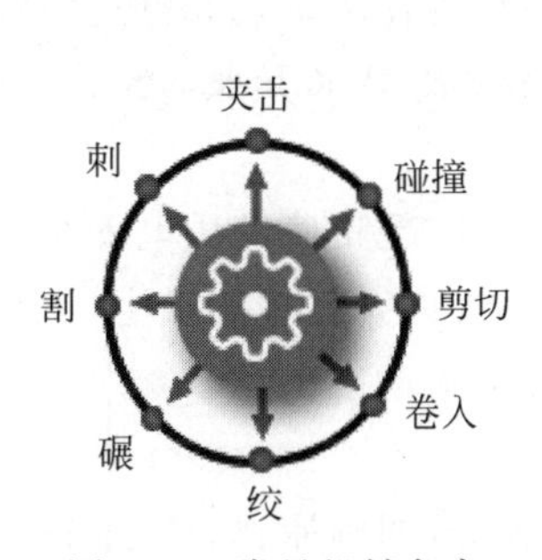

图 2-10　常见机械危害

图 2-11　火线三要素

(1) 能量源：包括移动部件、夹点、车辆、重力、飞扬的碎片、尖锐的边缘，等等。实验室里破碎的玻璃仪器、飞扬的切割碎末、放在高处的重物、旋转的搅拌设备等都是产生机械伤害风险的来源。

(2) 火线范围：任何可能伤害到人员的移动部件的移动路径。如机械手臂的旋转半径、锯刀片的行进路径、设备盖子开合的区域等。

(3) 防护壁垒：①本质安全的设计；②防护罩、联锁、急停等工程控制；③操作程序、培训、良好的操作实践等行政控制措施；④个人防护装备。

下面我们通过举例来说明"火线"辨识及防护措施。双辊(图 2-12)是实验室常见的加热、压延胶料的加工设备，它的"火线"辨识及防护措施如下：

(1) 危害：卷入、挤压、烫伤。

(2) 防护措施：①设备安装有防护罩、联锁、多处急停装置，使用前检查确认急停有效；②规定手部允许放置的位置，使用特定工具对样品进行操作；③佩戴高温防护手套，禁止佩戴松散物件，束发、腰带(皮带)、袖口紧束；④将警示标识张贴在醒目位置。

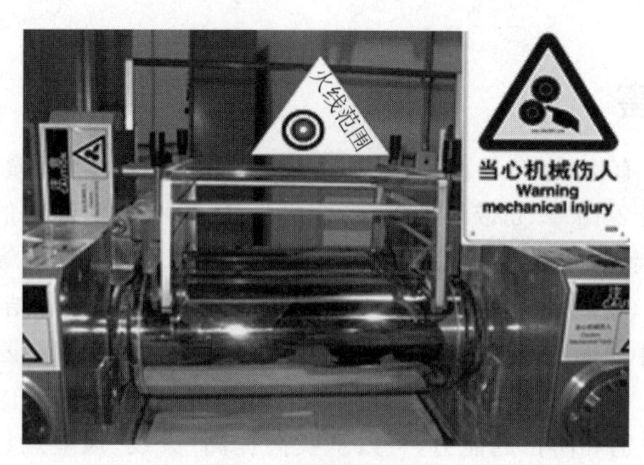

图 2-12 双辊的火线

2.3 电气危害

在化学实验室中，电气设备特别常见，用电操作也很普遍。而实验本身有时又不与电气操作直接相关，因此大家很容易“看不到”其危害并忽略了潜在风险，如易燃液体溅洒到旁边的加热设备而被引燃；多个用电设备同时开启导致过载；冷凝水下水不畅致使电气设备浸泡在水中产生触电风险等。

化学实验室是用电集中的地方，人员多、线路多，如果缺乏正确的用电安全知识，不遵守正确的操作程序，就很可能会导致电击、电伤危害或者电气火灾危害的发生。

2.3.1 电流对人体的伤害

电流通过人体会造成内部器官在生理上的反应和病变，如刺痛、灼热感、昏迷、呼吸困难甚至停止等，称为电击。电伤是指电流对人体造成的外伤，如电烫伤、电烙印、皮肤金属化等。电弧伤害是常见的电伤，是当人体过于接近高压带电体所引起的电弧放电以及带负载分合刀闸造成的弧光短路。电弧不仅使人遭受电击，而且由于弧焰温度极高，会对人体造成严重烧伤，烧伤部位多见于手部、眼部、脸部。此外被电弧融化的金属颗粒侵蚀皮肤还会使皮肤组织金属化。

1. 电流效应的影响因素

(1) 电流强度：通过人体的电流越大，人体的身体反应越强烈，对人体的伤害越大。图 2-13 所示为人体对电流的一般反应，电流的单位为毫安(mA)：①刚能感觉到电流(＜5mA)；②脱离不开(5～10mA)；③疼痛加剧(10～50mA)；④有可能致命(＞50mA)。

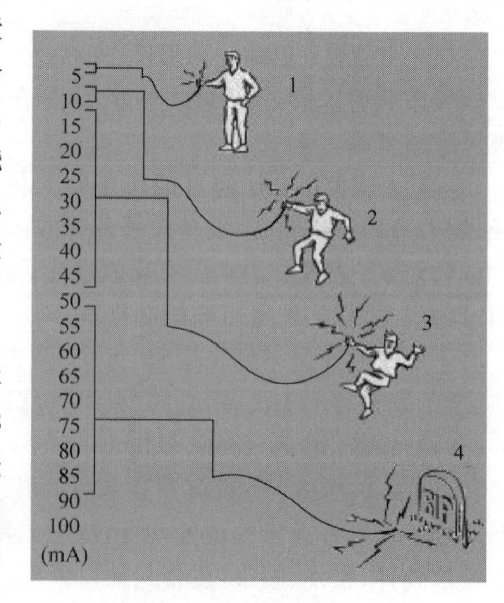

图 2-13 人体对电流的反应

(2) 电流持续时间：电流通过人体的持续时间越长，越容易引起心室颤动，触电后果也越严重。由于心脏在收缩与舒张的时间间隙(0.1s)对电流最为敏感，通电时间一长，重合这段时间间隙的可能性越大，心室颤动的可能性也就越大。

(3) 电流途径：电流流经人体左半边，心脏所在处，风险高。

(4) 个体特征：当触电电压一定时，人体电阻越小，流过人体的电流越大，触电者越危险。

2. 防触电的措施

(1) 接零、接地：将电气设备在正常情况下不带电的金属部分接在电网的零线上；将设备的保护接地线与接地体连接。

(2) 漏电保护：设备及线路漏电时，可以通过漏电保护装置的检测部件获得异常信号，促使执行部件动作，自动切断电源，起到保护作用。

(3) 绝缘、屏障保护和隔离间距：用塑料、橡胶等绝缘体将带电体封闭起来，或用遮栏、护盖等隔绝带电体以防止人体触及；确保必要的安全距离，可以防止触及或过于接近带电体。

2.3.2　电气火灾

不当的电气设备使用(图 2-14)还会导致火灾。常见的电气火灾事故的原因有：

(1) 电气设备过热、短路、过载、接触不良、散热不良。

(2) 使用绝缘已老化、损坏的电气设备、线路。

(3) 使用不合格电气设备。

(4) 选用的设备和导体的容量不够。

(5) 安装不当等。

图 2-14　常见的不当电气使用情形

为防止电气危害，需掌握实验室通用安全知识。

(1) 禁止私自对电路进行改造，不私拉电线，不私自加装大功率设备；尽可能避免使用插线板。

(2) 详细阅读用电设备使用说明书；不在电气设备上堆放杂物，保持电气设备散热良好。

(3) 正常运行时会产生飞溅火花或设备外壳表面温度较高的用电设备，在使用时应远离可燃物质或采取相应的密闭隔离等措施，用完后及时切断电源。

(4) 了解用电设备安全断电操作位置；设备移动时应防止电源线拉断或损坏插头；断开电气设备连接时，抓住整个插头并拔出，不要拽电线拔下电气设备的插头。

(5) 定期对自备电源装置或系统进行检测、维护及更新。

(6) 在使用充电设备时人员不得离场。

(7) 定期检查用电线路老化及损坏情况；定期对漏电保护装置进行检测。

(8) 禁止接线板串联，以防超过单个接线板负荷。

(9) 接线板不要直接放在地面上，以防实验室漏水浸泡或意外泼溅造成短路。

(10) 接线板、插座应设有防护措施以避免水/化学品溅入，比如安装位置避开液体可能溅到的位置，或装有防液体溅入的盖板等；尽量避免在通风橱内放置接线板，如若必须放置，一定要做好防护以避免液体溅入。

(11) 用电或电气设备在进行日常操作时须保证操作手部干燥。

2.3.3 静电危害及防护

静电是一种客观存在的自然现象，产生的方式有很多种，如接触、摩擦、电气间感应等。静电的特点是长时间积聚、高电压、低电量、小电流和作用时间短。人体自身的动作或与其他物体的接触、分离、摩擦或感应等，可以产生几千伏甚至上万伏的静电。对于实验室复杂的使用环境，静电防护的可靠性至关重要，稍有不慎就有可能带来设备损坏，甚至爆炸、火灾，导致人员伤害及重大财产损失。

对于静电防护，通常会根据使用需求选用以下方法来处理：

(1) 释放：在需要静电防护的入口处设置静电释放器，如静电释放球等装置。静电释放器采用无源式电路，利用人体的静电使电路工作，最后达到消除静电的目的。

(2) 中和：静电中和器是能产生电子和离子的装置。由于产生了电子和离子，物料上的静电电荷得到异性电荷的中和，从而消除静电的危险。静电中和器主要用来消除非导体上的静电，多用于生产设备上。

(3) 接地：通常是指设备和人员的接地，即通过截面积符合标准的金属导线将设备接地，人员则通过手环、服装、防静电鞋等措施接地。

(4) 跨接：将两个以上独立的金属导体进行电气上的连接，使其相互间大体上处于相同的电位，多用于设备管道静电防护。

(5) 使用防静电材料：主要是使用静电耗散材料来替代普通的材料。比如在防静电工作区使用的防静电台垫、防静电地板、防静电包装盒等，多应用于信息机房等特殊环境。

（6）静电屏蔽：主要是指利用法拉第笼原理，使用封闭导体来对静电源或需要防护的产品进行屏蔽。屏蔽措施还可防止电子设施受到静电的干扰。

（7）抗静电剂：对几乎不能释放静电的绝缘体，采用抗静电剂以增大电导率，使静电易于释放。

（8）环境增湿：增加湿度，使环境相对湿度提高到60%～70%，以抑制静电的产生，但环境增湿只能作为辅助措施使用。

2.4　压力容器危害

压力容器是内部承受压力的密闭容器，若发生破裂，就会瞬间释放出巨大的能量，造成人员伤亡和设备、建筑物损坏。有些压力容器盛装可燃气体，一旦发生泄漏，可燃气体会与空气混合并达到爆炸极限，若遇到火源即可导致连锁反应，造成特大的火灾、爆炸和伤亡事故。

2.4.1　压力容器使用通用要求

1. 压力容器发生爆炸的常见原因

（1）先天性缺陷，包括压力容器设计错误、结构不合理、选材不当、强度不够、制造质量低劣、安装组焊质量差、安全装置安装不正确。

（2）操作不当导致超温、超压运行。

（3）维护不当导致完好性受损，包括：①腐蚀严重：压力容器的内外表面因腐蚀而变薄，强度降低；②裂纹：长期运行中因操作不当，容器骤冷骤热或压力波动频繁等，导致钢材受到交应变力，产生疲劳裂纹；③安全卸压阀等保护装置失灵。

我们可以看到压力容器发生爆炸的原因有很多，任何一个环节出现问题，都可能导致事故的发生，而且此类事故危害性高、破坏性强，因此国家专门制定了《压力容器安全技术监察规程》等相关法规，明确定义了压力容器制造、使用、维护等各个环节的管控措施，压力容器属于国家监管设备，管理上的疏漏很可能是违法行为。

2. 压力容器使用单位管理的基本要求

（1）在压力容器投用前应向特种设备使用登记部门办理《特种设备使用登记证》。

（2）压力容器操作人员应持证上岗且压力容器的操作规程中应至少包括以下内容：

① 操作工艺参数（工作压力、最高或者最低工作温度）；

② 岗位操作方法（含开、停车的操作程序和注意事项）；

③ 运行中重点检查的项目和部位，运行中可能出现的异常现象和防止措施，以及紧急情况的处置和报告程序。

（3）对压力容器本体及其安全附件进行定期维护保养和自行检查，完成定期检验，检查表见表2-7。

表 2-7 压力容器自行检查表

（特种设备日常检查记录：压力容器）

压力设备名称：

实验室名称及位置：

设备负责人：

检查内容	
合格标志	是否有安全检验合格标志，并按规定固定在显著位置，是否在检验有效期内
运行参数	液位、压力、温度是否在允许范围内
	是否及时填写运行记录，记录是否与实际符合
本体、阀门状况	设备的本体、接口部位、接头是否有裂纹、过热、变形、泄漏、损伤等
	外表面有无腐蚀，有无异常结霜、结露等，铭牌、漆色、标志是否清楚
	是否存在介质泄漏现象，排放装置是否完好
	仪器仪表显示参数是否与液位计、压力表、温度计一致
	快开门式压力容器是否有快开门联锁保护装置
安全附件和保护装置	压力表是否洁净，表盘是否明亮清晰，表内指针压力是否清楚易见
	安全泄压装置是否洁净，无堵塞、锈蚀
	安全阀是否存在渗漏迹象

检查记录		
日期（每月一次）	检查人	正常或问题

2.4.2 气瓶

化学实验室中经常会使用高压瓶装气体，气瓶是实验室特别常见的压力容器，里面盛载的气体的危害也各不相同，实验室常见气瓶种类及其危害见表 2-8。因此气瓶的充装、接收、存储、使用等环节也需要遵行相应的要求。

表 2-8 实验室常见气瓶种类及其危害

气体	主要危害	特 征
二氧化碳	窒息	比空气重 会密集在低处 高浓度时会导致立即失去意识，甚至死亡
一氧化碳	中毒 易燃	无气味 警示性差 高浓度时会导致立即失去意识，甚至死亡 有火灾爆炸风险
氮气	窒息	无气味 警示性差 高浓度时会导致立即失去意识，甚至死亡

续表

气体	主要危害	特　征
氩气	窒息	比空气重 无气味 警示性差 高浓度时会导致立即失去意识，甚至死亡
乙炔	易燃	特殊的大蒜气味 比空气轻一点 有火灾爆炸风险 铜或铜合金会和乙炔形成爆炸性物质
氢气	易燃	比空气轻 无味 易聚集在高处 有火灾爆炸风险 点火能非常低
氧气	助燃	无味 不燃，但助燃 接触油脂、润滑油等可燃物会立即起火

1. 气瓶的充装

所有的气体灌装企业均须遵守《气瓶安全技术规程》(TSG 23—2021)，这个规程对气瓶附件、充装使用、定期检验等方面提出了具体要求，是气瓶行业依照的基本原则。负责任的气源厂商应采购经过严格工艺审查的钢瓶及其附件。气瓶到厂后，首先在检验站执行投瓶流程，逐个进行内外部视觉检查，安装瓶阀，然后伴氮气加热抽空，以降低内部水含量。第二步是在喷漆室喷涂公司及产品标识。干燥后安装防震圈，贴气瓶追踪系统的二维码，并进行登记注册，再用登记信息及出厂资料，办理气瓶登记证。这就是气体钢瓶的诞生和领取身份证的过程。除了特定的混配气用气瓶，为了避免气瓶混用带来的巨大风险，气瓶在使用流转过程中被严格要求不可以改变身份，也就是说一个气瓶从诞生到报废的全生命周期应该只充装一种气体。具有了身份的气瓶进入充装车间，应在汇流排上进行反复抽真空，降低空气、水等杂质含量。如果在充装前检查发现气瓶还有一个月检验到期，则禁止充装，转到检验站进行水压检测。高纯氮等无腐蚀性的高纯气体钢瓶每 5 年进行一次水压检验，腐蚀性气体钢瓶每 2 年检验一次，其他气体(例如易燃气体)钢瓶每 3 年检验一次，混合气体钢瓶按照周期最短的气体钢瓶检验周期执行。经过预检合格后开始充装，在经过多个检漏、测温等检查环节且达到压力后停止充装。之后按照产品国标要求的项目进行抽检，合格后粘贴合格证(包括警示标签和每次充装批次签)，进入实瓶库区。对于充装混合气的气瓶，在每次混配充装前均应进行严格和充分的“净化”后再进行气体置换。

2. 气瓶的接收

接收到气瓶后，首先应对气瓶外观进行检查，包括查看气瓶制造时间；气瓶是否在有效检验期内；气瓶上是否有注明了该气瓶危险性的化学品安全警示标签：窒息性、易燃性、氧化性、毒性、腐蚀性；气瓶安全附件——瓶帽(保护罩)、阀门手轮、连接螺纹是否完好无损；气瓶的颜色是否与产品一致；是否有产品合格证。气瓶上的钢印提供了充装过程的重要信息。无缝气瓶设计使用年限为20年(经安全评估,实际使用年限可延长至30年。腐蚀环境中使用年限12年)。图2-15是气瓶钢印的全部内容,其中对于使用单位比较重要的信息有:气瓶编号,即每支气瓶唯一编号(相当于气瓶的身份证号码);WP,公称工作压力,常见为15MPa、20MPa;制造日期;实际容积,结合WP可以估算出实际气体量;W,实际重量,是运输及搬运时重点关注的参数;充装气体名称或分子式,气瓶不可错装;右上为气瓶定期检验(水压)的钢印,一般由硬质合金字模敲击在瓶肩上,或是由针式打标机刻在瓶肩上,由三部分组成:检验机构代码、本次检验年月、下次检验年份。

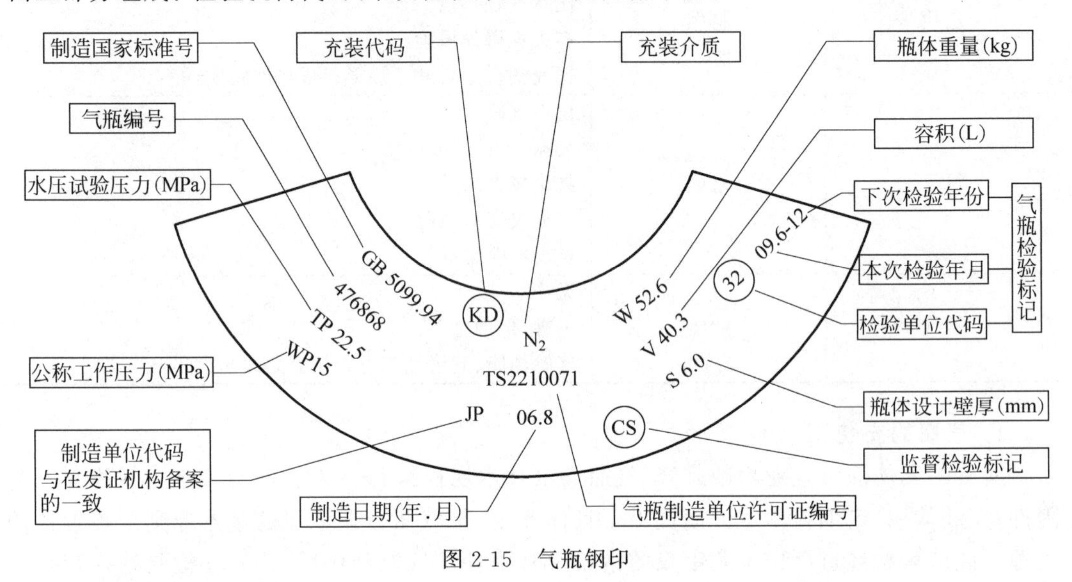

图2-15 气瓶钢印

3. 气瓶的存储

(1) 气瓶应分类直立存储,用栏杆、支架或链条等作为固定、防倾倒措施。

(2) 满瓶和空瓶气瓶应分开存放。

(3) 气瓶的瓶阀是气瓶的薄弱处,也是气瓶的突出点,容易受到机械撞击、损伤,造成阀门接头与瓶颈连接处断裂。此时整个气瓶里面巨大的压力会瞬时通过狭窄的阀门损坏口冲出,产生巨大的反作用力,气瓶会像导弹一样射出,伤及周围人员,如果是可燃气体,甚至会引起爆炸。所以气瓶储存不使用时,应配装合适的瓶帽作为保护。

(4) 气瓶上应明确标识里面盛放的气体种类及其危害。

(5) 气瓶的储存场所应通风、干燥,防止雨(雪)淋、水浸,避免暴晒,远离火源或其他高温热源。气瓶不应直接着地放置,可放置在塑料格栅板上,避免瓶底水汽聚集造成腐蚀。

(6) 含有有毒、易燃气体,窒息性气体,纯氧或者警示性较差气体的气瓶应放置在实验大楼外、实验室通风气瓶柜内或通风良好的实验室内。这些通风设施应是持续运行的,以将有害气体排放到安全的地方。同时应考虑额外的工程控制措施,包括:限流装置、气体探测报警系统、通风异常报警器、尾气排空管道、气路切断装置等。针对存有易自燃、有毒等危害性严重的气体的气瓶,也可以选择存放在特制的气瓶柜内(图2-16),且工程控制应增加专门的设计,如:气体泄漏探测器、柜内保持负压状态和至少每小时6次的换气;配备过流感应器,在感应到气体管路瞬间流量过大时联动切断气体供应;排布吹扫和抽真空管路供更换钢瓶、维修保养时清除残留气体等。

4. 气瓶的使用

(1) 气瓶搬运前应盖好瓶帽,使用专用小车做好固定后再搬运,避免搬运过程中损坏瓶阀,否则巨大压力会瞬间释放。搬运过程中必须轻拿轻放,严禁拖拽、随地平滚或用脚踢蹬。

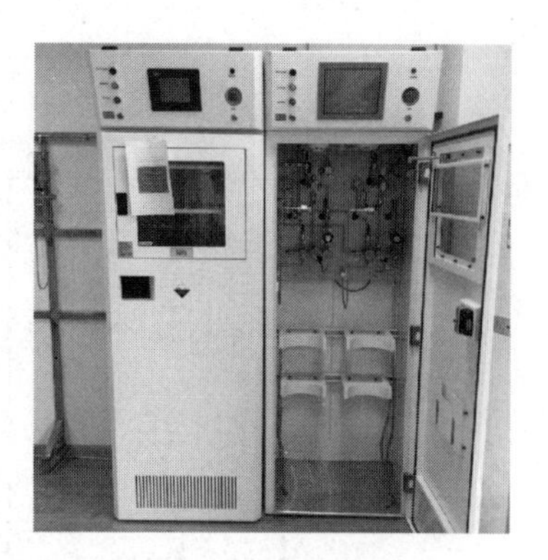

图 2-16　特制的气瓶柜

(2) 高压气瓶在使用的时候一般会加装减压阀。作为气瓶常用配件之一,要注意根据瓶内气体种类选择相应的减压阀。不同气体种类的减压阀不能混用(尤其是氧气和可燃气的减压阀)。液化二氧化碳如果用量较大,建议选用带加热器的减压阀。此外要根据气瓶工作压力,选择额定进口压力大于气瓶公称工作压力的减压阀。发现减压阀表盘、连接等部位损坏时,应立即更换。不要自行拆卸、修理、改造减压阀。

(3) 使用气瓶时,人应站在出气口的侧面,缓慢开启气瓶阀,防止升压过速产生高温。开阀后观察减压阀高压端压力表指针动作,待至适当压力后再缓缓开启减压阀,直到低端压力表指针指向需要压力时为止。

(4) 气瓶使用完毕后,应关闭气瓶总阀门后再关闭减压阀。用手旋紧阀门,不得用工具硬扳,以防损坏瓶阀。

(5) 瓶内气体不得用尽,应保持一定压力的余气以备充气单位检验取样和防止其他气体倒灌。

(6) 使用含有易燃气体的气瓶时,应使用不产生火花的工具。

(7) 决不允许油、油脂或其他易燃物与含有氧化性气体气瓶的阀门相接触。

(8) 气瓶表面贴上状态标签("空瓶""使用中""满瓶")以表明气瓶使用状态。

(9) 更换气瓶时,首先确认总阀门处于关闭状态。气体管路中的残留有害气体应通过安全气体(一般采用氮气)将截止阀到气瓶之间的管路进行置换来排除干净。缓慢拆卸减压阀,再将新的气瓶安装到供气管路上。使用前应进行高压排空以置换掉管路中因拆卸旧气瓶而进入的空气。对于易燃气体应在排气管道上安装阻火器。另外,合理的气瓶与设备连接管路设计也是气瓶安全使用的一重有力保障,图 2-17 是陶氏的气瓶与设备连接设计方案,可根据不同应用场合的需要选择合适的组合。设计方案说明除包含最基本的气瓶、调压阀(C)、单向阀(D)、管线、切断阀(F),还应结合以下需考虑的问题配备相应的其余组件:

(1) 若气体易燃或者有毒,应考虑安装过流阀(A)或者限流环(B)。

(2) 若易燃气体用于明火操作(如火炬),应在单向阀处安装阻火器,除非是气相色谱的火焰离子化检测器。

(3) 气瓶的放置位置是否需要方便灵活调整,如果需要,就用耐压软管或者螺旋状硬管连接到气瓶。

(4) 如果需要将这个系统隔离开,可以增加一个额外的切断阀(F)。

(5) 易燃气体和氧气的输气管道为防止快速流动可能产生的静电或摩擦热,应使用针阀(G)来调节流量。如果下游设备比较敏感,需要气流缓慢导入,也需要增加一个针阀。

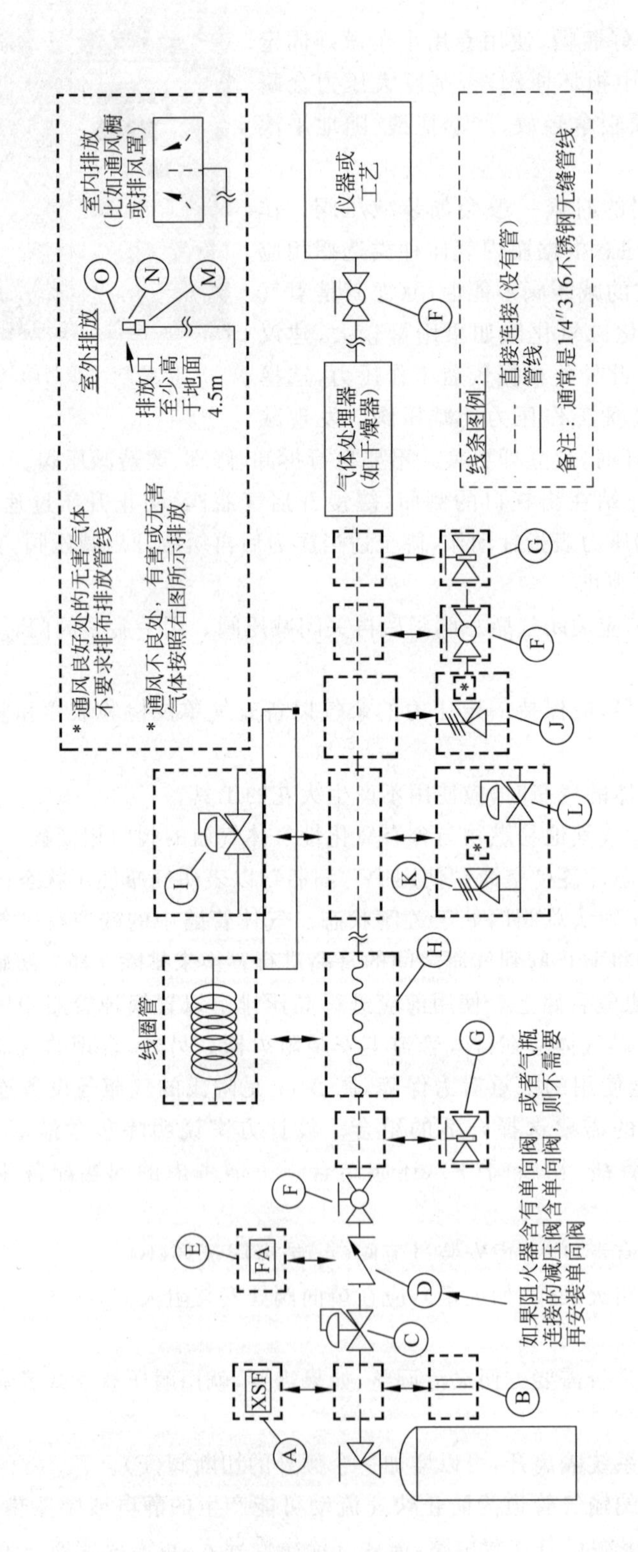

图 2-17 气瓶与设备连接设计方案

(6) 如果需要低压或精确压力控制，可以增加一个微调调压阀(I或者L)；如果微调调压阀能耐受的压力小于气瓶满瓶压力(L)，则应安装一个泄压阀(K)以保护该调压阀。

(7) 如果下游设备的最高允许工作压力低于满瓶压力，安装泄压阀(J)以保护设备系统。

5. 液化气体、溶解气体的危害和防护

实验室会经常涉及液态氧、氮、氩以及氦的应用，以获得低温液体的“冷量”。这些气体本身是永久气体，可以通过低温液化。一个标准大气压下，液氧沸点−183℃，液氮沸点−196℃，液氩沸点−186℃，液氦沸点−269℃，属于深冷液化气，需要通过绝热焊接的杜瓦瓶存储和运输。当存放这些低温液体的外界条件发生变化时，就会带来三个物理危害：

(1) 低温冻伤。液态气体接触皮肤后会造成接触部位严重的低温冻伤。对于需要操作低温液态气体的使用者，操作时尽量不要有裸露的皮肤接触低温液体，注意个人防护装备的选用和佩戴，使用面屏或安全眼镜、长袖衣服、长裤、不露脚面的鞋，裤子要罩住鞋帮，防止液体滚入鞋内，手部要选用厚皮质或专用的低温手套。低温还会引起材料的脆性变化，除了利用低温进行脆断，所有接触深冷液态气体的材料必须考虑此特征。

(2) 窒息危险。当液态惰性气体发生相变转化为气态时，会在很短的时间内增加几百倍的气态物质，使环境中的氧含量迅速下降到会使人发生窒息的情况。因此，在通风条件较差的房间要关注这一风险，并评估是否需要加装氧含量报警器。这也提示我们，在存储液化气体的时候应选择通风良好的地方。

(3) 容器爆炸。当液态气体被转移到保温性不好的暂存容器时，液态气体会受热快速蒸发，体积迅速增加。1体积的液体氧、氮、氩、二氧化碳气化后，体积会迅速增加550～850倍，如果暂存的容器相对密闭，气化时压力会急剧增加，容易发生爆炸事故。

除深冷液化气外，一些气体在一定的压力下就会液化，分为高压液化气和低压液化气。在钢瓶内主要是液体状态，钢瓶上部为气体状态。在使用中随着压力和温度变化，相态在气体和液体之间变化。低压液化气有大家熟悉的LPG液化石油气(丙烷＋丁烷的混合气)、氨气、异丁烯等；高压液化气有乙烷、乙烯、硅烷、磷烷、二氧化碳等。充装液化气体的气瓶，一般要比同样大小、充装压缩气体的气瓶重得多。与深冷液化气不同，这些液化气仍存放在气瓶中。例如，实验室中常见的二氧化碳除有窒息风险外，还属于高压液化气，在气瓶中较高比例的二氧化碳以低温液体(−79℃)状态存在。值得注意的是这类气体在气瓶中的状态往往会随着使用环境和条件的变化而发生气液相变，如气瓶存放于较低环境温度则在使用气相时往往需要辅以伴热带；如使用液相则需要气瓶厂家特制探底管取用液相。液态二氧化碳在蒸发时吸热转变为固态形成干冰，也是实验室常用冷源，干冰会直接升华为气态，不应存放于密闭容器中，同时也应关注其窒息和冻伤的风险。同理二氧化碳灭火器在使用时不要手持喷气口以免冻伤，也不能在相对密闭的实验室大量使用。

还有一类气体是溶解气体，这类气体在压缩下不够稳定，需要将其分散溶解到溶液中保存和运输。例如乙炔，因其在较高压力下会分解爆炸，所以要将其溶解于丙酮或二甲基甲酰胺溶液中，并且不能高于15psi[①]使用。充装乙炔的钢瓶内不只有溶液，还有浸泡在溶液中的多孔材料，这是为了尽可能地将乙炔分子分散溶解在溶液中，确保安全。因此，乙炔气瓶

① psi为非法定单位，1psi＝6.89kPa，下同。

绝对不能倾斜倒置，否则可能出现丙酮与乙炔气一起流出，发生事故。

2.5 辐射危害

辐射，是以波或粒子的形式向周围空间传播能量现象的统称。根据辐射的电离能力分为电离辐射和非电离辐射。电离辐射是指其携带的能量足以使物质原子或分子中的电子成为自由态，从而使这些原子或分子发生电离现象的辐射，α 粒子、β 粒子、质子或中子的粒子辐射，X 射线、γ 射线辐射等。非电离辐射的辐射能量低，不能导致受作用物质电离，如紫外线、微波、红外线辐射等。

2.5.1 电离辐射

电离辐射会对人体造成危害，按其作用方式可分为外照射和内照射两种。外照射的特点是只要脱离或远离辐射源，则辐射作用即停止；内照射，是指放射性核素经呼吸道、消化道、皮肤或注射途径进入人体后，对机体产生的辐射作用。

在会接触到电离辐射的工作中，如防护措施不当或违反操作规程，人体受照射的剂量超过一定限度，则会受到伤害。机体对电离辐射作用的反应程度取决于电离辐射的种类、剂量、照射条件及机体的敏感性。电离辐射可引起放射病，它是机体的全身性反应，几乎所有器官、系统均会发生病理性改变，其中以神经系统、造血器官和消化系统的改变最为明显。电离辐射对机体的损伤可分为急性放射性损伤和慢性放射性损伤。短时间内接受大剂量的照射，可引起机体的急性放射性损伤，如脑组织损伤、代谢紊乱、肠道损伤等。而较长时间内分散接受一定剂量的照射，也会引起慢性放射性损伤，如皮肤损伤、造血障碍、白细胞减少、生育力受损等。另外，过量的辐射还可以致癌和引起胎儿的死亡或畸形。

辐射防护要点有：

(1) 外照射防护应具备有效的屏蔽措施，如对于 X 射线和 γ 射线，常用的屏蔽材料是铅、铁、混凝土等。除屏蔽措施以外，还应与辐射源保持一定的安全距离，以及安排合理的工作时间。

(2) 内照射防护主要采取防止放射性核素经呼吸道、皮肤和消化道进入人体的一系列相应措施，同时应十分重视防止核素向空气、水体和土壤逸散。

(3) 放射实验室应开展辐射监测，了解实验室辐射水平，以便发现计量波动，及时纠正和采取预防措施。监测结果应记录归档，上报主管部门和所在地的放射卫生防护部门，接受监督和指导。

(4) 放射工作人员须完成健康检查，建立个人健康档案；完成放射工作人员培训，取得放射工作人员上岗证。

实验室常见的电离辐射设备有 X 射线衍射仪、X 射线扫描电镜能谱仪等，使用和管理的注意事项主要包括：

(1) 取得辐射安全许可证（图 2-18）。

(2) 操作人员培训持证上岗，严格遵守操作程序。

(3) 安装防护罩、连锁装置。

(4) 现场有警示标识(图 2-19)。

(5) 定期进行个人剂量检测/设备检测/辐射环境检测(图 2-20)。

(6) 有应急程序并定期演练。

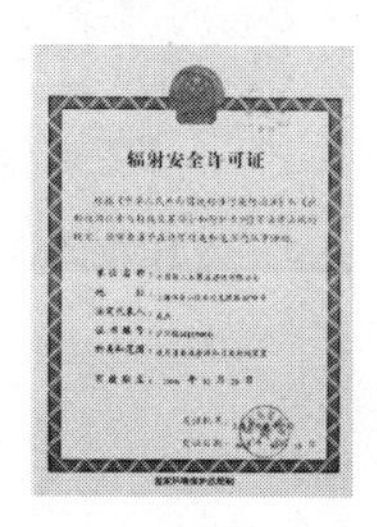

图 2-18 辐射安全许可证

图 2-19 现场警示标识

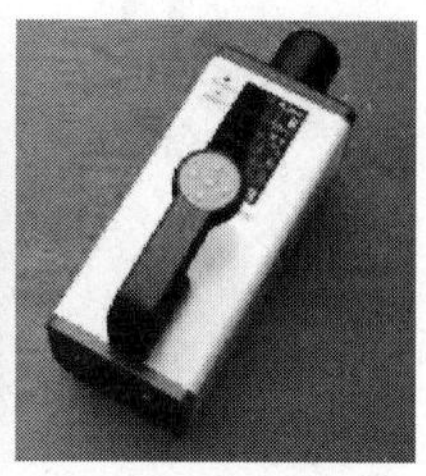

图 2-20 辐射监测仪

2.5.2 非电离辐射

不同种类的非电离辐射会造成不同的生物效应和危害,下面介绍几类实验室常见的非电离辐射。

(1) 微波辐射:波长为 1mm～1m 的电磁波称为微波。微波对人体的危害,主要取决于微波源的发射功率、设备泄漏情况、辐射源的屏蔽状态以及在操作和维修时是否有合理的防护措施等。微波会导致类神经症功能性变化,严重时还可导致局部器官不可逆性损伤,如眼晶状体浑浊,甚至是白内障。实验室微波设备有微波马弗炉、微波反应器、微波消解仪等,其中最常见的是微波炉,如果是正规产品,其密封性好,就不会泄漏出能够对人体造成伤害的微波。

(2) 红外辐射:波长为 760nm～1mm 的电磁波称为红外线,也称热射线。它主要影响皮肤和眼睛,会使皮肤局部温度升高、血管扩张,出现红斑反应,停止照射后红斑消失。反复照射,皮肤局部可出现色素沉着。过量照射后,特别是近红外线,除发生皮肤急性烫伤外,还可透入皮下组织加热血液及深部组织,可采用反射性铝制遮盖物或铝箔衣物来减少皮肤对红外线的暴露量并降低热负荷。长期暴露于低能量红外线下,可导致慢性充血性睑缘炎等慢性损伤,因此,应严禁裸眼观看强光源,佩戴能有效过滤红外线的防护眼镜。实验室常见的红外设备有红外干燥箱、红外分光光度计、红外光谱仪等。

(3) 紫外辐射:波长范围在 100～400nm 的电磁波称为紫外线。紫外辐射对机体的影响主要是皮肤和眼睛。过强的紫外辐射可引起皮炎,表现为红斑,有时伴有水疱和水肿。波长为 297nm 的紫外线对皮肤作用最强,可引起皮肤红斑病,残留色素沉着。长期暴露,会使结缔组织损伤和弹性丧失,引起皮肤皱缩和老化,诱发皮肤癌。波长为 250～320nm 的紫外线可被角膜和结膜上皮大量吸收,引起急性角膜、结膜炎,称为电光性眼炎。实验室常见的紫外设备有:紫外灯、紫外老化箱、超净台、生物安全柜等(图 2-21)。可采用的防护措施包括使用连锁装置和防护罩、穿实验服覆盖皮肤、佩戴防护眼镜、增加隔离、保持距离、警示灯/贴等。

(4) 激光辐射:激光是具有相干性、单色性和一定强度的光流,其通过激发态的电子跃迁到低能级而发出辐射能。按照激光的能量通常可以分为 4 个级别,每个级别相应的危害性见表 2-9。激光伤害人体的靶器官主要为眼和皮肤。眼损伤的典型表现为充血、出血、视网膜移位穿孔,最终导致中心盲点和瘢痕形成,视力急剧下降。对于视网膜边缘部的烫伤,因其无痛,一般多无主观感觉,所以容易被忽略。激光对皮肤的损伤主要由热效应所致,轻度损伤表现为红斑和色素沉着,随着照射量的增加,可出现水疱、皮肤褐色焦化和溃疡形成。

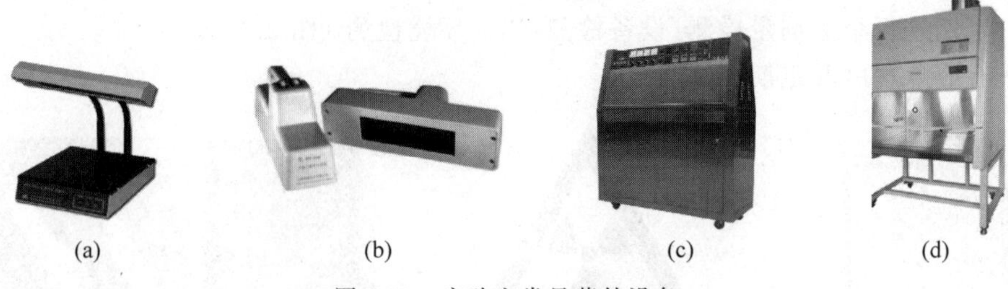

图 2-21 实验室常见紫外设备

(a) 紫外分析仪；(b) 手提式紫外灯；(c) 紫外老化箱；(d) 生物安全柜

表 2-9 激光能量分级

级 别	伤 害
1 级(0.4mW 以下)	一般不会造成伤害(1 级≤0.4mW)
2 级(0.4mW～1mW)	长期直视可能会导致眼睛损伤(0.4mW＜2 级≤1mW)
3 级(1～500mW)	直视会导致眼睛损伤(1mW＜3 级≤500mW)
4 级(500mW 以上)	直射和散射都会导致眼睛和皮肤损伤会引燃易燃物质(500mW＜4 级)

对激光的防护包括激光器、工作环境及个体防护三方面。光束可能漏射的激光器部位处应设置防光封闭罩；激光实验室采用吸光材料围护，色调宜暗，室内不得有反射、折射光束的用具和物件，明确操作区域和危险带，无关人员禁止入内；严禁裸眼观看激光束，应佩戴防护眼镜，防止激光伤眼。激光防护眼镜在选择时应考虑激光的波长和防护眼镜的通过光密度等因素。激光防护眼镜提供的防护波段应与激光的波段相适配，如果激光的波长不在激光防护眼镜的防护波段内，那么该防护眼镜不能提供对该激光的防护。另外，光密度(optical density，OD)与透射率(transmission，T)的关系为

$$\mathrm{OD}=\lg\left(\frac{1}{T}\right)$$

因此透射率越低，光密度越大，表示防护眼镜在该波段的防护能力越强。

2.6 烫伤危害

实验室常见的加热设备如烘箱、水浴/油浴、加热台、马弗炉、管式炉等会产生烫伤危害。烫伤风险评估需要同时考虑热表面温度和接触时间，通过图 2-22、二维码 2-7 可以很便捷地帮助我们判断烫伤的风险。它显示的是成人皮肤接触热水或热传导性好的热表面时，接触时间及对应烫伤程度(如果接触到的是厚壁塑料管或其他热传导性差的高温表面，烫伤会比本图显示的程度轻些)。

实验室常见的烫伤防护措施包括：

(1) 热表面包裹绝热材料/防护罩。

(2) 设立明显的警示标识。

(3) 佩戴合适的隔热手套。

(4) 采取良好的操作方式：如打开烘箱、马弗炉等加热设备前，应站在侧面，以避免内部热气、潜在的化学挥发物迎面而来；加热设备中取出的尚有余热的试验用品不随意放置，而是放在有明显标识的专属区域降温；油浴上冷凝管水管连接处使用前检查确定水管的紧固和完好性，避免水滴漏油浴中热油爆溅等。

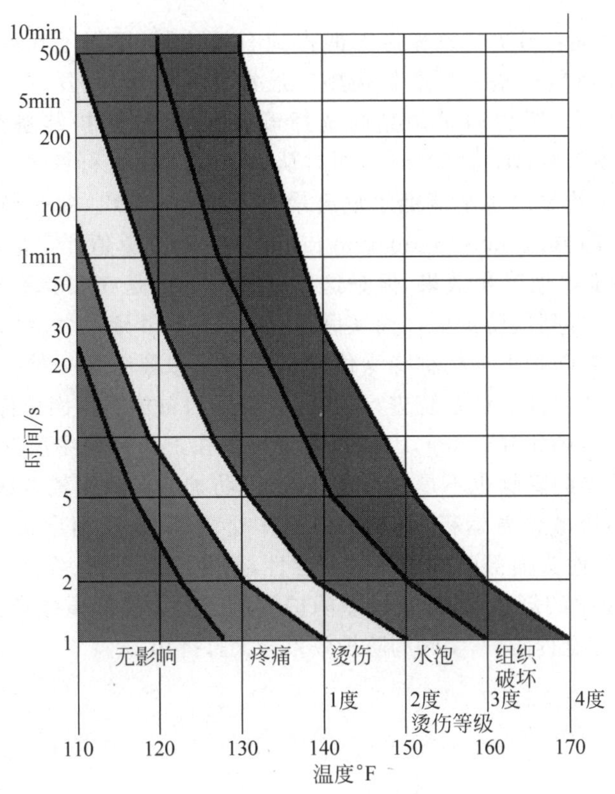

2-7

110°F=43.3℃，120°F=48.9℃，130°F=54.4℃，140°F=60℃，150°F=65.6℃，160°F=71.1℃，170°F=76.7℃。

图 2-22　烫伤风险评估

2.7　噪声危害

噪声是一种人们不希望听到的声音，也是实验室常见的危害因素。噪声不但会干扰日常学习和工作，影响人的情绪，长期暴露在一定强度的噪声下，还会对人体产生不良的全身性影响，除听觉系统以外，也可影响神经系统、心血管系统、内分泌及免疫系统，消化及代谢功能等。此外，噪声环境下人会感到烦躁，注意力不能集中，反应迟钝，不仅影响工作效率，而且降低工作质量。在实验室中，噪声会掩盖异常声音的信号，也会容易发生事故。

控制噪声危害的措施主要有控制噪声源、控制噪声传播、合理安排噪声作业及佩戴听力防护用品。

（1）控制噪声源：根据具体情况采取技术措施控制或消除噪声源是从根本上解决噪声危害的一种方法。可以采用无声或低声设备代替发出强噪声的机械，如用无声液压代替高噪声的锻压；对于电机或空气压缩机，如果工艺允许远置，则应移至远离操作岗位处；合理配置声源，将噪声设备合理分开放置，也有利于减少噪声的危害。

（2）控制噪声传播：在噪声传播过程当中，使用吸声和消声技术可以获得较好的效果。采用吸声材料装饰实验室内表面可以使噪声强度降低；为了防止通过固体传播的噪声，给设备做好隔震和减震也能够起到降低噪声的效果。

（3）合理安排噪声作业：噪声作业应避免连续工作时间过长，否则容易加重听觉疲劳，应适当安排离开噪声环境的休息，使听觉疲劳得以恢复。

(4) 佩戴听力防护用品：当实验室噪声不能得到有效控制，不得不在高噪声条件下进行工作时，佩戴听力防护用品也是一项防护措施。最常见的是耳塞、耳罩。噪声强度很大时，需要将耳塞和耳罩合用。听力防护用品的选择可依据《个体防护装备配备规范》(GB 39800)、《护听器的选择指南》(GB/T 23466)，同时从以下几方面进行考虑：首先佩戴护听器后，期望佩戴者的8h平均暴露水平能低于危害暴露限值即85dB。每一款护听器都有标称降噪值，常见的是噪声降低值(noise reduction rating，NRR)或单值评定量(single number rating，SNR)，可用于初步评估降噪效果，但是这个标称降噪值是在实验室条件下，受试者在非常理想的测试条件下得到的防护值。而实际上，每个人的耳道尺寸/结构略有不同，佩戴技巧亦有高低，导致实际防护值与标称降噪值存在差异。想要考量一款护听器的真实防护效果，可以通过护听器适合性验证系统进行测试，它可以为每位噪声岗位操作人员测量个人声衰减值(personal attenuation rating，PAR)，客观反映在工作环境中所获得的真实防护值。值得注意的是，护听器的降噪也不是越高越好，过度防护会导致佩戴者缺乏必要的环境感知如探测器报警、周围机械设备运行，影响同伴协作交流等，这反而会带来一定的风险。同时也要考虑护听器与其他头面部防护用品的兼容性，避免相互干扰、降低防护等级。另外很重要的一点是要考量佩戴的舒适性，舒适性差的护听器会大大降低佩戴意愿，缩短佩戴时间，导致噪声暴露期间没有全程防护，实际的防护效果会大打折扣。

2.8 振动危害

振动是指质点或物体在外力作用下沿直线或弧线围绕平衡位置作往复运动或旋转运动。长期接触全身振动时，直接的机械作用会对中枢神经系统造成影响，可导致姿势平衡和空间定向发生障碍，如眩晕、恶心、血压升高、睡眠障碍、注意力分散、反应速度降低，从而影响作业效率或导致事故发生。手传振动可引起外周循环功能改变，表现为皮肤温度降低、手指发白(图2-23)，引起骨关节损害。

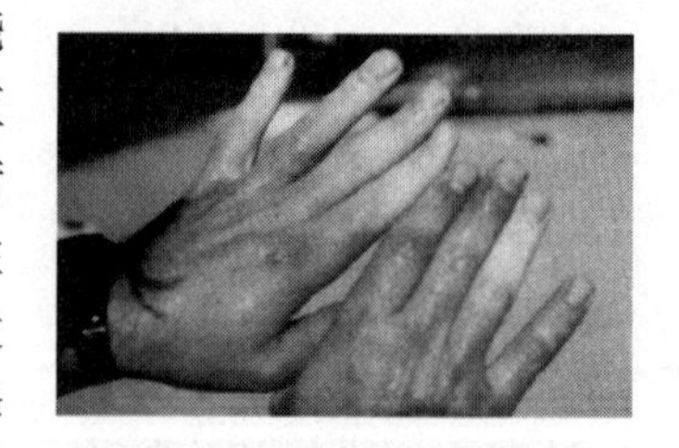

图2-23 振动白指

振动危害的预防措施如下：

(1) 控制振动源：通过减震和隔震等措施，减轻或消除振动源的振动。如设置自动或半自动的操纵装置，减少手部和肢体直接接触振动部分或者工具；工具金属部件改用塑料或橡胶，减少硬撞击而产生的振动。

(2) 限制作业时间和振动强度。

(3) 改善作业环境，加强个人防护：加强作业过程或作业环境中的防寒保温措施，使用减震手套，配备减震座椅。

2.9 玻璃仪器伤害

玻璃仪器由于其优异的化学品兼容性、耐温性、可观察性等优点，在实验室里被广泛使用。但是玻璃仪器又是很脆弱、易碎的，一旦发生断裂、炸碎等，细小的碎屑、尖锐的破口都可能对实验员造成割伤、刺破等危害。因此若有可能，请综合考虑容器所需满足的兼容性、容积、温度/压力耐受性等，选择合适的玻璃替代制品，尽量避免玻璃仪器的使用。

不同形式的玻璃仪器的用途不同，适用场合不同，操作时应选择合适的玻璃仪器，可参看下表进行选择。使用时也有一些要点应遵循：

(1) 使用前应对着光亮处仔细检查玻璃仪器确认无裂缝、裂纹。

(2) 需要对玻璃仪器施加较大力量，如进行连接或取下软管、尝试打开卡涩的旋塞等操作时，应佩戴防割手套。

(3) 取用多口大容量玻璃仪器时，须一手握颈部，一手托住瓶底，不得单独握住颈部，以防瓶子负荷太重或受应力而崩裂脱落。

(4) 磨砂玻璃接口和旋塞都应先确认吻合且没有沾污，涂上润滑剂。

(5) 处理卡住的玻璃旋塞和接口时很容易发生破碎。玻璃和玻璃连接的地方卡住时可以用热风枪稍微加热，然后轻轻地用木头块敲击，千万不可用蛮力。

(6) 当玻璃仪器跌落或翻倒时不要试图去接。

玻璃仪器使用后应及时清洗，且水槽周围不堆放杂物，底部垫上缓冲垫，以便在玻璃仪器脱落水池中或翻倒时起到缓冲作用。清洗刷应完好，不可露出金属部件刮伤玻璃仪器，并选择合适的、不损伤玻璃仪器的清洗液。不要将玻璃仪器放在实验桌边缘，圆底玻璃仪器应放在托架上规整摆放，存放区域应放置衬垫以防滚动撞碎。

如若遇到玻璃仪器发生破碎时，应佩戴好防割手套，借助扫帚、刷子、簸箕等工具进行清理，切不可直接裸手或者跪在地面上清理。必要时，清空区域以便彻底把碎片清扫干净。收集的碎片应放入指定的不易被刺穿的专用玻璃仪器废弃物容器。

2.10　生物危害

随着科技的飞速发展，交叉学科研究越来越普遍。在化学、材料、环境、能源学科领域的科学研究中，涉及了越来越多的生物实验。科研工作者除学习必要的生物专业知识和实验标准操作之外，建立生物安全的基本认识至关重要。

广义的生物安全是指与生物有关的各种因素对社会、经济、人类健康及生态环境所产生的危害或潜在风险。2020 年 10 月，中国首部《生物安全法》颁布实施，对防控重大新发突发传染病、动植物疫情，生物技术研究、开发与应用，病原微生物实验室生物安全管理，人类遗传资源与生物资源安全管理，防范外来物种入侵与保护生物多样性，应对微生物耐药，防范生物恐怖袭击与防御生物武器威胁，以及其他与生物安全相关的活动提出了法规层面的要求。

生物安全是国家安全的重要组成部分。在进行涉及生物实验的科学研究中，我们应严格依法合规开展实验：保护自己和他人不被感染；保护生态环境不被破坏；维护国家的生物资源和人类遗传资源；科学研究遵循伦理规范，对社会及子孙后代负责。

2.10.1　生物危害辨识

在进行生物实验之前，我们必须了解生物危害，识别风险来源。生物危害是指各种生物因子(biological agent)对人、环境和社会造成的危害或潜在危害。有害生物因子包括病原微生物、高等动物的毒素和过敏源、微生物代谢产物的毒素和过敏源、基因改构生物体、生物战剂等。生物危害可能来自人和动物的各种病原微生物、外来生物的入侵、转基因生物可能的潜在危害，以及生物恐怖事件。实验室生物危害即指在实验室进行感染性致病因子的科学研究过程中对人员造成的危害或环境污染，而感染性致病因子主要是指具有致病性和传染性的微生物或媒介。

病原微生物或称病原体，包括朊毒体、真菌、细菌、螺旋体、支原体、立克次体、衣原体和病毒。实验中主要的侵入途径有：①吸入微生物气溶胶，这是最主要的侵入途径，约占感染病例的65%～75%；②经口进入，虽然在全球范围内已经禁止口吸移液，但是还存在间接接触(例如在实验室吃喝等行为)导致的经口感染；③经皮和黏膜，由于皮肤和黏膜暴露并经血液和体液传播导致感染，包括刺伤、割伤，也是常见的感染途径之一；④经动物媒介咬伤或叮咬，在做动物实验时产生意外或对蚊虫以啮齿类动物防范不到位而导致的微生物传播。

对实验室微生物感染事故的统计数据表明，对致病微生物的传播途径控制、操作不规范以及认知不足仍是发生感染的主要原因。1949年，第一次有学者开展了实验室微生物感染的统计调查，在随后的20年间，65%以上的感染是通过气溶胶传播的，而之后的感染事故中大部分是细菌感染。以布鲁氏菌感染为例，许多感染案例中的工作者并不知晓自己的操作可能导致感染。2010年12月，某农业大学动物医学学院有关教师，违规从养殖场购入4只山羊作为实验动物进行了5次实验。实验前未按规定对实验山羊进行现场检疫，同时在指导学生实验过程中未进行有效防护，导致2011年3～5月，学校27名学生及1名教师陆续确诊感染布鲁氏菌病。2019年夏天，某生物药厂在兽用布鲁氏菌疫苗生产过程中，使用了过期消毒剂，致使废气排放时灭菌不彻底，携带含菌发酵液的废气被刮向药厂下风向的兰州兽研所和附近小区，导致当地部分居民和学生接触后产生抗体阳性。在世界范围从1979—2015年的统计中表明，实验室工作人员缺乏对布鲁氏菌的操作危害等级识别，以及生物安全柜使用不当，是导致布鲁氏菌病暴发的重要原因。

病原微生物感染所面临的另一个困境就是潜伏期。一些意外发生之后并不能通过医学手段立即确诊感染源。2010年5月在法国一家从事朊病毒研究的国家实验室里，某助理员工在清洁冷冻切片机时被镊子刺伤，但当时并没有查出感染朊病毒。2017年她开始出现疼痛症状，直到2019年3月才被确诊为感染朊病毒。之后她在严重的精神症状折磨下离世，年仅33岁。法国仅有100名左右的学者在从事朊病毒研究，这个小小的领域却在过去10年里发生了高达17起事故，其中5人是被受污染的针头或刀具刺伤。这名员工的一位同事在2005年就曾被刺伤过，只是目前还没有出现症状。

根据不同已知病原微生物的传播途径和对人畜、环境的不同危害，国务院424号令《病原微生物实验室生物安全管理条例》将病原微生物分为4个等级，但世界卫生组织以及我国《实验室生物安全通用要求》(GB 19489—2008)与此分级相反。第一类病原微生物，指能够引起人类或者动物非常严重疾病的微生物。第二类病原微生物，指能够引起人类或者动物严重疾病，比较容易直接或者间接在人与人、动物与人、动物与动物间传播的微生物。第三类病原微生物，指能够引起人类或者动物疾病，但一般情况下对人、动物或者环境不构成严重危害，传播风险有限，实验室感染后很少引起严重疾病，并且具备有效治疗和预防措施的微生物。第四类病原微生物，指在通常情况下不会引起人类或者动物疾病的微生物。

随着重组DNA技术的发展与成熟，转基因生物和遗传修饰微生物已经成为很多课题的研究内容之一。遗传修饰生物所带来的危害包括：①与宿主/受体相关的危害；②插入的外源性片段所产生的危害；③对现有病原体改造而产生的危害；④转基因与基因突变所产生的危害；⑤基因释放和基因漂移产生的危害。在我国1993年发布的《基因工程安全管理办法》中，按照对人类健康和生态环境的危害从低到高，将基因工程工作分为Ⅰ级～Ⅳ级

4 个安全等级，要求从事基因工程实验研究前应进行安全性评价，确定安全等级并制定风险控制方法和措施。从事基因工程实验研究，应对 DNA 供体、载体、宿主和遗传工程体的致病性、致癌性、抗药性、转移性和生态环境效应进行安全性评价。

危害性生物废弃物作为污染外环境的主要来源，有废气、废液、废固三种形式，不仅危害人类健康，也污染生态环境。值得说明的是，即使为无害微生物的基因改构生物体，也可能由于遗传修饰带来的不确定性而造成微生物环境的紊乱甚至生态灾害。废气主要是操作中产生的气溶胶，实验室内可能产生气溶胶的操作很多，除污染实验室外，也会通过门窗和通风系统传播到外环境中。因此，操作高致病性生物因子的相关实验室均应设置较高的防护要求以保护操作者和环境。废液和废固主要有废水、血液、体液、细胞、组织、培养基及相关实验材料、微生物类废弃物、重组 DNA 类废弃物、动物尸体或组织等，都需要通过消毒灭菌的无害化处理后才能作为生物或医疗废弃物集中收集。

2.10.2　生物风险评估

2017 年科技部关于印发《生物技术研究开发安全管理办法》的通知强调，从事生物技术研究开发活动须制定生物技术研究开发安全管理规范，按照 3 个风险等级开展风险评估并进行监督管理，制定安全事故应急预案和处置方案，对安全事故进行快速有效处置并向上级主管部门报告，对相关材料和数据进行记录和有效保护。在公开、转让、推广或产业化、商业化应用生物技术研究开发成果时，应当进行充分评估，避免造成重大生物安全风险。

在进行生物技术评估之前，需要首先进行生物技术活动的伦理评估。从事生物技术研究开发活动，应当遵守法律、行政法规，尊重社会伦理，不得损害国家安全、公共利益和他人合法权益，不得违反中华人民共和国相关国际义务和承诺。涉及国际交流与合作的，应当保守国家秘密，依法维护国家权益。我国的《生物安全法》对此也有相关规定。

根据法规要求，当实验活动涉及致病性生物因子时，无论是病原微生物还是基因改构生物体，都需要进行风险评估。生物技术风险评估的依据主要是《实验室生物安全通用要求》(GB 19489—2008)、《病原微生物实验室生物安全管理条例》和世界卫生组织（World Health Organization，WHO）制定的《生物实验室安全手册》。具体而言，病原微生物的风险评估是根据微生物危害评估结果，确定微生物应在哪一级的生物安全防护实验室中进行操作，并考察其相应的操作规程、管理制度和紧急事故处理办法等重要控制因素，以保证实验活动的安全顺利进行。此外，风险评估的主要内容还包括：病原微生物的致病性和感染数量、暴露的潜在后果、自然传播途径、病原微生物在环境中的稳定性、病原微生物与宿主、拟进行的实验操作、病原微生物的动物实验、有害生物废弃物处理、工作人员的专业素养和水平、当地是否具备有效的预防或治疗措施和医疗监督情况等。

在对病原微生物的危害分级中，从第一类到第四类危害逐渐递减，安全防护等级也应该对应其危害程度。由此全球统一将生物实验室分为 BSL-1～ BSL-4 共 4 个等级，对应上文中第四类到第一类病原微生物的体外操作，并规定了实验室生物安全防护的基本原则、实验室设施和设备要求、安全管理要求、风险评估与风险控制方法。相应的动物实验室安全等级也分为 4 个，即 ABSL-1～ABSL-4。在 BSL-1 实验室只能从事第四类不会引起人或动物疾病的微生物实验。对于从事致病性微生物实验的实验室，我国实行了 BSL-2 实验室的备案制度，以及 BSL-3 和 BSL-4 实验室的国家审批制度，严格把控高防护等级生物实验室的建设和管理。在我国的规范和标准以及 WHO 颁布的手册中均可以查到其具体规定。在任何从事致病性生物因子的研究之前，必须评估其实验风险，确保在防护等级与之相对应的实验室进行操作。大多数科研机构中的生物实验室等级为 BSL-1 或 BSL-2，其主要的防护特点将在下文中具体介绍。

值得注意的是，生物实验包含多种专业操作，并非都必须按照其病原微生物的分级对应实验室防护级别，例如严重致病的微生物，其灭活材料的实验完全可以在 BSL-1 的实验室中完成。我国卫生部 2023 年修订的《人间传染的病原微生物名录》列出了具体的病原微生物分级、实验活动对应的实验室等级，为人们从事微生物研究提供了明确的参考。表 2-10、表 2-11 分别摘录了名录中的几种病原菌和病毒。

表 2-10 《人间传染的病原微生物名录》摘录

序号	病原菌名称		危害程度分类	实验活动所需生物安全实验室级别				运输包装分类[e]		备注
	中文名	英文名		活菌操作[a]	动物感染实验[b]	样本检测[c]	非感染性材料的实验[d]	A/B	UN 编号	
1	布鲁氏菌属	*Brucella* spp.	第二类	BSL-3	ABSL-3	BSL-2	BSL-1	A	UN 2814	其中弱毒株或疫苗株可在 BSL-2 实验室操作，疫苗株按 B 类运输包装
2	结核分枝杆菌	*Mycobacterium tuberculosis*	第二类	BSL-3	ABSL-3	BSL-2	BSL-1	A	UN 2814	结核分枝杆菌 H37Ra 按照第二类病原微生物管理，非泛耐药、非多耐药的菌株传代培养、扩增培养可在 BSL-2 实验室进行
3	金黄色葡萄球菌	*Staphylococcus aureus*	第三类	BSL-2	ABSL-2	BSL-2	BSL-1	B	UN 3373	

注：BSL-n/ABSL-n：不同的实验室/动物实验室生物安全防护等级。

a. 活菌操作：指涉及菌株传代培养、扩增培养的实验活动须在规定的实验室中进行。用于样本检测活动中的培养步骤，按照样本检测要求的实验室等级执行。

b. 动物感染实验：指以活菌感染动物和感染动物的相关实验操作（包括动物饲养、临床观察、特殊检查，动物样本采集、处理和检测，动物解剖，动物排泄物、组织、器官、尸体等废弃物处理等）。

c. 样本检测：包括未知样本的病原菌涂片染色、显微镜检、分离培养、菌种鉴定、药物敏感性试验、生化检测、免疫学检测、分子生物学检测等检测活动。

d. 非感染性材料的实验：如不含致病性活菌材料的分子生物学、免疫学等实验。

e. 运输包装分类：按国际民航组织文件 Doc9284《危险品航空安全运输技术细则》的分类包装要求，将相关病原和标本分为 A、B 两类，对应的联合国编号分别为 UN2814 和 UN3373；A 类中传染性物质特指菌株或活菌培养物，应按 UN2814 的要求包装和空运，其他相关样本和 B 类的病原和相关样本均按 UN3373 的要求包装和空运；通过其他交通工具运输可参照以上标准包装。

表 2-11　《人间传染的病原微生物名录》中的几种病毒摘录

序号	病毒名称			危害程度分类	实验活动所需生物安全实验室级别					运输包装分类[f]		备注
	中文名	英文名	分类学地位		病毒培养[a]	动物感染实验[b]	未经培养的感染性材料的操作[c]	灭活材料的操作[d]	无感染性材料的操作[e]	A/B	UN编号	
1	埃博拉病毒	*Ebola virus*	丝状病毒科	第一类	BSL-4	ABSL-3	BSL-3	BSL-2	BSL-1	A	UN 2814	仅病毒培养物为A类
2	高致病性禽流感病毒	*High pathogenicavian influenza virus*	正黏病毒科	第二类	BSL-3	ABSL-3	BSL-2	BSL-1	BSL-1	A	UN 2814	
3	登革病毒	*Dengue virus*	黄病毒科	第三类	BSL-2	ABSL-2	BSL-2	BSL-1	BSL-1	B	UN 3373	系指已知的非高致病性黄病毒

注：BSL-n/ABSL-n：不同的实验室/动物实验室生物安全防护等级。

a. 病毒培养：指病毒的分离、扩增和利用活病毒培养物的相关实验操作(包括滴定、中和试验、活病毒及其蛋白纯化、核酸提取时裂解剂或灭活剂的加入、病毒冻干、利用活病毒培养物或细胞提取物进行的生化分析、血清学检测、免疫学检测等)以及产生活病毒的重组实验。

b. 动物感染实验：指以活病毒感染动物以及感染动物的相关实验操作(包括感染动物的饲养、临床观察、特殊检查，动物样本采集、处理和检测，动物解剖，动物排泄物、组织、器官、尸体等废弃物处理等)。

c. 未经培养的感染材料的操作：指未经培养的感染材料在采用可靠的方法灭活前进行的病毒抗原检测、血清学检测、核酸检测、生化分析等操作。未经可靠灭活或固定的人和动物组织标本因含病毒量较高，其操作的防护级别应比照病毒培养。

d. 灭活材料的操作：指感染性材料或活病毒采用可靠的方法灭活，但未经验证确认后进行的操作。

e. 无感染性材料的操作：指针对确认无感染性的材料的各种操作，包括但不限于无感染性的病毒DNA或cDNA操作。

f. 运输包装分类：按国际民航组织文件Doc9284《危险品航空安全运输技术细则》的分类包装要求，将相关病原和标本分为A、B两类，对应的联合国编号分别为UN2814(动物病毒为UN2900)和UN3373。对于A类感染性物质，若表中未注明"仅限于病毒培养物"，则包括涉及该病毒的所有材料；对于注明"仅限于病毒培养物"的A类感染性物质，则病毒培养物按UN2814包装，其他标本按UN3373要求进行包装。凡标明B类的病毒和相关样本均按UN3373的要求包装和空运。通过其他交通工具运输的可参照以上标准进行包装。

除了对病原微生物危害等级和实验室防护等级的评估，还需要对实验用设备(包括设备的运行状态、可能产生的物理危害等)以及实验活动进行风险评估。在以往可以查明的生物安全事故案例统计中，80%是由工作人员的操作失误引起的，20%是由设备故障引起的。导致实验室感染事故最主要的4种直接原因是：①溢出和泼洒；②操作产生气溶胶；③锐器物导致的刺伤、划伤；④动物或动物体外寄生虫的咬伤或抓伤。其中气溶胶的传播最难控制，也是占比较高的传播方式(图2-24)。表2-12列出了常见操作产生的气溶胶粒子数。实验室中最容易被忽视的感染传播行为有：戴着手套触摸暴露的皮肤、口唇、眼睛、耳朵和头发等；操作感染性材料或接触污染容器没有佩戴手套；没有摘除手套开门、接电话，污染门把手、电源开关、记录等；没有脱防护装备就离开实验室，污染实验室外的环境。

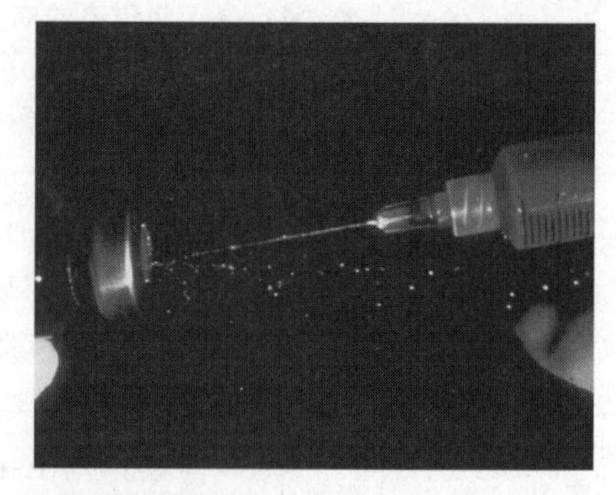

图 2-24 一些操作中产生的气溶胶

表 2-12 实验室中部分操作产生的微生物气溶胶

操　作	活的微生物气溶胶粒子数/个
搅拌机停止后打开盖子	1200
超声匀浆(最大起泡)	1200
平皿划线接种	<1
三角烧瓶培养物滴落	360
离心机转子飞溅	120

2.10.3 生物风险控制

有统计数据显示,自 1965 年以来,实验室感染的案例数量在逐年下降。这与生物技术的发展,人们对微生物认知的提高,以及生物安全设备和防护的提升息息相关。纵观人类历史,首次对致病微生物的反击战发生在 19 世纪 40 年代,匈牙利医生伊格纳茨·菲利普·塞麦尔维斯在维也纳总医院产科病房设立了一个氯化石灰溶液的洗手盆,要求医学院的学生上完解剖课先洗手再去接生,这样一个简单的措施让产妇死亡率大大降低。1864 年,微生物学的奠基人路易·巴斯德(Louis Pasteur)发明了巴氏消毒法(pasteurization),目前仍广泛用于食品行业。巴斯德还提出了预防接种措施,认为传染病的微生物在特殊的培养之下可以减轻毒力,变成防病的疫苗。他于 1885 年以减毒的方式(the method for attenuation of virulent microorganisms)研制出减毒狂犬病疫苗。1865 年,现代外科之父约瑟夫·李斯特(Joseph Lister)选用石炭酸作为消毒剂,在外科手术中实行了一系列的改进措施,包括医生应穿白大褂、手术器具要高温处理、手术前医生和护士必须洗手、病人的伤口要在消毒后绑上绷带等,大大降低了术后感染率,为外科手术的高效安全实施奠定了坚实的基础。1884 年,微生物学家罗伯特·科赫(Robert Koch)在发现炭疽杆菌、结核杆菌和霍乱弧菌的研究中发明了科赫法则,用以建立疾病与微生物之间的因果关系。该法则曾被医学界奉为微生物感染诊断的金科玉律。我们不禁要感谢微生物研究的先贤们,他们所发现和创立的防护方法和途径使得与生物相关的研究得以飞速发展。随着人类对微生物的认识越来越深刻,生物风险控制的方法也越来越成熟和系统。

2020年，WHO发布《实验室生物安全手册(第4版)》，详细规定了生物实验所涉及的各类风险、操作技术规范、实验室设备安全使用，以及对应不同级别生物危害的工程控制、行政控制和个人防护装备的要求。我国生物安全管理主要参考的规范还有《人间传染的病原微生物菌(毒)种保藏机构管理办法》《人间传染的高致病性病原微生物实验室和实验活动生物安全审批管理办法》《人间传染的病原微生物名录(2006年)》《中华人民共和国传染病防治法》《可感染人类的高致病性病原微生物菌(毒)种或样本运输管理规定》《病原微生物实验室生物安全环境管理办法》《生物安全实验室建筑技术规范》《实验室生物安全通用要求》《实验动物环境及设施》《实验动物设施建筑技术规划》《微生物和生物医学实验室生物安全通用准则》《临床实验室生物安全指南》《病原微生物实验室生物安全标识》等。这些法律法规都是我们从事生物安全管理工作的重要依据，可以帮助人们制定并建立所在单位的微生物学操作规范，保证微生物资源的安全，进而确保其可用于临床、研究和流行病学等各项工作。

1. 生物实验室一级屏障

生物风险控制的主要目标是：保护操作者、保护样品和保护环境。在生物安全防护技术中，保护样品和操作者的风险控制手段归结为一级屏障，是指在涉及病原微生物的活动中，为消除或减少人员直接暴露于感染性材料，在人员与感染性材料之间设置的物理隔离。例如针对每一种可能的暴露途径可以实施的一级屏障有：

(1) 气溶胶：生物安全柜、手套箱、动物饲养隔离器、带帽离心管、口罩等。

(2) 经皮侵入：手套、锐器处置、收集针头等。

(3) 经黏膜接触：护目镜、面屏等。

(4) 食入：自动吸管、移液枪、加样器等(避免口吸移液)。

在一级屏障中，主要的安全设备有生物安全柜、负压安全罩、动物饲养隔离器等。生物安全柜是一类带有高效空气净化器(high efficiency particulate air filter，HEPA)的负压箱式安全设备。HEPA的主要作用是对进出生物安全柜的空气进行过滤，其可以达到99%以上的过滤效率，保证样品安全和环境安全，且其负压设计也可以保证人员安全。生物安全柜按照防护水平分为Ⅰ级、Ⅱ级、Ⅲ级，其中Ⅱ级生物安全柜又分为4种类型，如图2-25和表2-13所示。

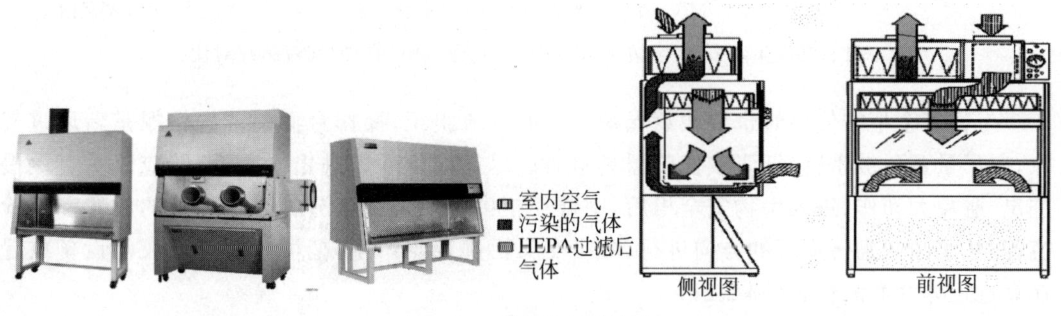

图2-25　Ⅱ级生物安全柜

表 2-13　Ⅱ级生物安全柜防护特征比较

<table>
<tr><th colspan="2" rowspan="2">柜子类型</th><th rowspan="2">面风速/(m/s)</th><th rowspan="2">气流方式</th><th colspan="2">应用</th></tr>
<tr><th>非挥发性化学毒物/放射性物质</th><th>挥发性化学毒物/放射性物质</th></tr>
<tr><td rowspan="4">Ⅱ级</td><td>A1 型</td><td>0.38～0.50</td><td>70％通过 HEPA 在工作区内循环，30％通过 HEPA 排出到实验室内</td><td>能(微量)</td><td>不能</td></tr>
<tr><td>A2 型</td><td>0.50</td><td>同ⅡA1,但箱内呈负压,非气密管道排出空气</td><td>能</td><td>能(痕量)</td></tr>
<tr><td>B1 型</td><td>0.50</td><td>30％通过 HEPA 在工作区内循环，70％通过 HEPA 和严密的管道排出</td><td>能</td><td>能(微量)</td></tr>
<tr><td>B2 型</td><td>0.50</td><td>无循环,全部通过 HEPA 和严密的管道排出</td><td>能</td><td>能(少量)</td></tr>
</table>

值得注意的是,生物安全柜与超净台、通风橱的区别。生物安全柜是为操作致病性生物因子设计的安全设备,在 BSL-2 及以上级别的实验室必须配备。而超净台是入口具有 HEPA 的正压设备,空气经 HEPA 净化后经过超净台操作面,从视窗口排出,其作用主要是保护样品。由于出口没有设置 HEPA,人员可能直接暴露于生物危害,因此不可以用于 BSL-2 及以上防护等级的操作。通风橱虽然具有负压系统,但是并不设置 HEPA,因此不可以用来操作任何致病性生物因子。这三种设备的气流组织对比见图 2-26。

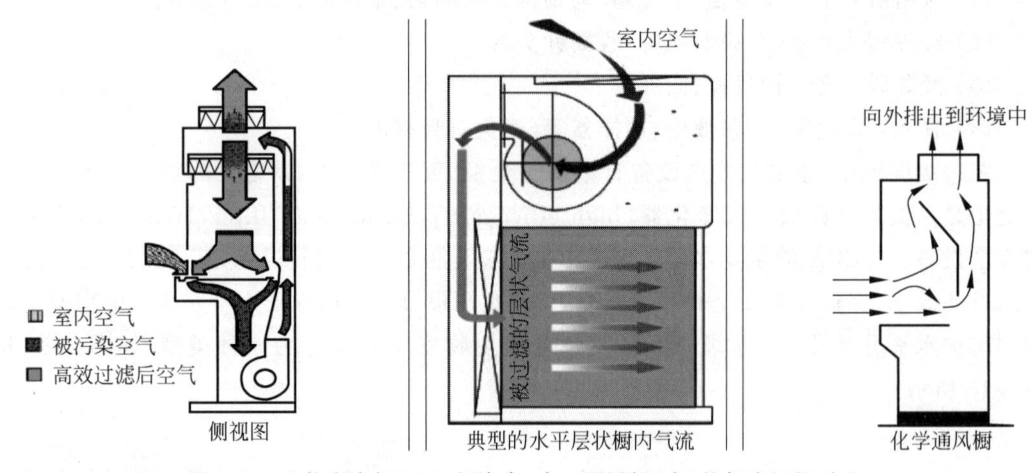

图 2-26　生物安全柜(左)、超净台(中)、通风橱(右)的气流组织对比

生物安全柜在使用时也要注意保护平稳的气流组织,操作台面前方的格栅是新风进气口,应尽量避免被手臂、纸张或试验器具阻碍。尽量减少手臂进出次数,双臂应该垂直缓慢进出、避免大动作,进入生物安全柜后,手臂在柜中等待大约半分钟。台面上的放置和实验流程,从干净区到污染区的方向进行,减少交叉污染现象产生,把可产生气溶胶的设备放置在靠近柜体背面的位置(图 2-27)。

在生物实验室一级屏障中,还有一个重要的防护手段就是个人防护装备(PPE),包括防护服、护目镜、口罩、手套、不露脚面的鞋等。选择 PPE 应根据风险评估结果,考虑病原微生物的危害大小和传播途径,以及各种 PPE 所能提供的保护。例如在 BSL-3 和 BSL-4 实验

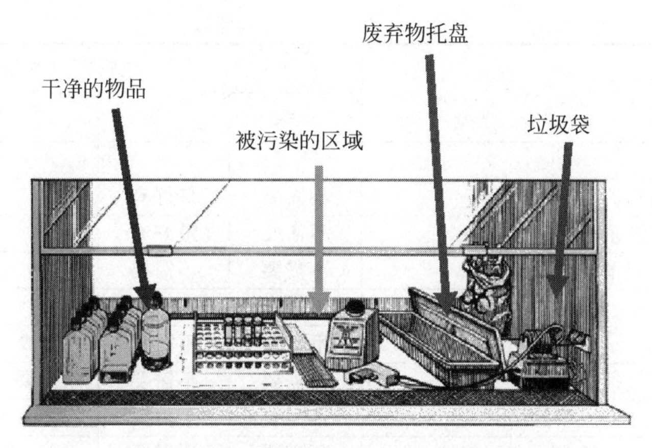

图 2-27　推荐生物安全柜中的实验流程

室中操作高致病性微生物时就需要从头到脚穿戴正压防护装备，通过动力系统运转，保护操作者不被感染。即便是在生物实验室穿戴常规 PPE，也要特别注意穿戴顺序，以防病原微生物的传播。穿 PPE 的顺序是：口罩—防护服—护目镜或面屏—双层手套；脱 PPE 的顺序是：外层手套—护目镜或面屏—防护服—内层手套—口罩，最后洗手。特别需要注意的是常规 PPE 中医用口罩和 N95/KN95 口罩的区别：无论是医用防护口罩还是医用外科口罩，其执行标准均没有对口罩密合度进行规范和检验，因此防护功能限于飞沫和血液喷溅传播途径，对于实验室常见的气溶胶传播，需要佩戴密合度较好的 N95/KN95 口罩。

2. 生物实验室二级屏障

保护实验室以外的人员和环境的风险控制手段归结为二级屏障，是指防止设施内病原微生物、实验活动产生的感染性“三废”等泄漏到外环境而特殊设计的物理隔离技术和方法。二级防护屏障主要包括实验室布局、实验室气流组织设计、消毒灭菌设备等。例如：BSL-1、BSL-2 实验室工作区和公共通道分开、高压灭菌锅、紫外灯和洗手装置，BSL-3 和 BSL-4 实验室通过特殊通风系统实现定向气流设计、高效粒子过滤器(HEPA)、实验室入口的气锁、隔离建筑物或把实验室分开的缓冲间。

表 2-14 列出了不同防护等级实验室设施的基本要求。目前大多数生物实验是在 BSL-1、BSL-2 级别的实验室操作，在建设 BSL-1 和 BSL-2 实验室时应注意：

(1) 在设计上应能阻止或限制操作人员与感染性物质间的接触。

(2) 建筑材料应防水、耐腐蚀并符合结构要求。

(3) 设备装配后应无毛刺、锐角以及易松动的部件。

(4) 设备的设计、建造与安装应便于操作，易于维护、清洁、清除污染和进行质量检验。应尽量避免使用玻璃及其他易碎的物品。

表 2-14　不同防护等级实验室设施的基本要求

	生物安全水平			
	一级	二级	三级	四级
实验室隔离[a]	不需要	不需要	需要	需要
房间能够密闭消毒	不需要	不需要	需要	需要

续表

	生物安全水平			
	一级	二级	三级	四级
通风				
——向内的气流	不需要	最好有	需要	需要
——通过建筑系统的通风设备	不需要	最好有	需要	需要
——HEPA 过滤排风	不需要	不需要	需要/不需要[b]	需要
双门入口	不需要	不需要	需要	需要
气锁	不需要	不需要	不需要	需要
带淋浴设施的气锁	不需要	不需要	不需要	需要
通过间	不需要	不需要	需要	—
带淋浴设施的通过间	不需要	不需要	需要/不需要[c]	不需要
污水处理	不需要	不需要	需要/不需要[c]	需要
高压灭菌器				
——现场	不需要	最好有	需要	需要
——实验室内	不需要	不需要	最好有	需要
——双门	不需要	不需要	最好有	需要
生物安全柜	不需要	最好有	需要	需要
人员安全监控条件[d]	不需要	不需要	最好有	需要

[a] 在环境与功能上与普通流动环境隔离。

[b] 取决于排风位置。

[c] 取决于实验室中所使用的微生物因子。

[d] 例如：观察窗、闭路电视、双向通信设备。

BSL-1 和 BSL-2 实验室的布局设计应满足以下要求：

(1) 必须为实验室安全运行、清洁和维护提供足够的空间。

(2) 实验室墙壁、天花板和地板应当光滑、易清洁、防渗漏并耐化学品和消毒剂的腐蚀。地板应当防滑，不建议使用地毯。

(3) 实验台面应是防水的，并可耐受消毒剂、酸、碱、有机溶剂和中等热度。

(4) 应保证实验室内所有活动的照明，避免不必要的反光和闪光。

(5) 实验室器具应当坚固耐用，在实验台、生物安全柜和其他设备之间及其下面要保证有足够的空间以便进行清洁。

(6) 应当有足够的储存空间来摆放随时使用的物品，以免实验台和走廊内混乱。在实验室的工作区外还应当提供另外的可长期使用的储存间。

(7) 应当为安全操作及储存溶剂、放射性物质、压缩气体和液化气提供足够的空间和设施。

(8) 在实验室的工作区外应当有存放外衣和私人物品的设施。

(9) 在实验室的工作区外应当有进食、饮水和休息的场所。

(10) 每个实验室都应有洗手池，并最好安装在出口处，尽可能用自来水。

(11) 实验室的门应有可视窗，并达到适当的防火等级，最好能自动关闭。

(12) 二级生物安全水平时，应在靠近实验室的位置配备高压灭菌器或其他清除污染的工具。

(13) 安全系统应当包括消防、应急供电、应急淋浴以及洗眼设施。

(14) 应当配备具有适当装备并易于进入的急救区或急救室。

(15) 在设计新的设施时，应当考虑设置机械通风系统，以使空气向房间内单向流动。如果没有机械通风系统，实验室窗户应当能够打开，同时应安装防虫纱窗。

(16) 必须为实验室提供可靠和高质量的水。要保证实验室水源和饮用水源的供应管道之间没有交叉连接。应当安装防止逆流装置来保护公共饮水系统。

(17) 要有可靠和充足的电力供应和应急照明，以保证人员安全离开实验室。备用发电机对于保证重要设备(如培养箱、生物安全柜、冰柜等)的正常运转以及动物笼具的通风都是必要的。

(18) 如实验室根据需要设置了燃气供应，则供气设施必须得到良好维护。

(19) 实验室和动物房偶尔会成为某些人恶意破坏的目标。必须考虑物理和防火安全措施。必须使用坚固的门、纱窗以及门禁系统。适当时还应使用其他措施来加强安全保障。

图 2-28 是典型的 BSL-1 与 BSL-2 实验室的布局和设施要求。对于 BSL-2 实验室，为保证稳定的气流组织，生物安全柜的安装位置应远离门窗和公共过道；建议使用可自动关闭的门，并仅限取得准入资格的人员进入，与实验活动无关的动植物不可带入实验室。

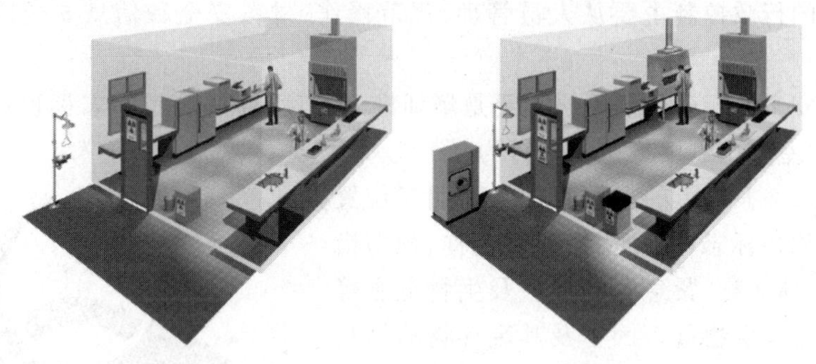

图 2-28　典型的 BSL-1(左)与 BSL-2(右)实验室示意图

在生物实验室二级屏障中，值得关注的是负压定向气流的设计，尤其在 BSL-2 以上级别的实验室，需要特别控制气流组织来防止病原微生物气溶胶的泄漏。经过 HEPA 过滤的洁净空气，其气流方向应该是从辅助工作区流向防护区。通过设置气压梯度确保定向气流，防止气溶胶泄漏。此外还可以通过气锁、传递窗等设计保证定向气流不被破坏，人员和材料顺利进出。

另一个常用的二级屏障设备是消毒设备。微生物在受热后死亡的难易及快慢不一样，如表 2-15 所示。设计灭菌操作时，必须以细菌芽孢作为杀灭的对象，只要杀灭了芽孢，其他杂菌一定也会都被杀灭。

表 2-15　不同微生物在含湿加热时的相对耐热性

生物体种类	相对耐热性
营养细胞及酵母	1.0
细菌芽孢	3×10^{6}
霉菌孢子	2～10
噬菌体和病毒	1～5

高压蒸汽灭菌是对实验材料进行灭菌的最有效和最可靠的方法。下列条件可以确保正确装载的高压灭菌器的灭菌效果：①134℃，3min；②126℃，10min；③121℃，15min；④115℃，25min。

高压灭菌情况要使用指示卡来确认。主要有化学指示卡和生物指示卡两种。每次高压灭菌时，必须加放化学指示卡来评价灭菌参数是否达标。高压结束后，化学指示卡要贴在记录本上。每个月或每3个月加放一次生物指示卡在灭菌锅最难消毒的位置，来评价灭菌锅的灭菌能力。此外灭菌器属于高压设备，因此在一定使用期限后必须进行年检，以确保高压灭菌锅在运行期间安全可靠。

紫外线灭菌法多用于环境和表面的消毒，目前在日常生活中也经常使用。常用的紫外线杀菌灯波长为253.7nm，有效距离2～3m，时间1～2h。特别值得关注的是紫外线烫伤以及由于辐射带来的"致癌、致畸、致突变"的健康危害。在实验室使用紫外线灭菌的时候要特别注意避免误操作，紫外灯开关要特别标注，尽量采用与日光灯不同的开关形式。紫外灭菌过程最好配以警示灯，警示灯亮的时候人员不可进入。生物安全柜和超净台一般也配备紫外灯，在开启紫外灯灭菌时不可进行任何操作。

3. 生物实验室安全行政控制手段

生物风险的行政控制主要从人员管理、规范操作、材料安全和信息安全四个主要方面实施。

保护人员安全的行政控制手段主要是培训准入制度、通过警示标志标识提示人员进行防护、制定实验室安全制度规范人员行为。

(1) 在BSL-2及以上的实验室的入口明显位置必须贴有生物危害标志，并标明实验室名称、预防措施负责人、病原体名称、紧急联络方式及生物危害等级(图2-29)；在有生物危害因子及其废弃物的器具和设备上张贴生物危害标识。

(2) 实验室安全制度对于人员行为的规范包括：实验进行中保持门关闭；工作区禁止饮食、吸烟、处理隐形眼镜、化妆等；保持工作空间的干净整洁；实验时做好个人防护，穿防护服或工作服、戴合适的手套、穿不露脚面的鞋子，必要时戴护目镜；接触具感染性物质、脱掉手套后、离开实验室前使用具杀菌效果的洗手液；严禁穿工作服到无防护措施的休闲或公共场所，工作服与自己的衣服应分开放置。

实验室名称	预防措施负责人
病原体名称	紧急联络方式
生物危害等级	

图2-29 二级生物实验室危害标识

(3) 在BSL-1、BSL-2实验室操作微生物的工作人员实行医学监督，所有实验室工作人员应进行上岗前体检，并记录其病史。患发热性疾病、感冒、上呼吸道感染或其他导致抵抗力下降的人员不应进入BSL-2实验室和ABSL-2实验室。

规范的操作也是行政控制的重要环节。BSL-2及以上等级实验室必须制定有效可行的生物安全手册，并确保所有实验人员熟练掌握微生物学操作技术及生物安全知识；禁止口吸移液，所有的技术操作要按尽量减少气溶胶和微小液滴形成的方式来进行；使用耐用、防漏密闭、可灭菌的容器；制定实验室清洁与消毒规程，一般使用高压灭菌处理所有培养物及其他感染废弃物，使用消毒剂或紫外线对环境进行消杀；制定仪器设备和锐器使用的安全操作规程，制定各类生物技术操作流程的标准操作程序(SOP)；制定微生物泄漏或溢出的应急预案。

生物材料安全的主要内容包括防止生物材料外溢，以及防遗失、盗窃和恶意使用等治安事件的发生。中华人民共和国卫生部第45号令《可感染人类的高致病性病原微生物菌(毒)种或样本运输管理规定》和第68号令《人间传染的病原微生物菌(毒)种保藏机构管理办法》对菌(毒)种和感染性材料(包含外来样本、实验中产生的各种中间产物等)的储存和运输做出了具体要求，应依据法令制定其采集、运输、使用、储存、销毁全周期的防护规范，运输要求按照联合国规定进行分类包装(图2-30、图2-31)。对于菌(毒)种和感染性材料的保存和运输也要注意治安防范。2001年，美国发生的"炭疽邮件事件"是生物因子恶意使用的典型案例，事件共造成22人感染，其中5人死亡。

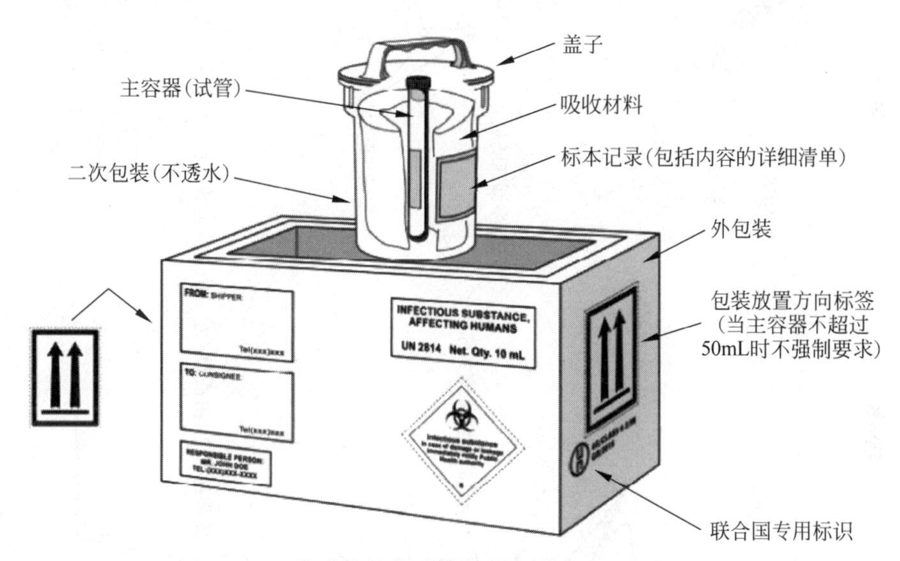

图2-30　A类感染性物质包装示意图(UN2814/UN2900)

同样，对于涉及二类危害等级以上的病原微生物，其实验活动也要重视信息安全。一类病原微生物的信息安全等级是机密；二类病原微生物的信息安全等级是秘密。涉密的信息包括：种类、数量、实验内容和储存地点等。

4. 生物安全事件的应急响应

生物实验室应制定突发事件的应急预案。常见的突发生物安全事件主要与病原微生物相关，主要有：①实验室设备设施、通风系统、给排水系统设计不合理，造成实验室人员感染或周边环境污染；②实验室工作人员在实验过程中违反操作规程，实验废弃物处理不当；③意外被实验动物抓伤、咬伤，被锐器物割伤等；④未严格按照病原微生物危害等级所对应的防护级别实验室操作致病性微生物，出现泄漏和污染；⑤实验器材维护不及时，实验设备故障导致的病原微生物泄漏和污染；⑥由于化学、机械、消防等事故而导致的病原微生物泄漏和污染。

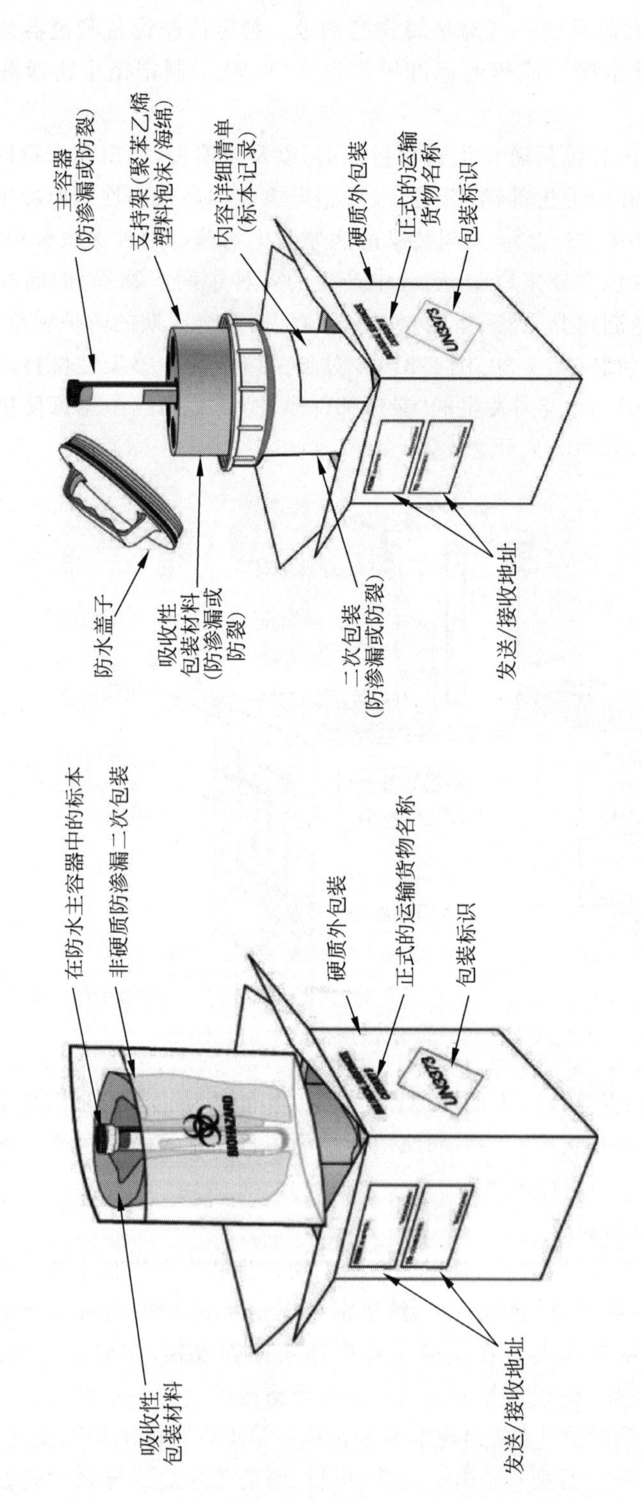

图 2-31　B 类感染性物质软(左)硬(右)包装示意图(UN3373)

针对微生物外溢的处理方法与化学品泄漏的最大区别是增加了气溶胶沉降等待时间和消毒灭菌的处理步骤。BSL-2 以下安全级别实验室发生病原微生物泄漏时的应急响应顺序如下：

(1) 自污染区撤离所有人员。撤离前按顺序脱去个体防护装备，将已污染的防护服和外层手套等 PPE 放入标有“生物安全”标识的垃圾袋内封好，注意防止次生污染。手消毒后关掉中央空调，关门离开核心工作区，脱内层手套和口罩。

(2) 立即通报实验室负责人和生物安全主管/安全员。已暴露人员须立即就医。

(3) 划定警戒区，封闭实验室。设立“生物危害，禁止进入”的标识张贴标示。

(4) 禁止人员进入污染区(至少 30min)，直至气胶已消散或沉降。

(5) 应急人员在了解事故所有危害的前提下，依据应急预案制订具体应急响应方案。

(6) 选择和佩戴合适的个体防护装备(鞋套、防护服、N95 口罩、双层手套，必要时戴眼罩)后进入实验室。需要两人共同处理溢洒物。

(7) 用吸收材料(或纸巾)覆盖污染区并吸收溢出物。

(8) 使用消毒剂从溢出区域的外围开始向中心进行处理。维持消毒剂作用至少 30min。

(9) 小心由外围向中心收集吸收了溢洒物的材料，放到标识有“生物安全”的垃圾袋中，注意如有破碎的玻璃(锐器)要先用镊子夹取到利器盒。

(10) 反复用含有消毒剂的吸收材料擦拭污染区域，用吸收材料将剩余物质擦净，最后对溢出区域再次清洁。

(11) 处理后的溢洒物以及处理工具(包括收集锐器的镊子等)视为感染性废弃物处理，全部置于专用的收集袋或容器内(防漏、防穿透)封好。

(12) 按顺序脱个体防护装备，要避免交叉污染，将防护服暴露部位向内折，置于专用的收集袋中，封好。

(13) 所有受污染的废弃物须经高温高压灭菌或置于消毒剂中过夜，环境及物体表面用紫外线照射 1～2h。

(14) 洗手。用消毒剂喷洒或擦拭可能被污染的区域(包括手、肘、腕部和其他部位)。

任何微生物外溢事件均须报告，事件经过和处理过程应填写相应的事故事件上报表，在经过生物安全专家和主管评估后方可再次启用实验室。

5. 动物实验安全

在进行与生物相关的研究中，常会涉及动物实验。一般动物实验室是一个独立的部分，即使毗邻其他实验室也会避开公共区域。在做动物实验之前应接受相关培训，并严格遵守动物房和动物实验的相关管理规定和操作规范。因实验或诊断目的而使用动物的实验人员要承担动物伦理相关职责，尽量照顾好动物，避免给动物带来不必要的痛苦或伤害。同时必须为动物提供舒适、卫生的笼具和足量、卫生的食物、饮水。实验结束时，必须以仁慈方式处死动物。关于动物实验室中使用的微生物，需要评估的风险包括：正常传播途径、使用的容量和浓度、接种途径、能否和以何种途径被排出。关于动物实验室中使用的动物，需要评估的风险包括：动物的自然特性(动物的攻击性和抓咬倾向性)、自然存在的体内外寄生虫、易感的动物疾病、播散过敏源的可能性。动物房作为饲养动物的专门场所，需要专人管理，制定符合规范要求的规章制度、运行机制和应急预案；建立实验动物从购置、饲养到尸体处理的规范操作，以及培训考核制度。由于实验室的防护对象不同，即便生物实验室防护等级与动物实验室的防护等级相同，采用的一级屏障和二级屏障均有差异。因此，即使需要在生物实验室进行动物实验，也禁止在生物实验室饲养动物。

课后练习

1. 参加所在实验室的化学品盘点和清理工作，对化学品进行危害辨识（实验室危害辨识表可扫描二维码 2-7 获取）。

2. 统计所在实验室的实验设备，并对其进行危害辨识（实验室危害辨识表可扫描二维码 2-7 获取）。

3. 对所在实验室进行安全检查。

2-8

4. 请标记出图中的火线。

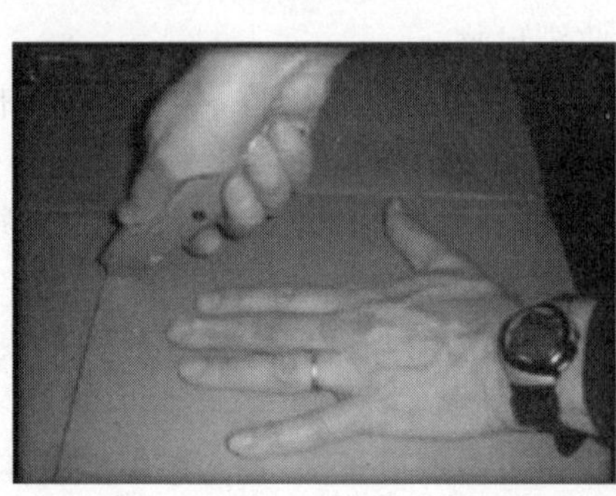

5. 请填写表中实验室常见火线范围和防护壁垒。思考在平时的实验操作中，你曾经在哪些能量源的射程范围内？你和这些能量源之间是否有强有力的防护壁垒保护你的安全？

能量源	火线范围	防护壁垒
混合器里的旋转刀头		
设备合盖时的夹点		
飞扬的切割碎末		
放在货架高处的重物		

6. 以下是实验室常见玻璃仪器破损的例子，结合实验操作请再举出不少于 5 个玻璃仪器产生危害的例子。

（1）分液漏斗和柱层析管所具有的细长出液口容易碰断；

（2）反应装置搭建时，冷凝管、滴液漏斗、转接口等受应力而破裂；

（3）容量瓶在反复摇晃以均匀混合溶液时，细长刻度处受力断裂；

（4）使用不带涂层或护套的夹具夹住大容量的圆底烧瓶；

（5）连接或移除 U 形管、冷凝管连接的橡皮管时，受力破裂。

第3章

化学实验室风险评估

化学实验室风险评估是在危害辨识的基础上，评估风险是否在可接受的水平以下。在阐述风险评估方法之前，我们先来分析第1章曾经提及的2010年美国某大学实验室发生的合成NHP爆炸事故(图3-1)。在后续的事故调查中人们了解到，事故发生之前，学生和导师每周都举行组会，但是讨论的内容主要集中在实验的结果，不讨论实际操作和操作中的安全问题；学生没有接受过实验操作相关的安全培训，没有进行实验过程风险评估的基本概念，他们在实验中发现少量NHP在水或己烷存在下不会因为受撞击而爆炸，于是认为更大量的NHP也是一样的，对实验条件变化带来的风险改变没有任何认识；学校和实验室也没有对实验过程进行风险评估的要求和机制。

图3-1　美国某大学事故现场

这个案例引出了"风险评估"的概念，我们为什么要进行风险评估并建立风险评估机制呢？因为科研实验本身就是通过变化实验条件不断探索的过程，而变化往往是风险产生、增大和失控的最主要原因。在第2章，我们充分讨论了实验室存在的危害(hazard)，那么危害和风险的关联在哪里呢？

危害是指造成危险或伤害的潜在来源，可以是有毒的化学物品、放射线，也可以是旋转的设备，还可以是不良姿势、高处作业等。危害是物体或事件固有的，与物体或事件如影随形，不会改变。

风险一词是在17世纪60年代从意大利语中的"riscare"一词演化成英语的。它的意大利语本意是"在充满危险的礁石之间航行"，是指伤害或损失的可能程度。风险受两个因素制约：危害和暴露。用公式可以表示为

风险(risk)=危害的严重性(severity of hazard)×
暴露于危害的可能性(probability of exposure to hazard)

我们可以通过一个最为简单直接的风险评估工具，即风险矩阵(图3-2)来进行风险等级判断。风险矩阵就是根据风险的定义，以危害的严重性和发生的可能性作为横纵轴来评价风险的高低。这个方法强调了风险的概念，有助于培养基于风险的思维模式。缺点是比较主观，非常依赖于每个人的专业知识、掌握风险信息的多少以及风险观。所以各个企业会依据各自的工艺操作条件和要求，基于风险矩阵的概念，开发一些专门的风险评估的工具，为了实施的方便，也会把风险控制的方法融入其中。

风险矩阵				
可能性	严重性			
	S4	S3	S2	S1
P5	A	B	D	E
P4	A/B	B	E	E
P3	B	C	E	F
P2	C	D	F	F
P1	E	F	F	F

A——风险极高并造成无法承受的后果，必须立即防控；
B——风险很大，会造成明显危害，需要立即防控；
C——风险较大，会产生伤害，必须重视整改；
D——一般风险，可能产生伤害，需要有监控手段；
E——风险较小，但对其中后果严重但可能性较低的事件要重视监控；
F——风险很小，可以辅以监控手段。

图3-2 风险矩阵

3.1 何时需要做风险评估

何时需要做风险评估呢？回答通常是："当然是风险高的时候。"这个答案对吗？这时候所谓的"风险高"是你以为的"风险高"。如果没有风险评估，你如何判断风险的高低？陶氏统计并研究了风险和事件发生概率的关系，结果表明大多数的事故(人员伤害事故)发生在低风险且事件发生频率高的时候，以风险和事件发生概率为横纵坐标作图，可以分为4个象限，如图3-3所示。

要解释低风险且发生概率高的事件最容易引发事故的原因，首先要了解一下我们惯用的纠错方法。我们都理解，发生事故必然是哪里出错了。而我们惯用的纠错方法，就是帮助我们阻止事情向错误的方向发展。一般纠错的方法可以分为：

(1) 自我检查，即人们自觉地发现自己的错误。比如打字错误，你自己改正；按了错误的按钮，停下来，按正确的按钮。

(2) 系统检查，即系统自动发现错误。比如电脑纠正你的打字错误；预编程的允许输入范围以防止错误参数的输入。

(3) 第二方检查，即其他人注意到并纠正你。比如别人校读你的文档；许可证签发人指出危险。

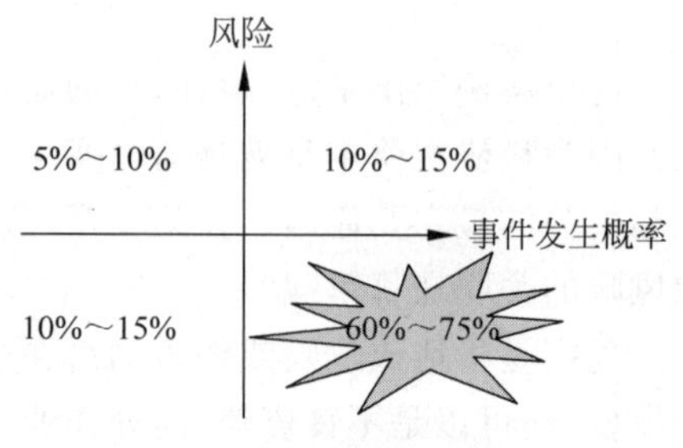

图3-3 风险和事件发生概率的关系

对于不同程度的风险和不同的事件发生概率，所采用的纠错方法自然不同。图 3-4 展示了不同状态下人们倾向于采取的纠错方法。可以看到在低风险的象限，只是采用了微弱的自我检查的纠错方法，这样风险评估会缺失或不充分，从而导致了事故的高发。

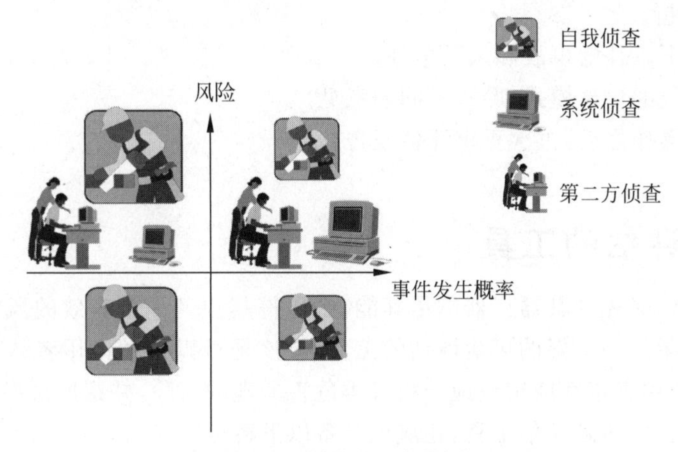

图 3-4　纠错方法象限图

所以结论就是，任何时候都要进行风险评估。但是这样很多人都会反对，哪里来的那么多时间对每一件事做风险评估？其实我们生活中就无时无刻不在做着风险评估。比如过马路，如果在没有信号灯的小路上，首先你会停下来，左右看确认没有车辆(风险评估)，如有车辆则等车辆通过(风险控制)，没有车辆则快速通过。对于一些简单的作业和活动也是，一般可以采用简单三部曲即 stop—think—act 在大脑中评估下风险。首先停下来(stop)，想出(think)避免或控制风险的办法，然后安全地完成评估(act)。当然大多时候并不是那么简单，需要工具来帮助我们执行风险评估。

3.2　使用风险评估工具前需要的准备工作

要成功地完成风险评估，首先要考虑资源的配备。这些资源包括以下几个方面。

(1) 实验方案或工作任务的确定：在风险评估中极为重要而又往往会被忽视的第一步是实验范围的确定。任何危害都是与实验的性质，实验过程中使用的材料、工具、化学品和设备相关的，而这些因素又是由实验范围所确定的。

(2) 与实验相关的设备操作说明书、化学品的材料安全数据表(SDS)以及反应性数据、实验所处的工作环境。

(3) 一个有不同程度操作经验的团队。

(4) 一个合适的风险评估工具。

同时我们在使用风险评估工具时，还需要做好心理准备。因为即使你接受过良好的高等教育，并有机会经常使用风险评估工具，也会产生“认识不到风险”的状况。我们需要意识到：

(1) 风险评估是个不断学习的过程。不要奢望第一次风险评估就会完美，要期待不断学习来提高。

(2) 不要纸上谈兵。到实验的现场去，模拟实验的状况，观察相似的工艺和实验将使你获益匪浅。同时我们也需要认识到我们将介绍的工具并不仅仅是一张纸或检查清单(checklist),而是一个流程。此流程贯穿整个工作任务阶段,从开始的准备到最终完成。检修,工作范围发生变化,流程或组织条件、工具以及个人防护装备等发生变化,都需要重新评估之前的安全分析。

(3) 讨论一下以往的事故和未遂事件。

(4) 保持开放的讨论模式,聆听不同的意见。

(5) 在执行操作之后,再次重审评估报告。

3.3 风险评估的工具

"工欲善其事,必先利其器。器欲尽其能,必先得其法。"一个有效的风险评估工具会达到事半功倍的效果。一个好的风险评估的工具,应该是可以帮助使用者认识与操作相关的各类危害,引导使用者定性或定量地分析各类危害展现的风险,并帮助选择控制方法。而用于日常实验室操作的风险评估工具,还应该具备以下特点:

(1) 与实验室工作的环境相适应。

(2) 让人一目了然,容易使用。

(3) 可以作为实验记录的一部分。

(4) 解决在实验过程中遇到的各种危害。

我们将结合陶氏的工作实例,具体介绍以下风险评估工具:变更管理和检查表(management of change & check list)、作业前安全分析(pre-task analysis)、安全作业许可证(safe work permit)、化学品暴露风险评估(chemical exposure risk assessment)、人体工程风险评估卡(ergonomic risk assessment card)。

3.3.1 变更管理和检查表

成长和进步的过程中,变化总是存在而且也是必须的。可以说研究本身就是变化的过程,每一次的实验结果、同行的最新发布、你在早餐时的灵光一现或与人闲聊的某个话题,都可能会让你在跨进实验室的那一刻,改变你原定的实验计划,去做一个新的尝试。不幸的是,许多事故和伤害发生的原因也往往可以追溯到没有察觉工作范围和危害的变化。基本来说,当执行的工作发生变化时,必须对照现有的危害分析,重新评估,以确定原来的危害分析是否仍然充分有效。我们必须尊重这些变化,否则即便是微乎其微的变化,也可能会带来巨大的甚至是灾难性的后果。

无论是在化工行业内还是外,没有控制好变化而导致的事故不胜枚举,其中有两个著名的例子:

(1) 挑战者航天飞机爆炸:美国东部时间 1986 年 1 月 28 日上午 11:39,在美国佛罗里达州上空起飞 73s 的挑战者号航天飞机发生解体,机上 7 名机组人员全部遇难。事故直接原因是挑战者号航天飞机升空后,右侧固体火箭助推器的 O 形环密封圈失效,使得原本应该是密封的固体火箭助推器内的高压高热气体泄漏,影响了毗邻的外储箱,在高温的烧灼下结构失效,同时也让右侧固体火箭助推器尾部脱落分离。最终高速飞行中的航天飞机在空气阻力的作用下于发射后的第 73s 解体(图 3-5)。当时的天气预报显示,佛罗里达州 1 月

28 日的清晨将会非常寒冷，气温接近华氏 31 度（−0.5℃），这也是允许发射的最低温度。每个 O 形环都经过耐热的特别设计，但是关于极为寒冷的环境却没有人特别留意。

（2）切尔诺贝利核电站爆炸：1986 年 4 月 26 日凌晨 1:23，切尔诺贝利核电厂的第四号反应堆发生了爆炸（图 3-6）。连续的爆炸引发了大火并散发出大量高能辐射物质到大气层中，这些辐射尘影响了大面积区域。这次灾难所释放出的辐射线剂量是“二战”时期爆炸于广岛的原子弹的 400 倍以上。

图 3-5　挑战者号爆炸

图 3-6　切尔诺贝利核电站爆炸

事故调查表明，测试前置作业于 1986 年 4 月 25 日早班前展开。早班工作人员已受过训练，一批电机工程师组成的小组在场测试新的稳压系统。然而一系列问题造成了测试延迟到夜间。当日 23:04，受过训练的早班人员早已下班离开，晚班人员正与夜班人员交接班。根据原先计划，测试应在早班结束并完成停机，夜班人员只需管理冷却系统即可。但是夜班人员并不充分了解测试条件，按操作规范，在紧急情况下仍需保留插入至少 28 支控制棒以确保安全，此时却只有 18 支插入作为冷却系统控制。在这个案例中，貌似一些微小的变化，如测试延迟到晚班、28 支控制棒变成 18 支，却带来了巨大的灾难，爆炸和辐射伤害造成了大量死亡和不可估量的环境污染。

实际上我们不需要更多惨痛的教训来帮助我们认识到变更管理（management of change，MOC）的重要性。我们要把变更管理当作一项纪律，无论多么微小的变更都要遵守，以确保：①所有的工作和实验都充分评估；②所有的变更都已审核并且批准；③与变更相关的文档都已创建或更新，并存放在合适的地点，以供使用；④已完成相应的培训；⑤已告知受影响的人员。

变更管理是一个在变更执行之前评估和控制变更的流程，以帮助确保没有引入新的危害，或新的危害得到充分评估，并且能识别出现有危害的风险增加。它可以应用于所有的现行有效的活动、程序、流程、指南、政策等的变化管理。

变更管理一般涉及 3 个步骤：识别变更，定义变更的内容、目的；审核和批准变更；准备和执行。尽管我们知道变化时时存在，但它还是极其难以识别的，尤其是当变化极其微小时。下面举一些例子来帮助大家识别潜在的变化：

（1）基本反应不变，但其中一个反应物增加了一个官能团。

(2) 萃取需要不同的溶剂。

(3) 实验产生一个新的废弃物,或需要清洁的频率增加。

(4) 现有实验的参数失效。

(5) 放大实验。

(6) 使用新设备。

(7) 改变设备的原有用途。

(8) 生成一个危害未知的化学品。

(9) 改变环境条件(如湿度、温度、压力、转速等)。

(10) 操作人员的变化。

3-1

我们借鉴了陶氏的实验室变更检查表,就工作区域、化学品、设备、人员、程序几方面设计了变更检查表(二维码 3-1)。如果变更涉及的范围广,应完成所有的检查表;如果变更仅涉及某些方面,也可以仅完成对应的检查表。检查表一般由变更的负责人和审核人员共同完成。如果问题回答"是",就意味着必须采取相应的行动去解决识别出来的风险。检查表是把对风险的认识记录下来以防遗漏,也可以根据经验的累积,不断完善和扩充需评估的内容。

在 MOC 的流程中,完成检查表只是开始了变更的审核步骤。接下来要对回答"是"的内容进行跟踪,解决问题,同时要完成标准操作程序(SOP)的更新,以获得主管的批准。在变更获得批准后,要对操作人员进行培训,要告知受此变更影响的人员,最后才是真正地执行变更。

3.3.2 作业前安全分析

一项偶发性或一次性且作业风险低的操作,如果没有已经制定的作业指导书或 SOP,作业前安全分析(pre-task analysis,PTA)卡将是一个比较有效的工具,它能帮助你快速地识别危害,控制风险。另外一种情形,是已经有标准程序,但是作业内容发生了变化或工作环境发生变化(例如下雪、结冰、高温),或在工作/任务进程中识别出了新的危害,立即更新 SOP 不是很现实,也可以先用 PTA,待工作完成后,再评估更新 SOP 的必要性。

一张作业前安全分析卡由两大部分组成:第一部分是根据经验预先识别出的危害,及风险控制可采纳的措施;第二部分是需要作业人员靠自己的风险识别能力来完成的部分。陶氏实验室所使用的 PTA 卡详见表 3-1 和表 3-2。

PTA 完成步骤如下:

(1) 完成卡片中第一部分最右边的部分,确定工作内容、人员。

(2) 完成卡片中第二部分的任务列表。最好是控制在 3～5 个。如果一个作业范围的任务项太多,说明这个作业的复杂程度增加,要考虑使用更合适的风险评估工具;任务项太少,则要考虑必要的步骤被遗漏了的可能性。

(3) 完成卡片中第一部分的其余部分。在这个过程中,要分析每一个危害点在作业的每一个步骤中发生的可能性,并且评估卡片中所推荐的风险控制方法是否适用于你的作业,凡是适用的都打钩。

表 3-1 PTA 卡第一部分

作业安全分析与控制

	是	否	不适用
1. 是否需要安全作业许可证 安全作业许可 ☐ 热电作业 ☐ 开挖作业 ☐ 开管作业 ☐ 其他______ ☐	☐	☐	☑
2. 是否已检查相关操作工具?	☑	☐	☐
3. 是否知道逃生路线? 4. 是否知道如何到达最近的安全设施如喷淋、洗眼设备?	☑	☐	☐
5. 是否与其他人员沟通此工作情况?	☑	☐	☐
6. 其他______	☑	☐	☐

列出工作所需要使用的工具或设备:

	可获取 是	否
剪刀，描，holder	☑	☐
个人防护用品: 实验服，安全眼镜，丁腈手套，防切割手套，安全鞋	☑	☐

工作完成后审查

	是	否	不适用
1. 工作区域是否清理干净?	☑	☐	☐
2. 所有的红牌是否签名解除?	☐	☐	☑
3. 许可证是否返还?	☐	☐	☑

危害辨识和控制

危害	控制
__窒息:	__通风 __空气监测 __呼吸保护装置
__化学品暴露:	__隔离加标加锁 __调整身体位置 __个人防护用品
__滑倒:	__清洁地面__路障 __其他路线 __正确行走
__热灼伤:	__挡板
__热表面:	__隔离加标加锁 __设备防护罩 __防护服
__焊渣:	__路障
__绊倒:	__重新布置 __路障 __其他路线
__坠落:	__布置平台
__<1.8 m:	__调整位置和方法 __安全带
__>1.8 m:	__调整为地面工作 __防护，安全带 __调整位置（使用梯子） __护栏，安全绳索
__触电:	__隔离加标加锁
__固定电源:	__接地 __个人防护用品 __测试__设备防护 __绝缘工具
__移动式电源:	__检查 __接地故障回路断续器
__空中飞扬物质:	__遮蔽源头 __眼睛,面部个人防护品 __手臂,手部,身体防护品
__火灾/爆炸:	__隔离加标加锁 __空气监测 __个人防护用品
__高/低温作业:	__通风 __保暖/凉衣 __换班,小休
__易引发火灾的易燃品:	__移除物质 __防火遮蔽 __调整工作 __湿工作区 __灭火器
__高噪声:	__听力保护 __调整工作__消除声源 __其他辅助帮助
√_提,拉,推:	__使用特殊设备 √_正确操作,热身 √_减轻负荷
√_重复操作:	√_正确操作 √_合适的工具 __寻求技术帮助 __换班,小休
__旋转设备:	__正确操作 __隔离加标加锁 __防护,路障 __调整位置 __不穿宽松衣服，没有首饰，盘起长发
√_夹点:	√_防护 √_位置 √_方法
√_尖锐物品:	__防护 __位置 √_个人防护用品（长）手套，鞋等
√_坠落物品:	__防护设施 __个人防护用品 __路障 √_防护,钢包头鞋,盖子等
√_工作现场受他人危害	√_沟通__路障 __遮蔽 √_分开工作
√_工作现场对他人危害:	√_沟通__路障 __分开工作,新计划

DOW 上海研发中心

作业前风险评估卡（PTA）

工作小组代表：______

工作/任务：20L桶乳液分装

公司：______

日期/时间：2017/12/20

电话：______

工作地点：______

工作描述：
将装在20L桶中的乳液样品分装到其他容器

作业人员名单：______

表 3-2 PTA 卡第二部分

工作步骤	危害性	未列出的控制方法
操作前准备工作		
1. 将剪刀、4L桶或其他容器（之后均用4L桶代指）、二次容器、吸油纸、垃圾袋等准备好。		
操作开始		
1. 将20L桶乳液摇匀，用剪刀打开20L桶盖子。	1. (1)[①] 乳液溅洒	1. (1)(1)[②] 摇匀乳液前先检查20L桶盖是否密封，二次容器是否有破损，并且在周围放置吸油纸。
	(2) 剪刀剪到手指	1. (1)(2)用吸油纸遮住桶盖位置，剪刀开盖方向不要朝自己和他人，注：如有易产生气体的产品，可先用剪刀在内盖上戳一个小孔，避免桶内憋压，开盖后液体喷出的状况。
		1. (2)(1) 避免手处于火线区域，佩戴防切割手套。
2. 将20L桶倾斜，4L桶口与20L桶口对接，倾倒。	2. (1) 4L桶摇晃，乳液溅洒	2. (1)(1) 双手托住4L桶，在4L桶下面放置盆等较大二次容器，置于水槽中。
	(2) 有人体工学方面的风险	2. (2)(1) 规定2个人一起操作，如需分装多桶乳液，注意小休。
3. 当接近分装结束时，缓慢将4L桶与20L桶抬起，倾斜角度渐渐变小。	3. (1) 有人体工学方面的风险	3. (1)(1) 如果力气不够可以请周围同事帮忙，适当小休。
注：对于黏度很大的产品，出料时尽量直接出在4L桶里。	(2) 大量乳液溅洒	3. (2)(1)使4L桶瓶口紧挨20L桶桶口，确保二次容器在连接处下方。旁边准备些吸油纸。
	(3) 在倒乳液过程中有人体工学方面的风险	3. (3)(1)多人配合完成，在操作过程中注意姿势，分装好一桶可以适当休息或者换两个人，有必要的话可用漏斗。
操作结束		
1. 清理操作区域，将4L桶用吸油纸擦干净，盖好盖子贴上标签。	1. 乳液溅洒	1. (1)[③]检查20L桶盖子是否盖好，用小推车转移，将20L桶放置回货架。
2. 将20L桶盖子盖好放置到样品架上。	2. 转移20L桶乳液时存在人体工学方面风险	2. (1) 注意跌落风险，个人防护装备为安全鞋。

① 1.(1) 代表操作开始后工作步骤 1 中的第(1)个危害(以下同)

② 1.(1)(1) 代表操作开始后工作步骤 1 中第(1)个危害对应的第(1)个控制方法(以下同)

③ 1.(1) 代表操作结束后工作步骤 1 中对应危害的第(1)个控制方法(以下同)

(4) 完成卡片中第二部分的危害性列表。你可以使用步骤 3 的结论，列出对应于步骤 2 中每项任务的危害，越详细越好。

(5) 完成卡片中第二部分的“未列出的控制方法”。应该列出确定要执行的而在卡片中没有预先列出的风险控制方法。

完成卡片填写后，要在工作小组中进行沟通，保证所有工作人员都了解该项作业的范围、步骤、危害及风险控制的方法。

我们用一个例子来具体说明怎样完成一份 PTA。比如要将一个非危险品的乳液从 20L 桶分装到一个 4L 的桶中。这是个低风险且频率也很低的操作，用 PTA 方法就比较合适。首先阅读 SDS，确认的确是非危险化学品。在完成 PTA 过程中，对一项任务做分解是比较关键的。我们可以把这项任务分解成以下几个步骤：①将 20L 桶乳液摇匀，用剪刀打开 20L 桶盖子；②将 20L 桶倾斜，4L 桶口与 20L 桶口对接，倾倒；③当接近分装结束时，缓慢将 4L 桶与 20L 桶抬起，倾斜角度渐渐变小。然后我们把这三个步骤放在脑中，去完成 PTA 的第一部分，逐条识别风险适用性，有适用的就打钩。这个过程是用已列出的要求和风险来警示自己，比如提醒我们准备好 PPE(实验服、安全眼镜、丁腈手套、防切割手套、安全鞋)和工具(剪刀、推车、支架)，也会提示我们注意有夹点、重物坠落的风险。这一步完成后，我们就要针对每一个步骤思考其中的风险。比如步骤 2，将 20L 桶倾斜，4L 桶口与 20L 桶口对接倾倒，除第一部分列表中勾选的风险外，这个操作就会涉及人体工程方面的风险和乳液溅洒的风险，我们能想到的控制方法就是规定 2 个人一起操作，如需分装多桶乳液，注意小休，以及双手托住 4L 桶，在 4L 桶下面放置盆等较大的二次容器，置于水槽中。这些内容可以填在表格第二部分，与每个步骤相对应。然后按照 PTA 完成步骤一步一步地进行。

3.3.3　安全作业许可证

尽管名称上是许可证，其实它也是一个作业前风险评估。和 PTA 最明显的不同是，它不是由作业人员完成，而是由第二方人员(安全作业许可证签发人)主导完成。安全作业许可证(safe work permit，SWP)签发人与执行作业的人员无关，他们的职责是提供独立观察和思考，核实 SWP 的作业是否已明确划分范围、是否已识别危险和控制措施，以及相关人员是否了解他们必须执行的工作及限制。它一般用于风险较高的作业，或作业者是外来的承包商(对现场的工作环境和要求不是很了解)。这时候，需要第二双眼睛来帮助作业人员进行风险评估，一起讨论降低和消除风险的措施。实验室可以根据具体的操作任务，来规定什么时候必须使用 SWP。

建议在实验室操作环境中对下列作业进行风险评估时，使用 SWP 管控：

(1) 进入密闭空间(confined space entry)。

(2) 打开管线和设备(line & equipment opening)。

(3) 一般区域高能热工作业(high energy hot work in a general area)：高能热工作业指能够产生明火和/或火花，并且在突然移开能量供应后还可能提供点火源的作业。通用的例子比如焊接、切割、磨削、火炬焊等。

(4) 易燃区域的所有热工作业(all hot work in flammable areas):在易燃性或可燃性材料存在的区域进行可能产生点火源的作业。

(5) 登高作业(elevated work)。

(6) 压力清洗(pressure washing):使用水压大于10bar的水进行清洗工作。

如果上述作业(进入密闭空间除外)操作频率高,大于12次/年,也可以进行充分的风险评估和控制,编写出SOP,然后每次操作前,重温一下SOP,再进行操作。

二维码3-2是陶氏2021年版的SWP样本,由两大模块组成。模块一为通用部分,适用于任何一项作业。内容包括基本信息、基本风险评估、个人防护装备的要求以及SWP管理上的要求。模块二是专项部分,列出了一些特殊作业需要关注的要求。需要申明的是,这些内容是基于陶氏的经验和研究,根据陶氏的安全标准和要求所设计出来的。在实际应用过程中,可以根据各自的情况做出相应的调整。

3-2

3.3.4 化学品暴露风险评估

在本章开头,我们介绍了风险的定义:风险=危害的严重性×暴露于危害的可能性。在化学品暴露风险的评估中,我们引入的公式就是基于风险的定义:

暴露风险值=健康影响等级×暴露等级×暴露时间

根据暴露风险值的高低来划分任务的化学品暴露的风险等级,由此决定后续的行动(表3-3)。

表3-3 风险等级表

暴露风险值	风险等级	后续行动要求
32～256	一级	立即采取行动
12～24	二级	可能需要采取行动
1～9	三级	风险受控

化学品暴露风险值由以下三个因素决定,我们将在下文分别阐述各个因素的值如何获得。

(1) 健康影响等级(HER)。

(2) 暴露等级(degree of exposure)。

(3) 暴露时间——暴露持续时长和频率(duration of exposure-duration and frequency)。

1. 因素一:健康影响等级

用数值来表示化学品对健康影响,赋予数值1～4,从轻微到严重(表3-4)。

表3-4 健康影响等级表

健康影响等级	释　义
1	可忽略的一个影响
2	微弱的影响
3	中等影响
4	严重影响(致癌、致畸、生殖危害、呼吸过敏、吸入致死和引起器官损害)

大家可能会觉得这个定义太笼统了。的确，如果要精准地选择影响等级，我们必须要借助化学品的 SDS。在第 2 章危险概述中 SDS 的部分，可以找到化学品的危害描述或 H phrase。表 3-5（二维码 3-3）列出了化学品危害描述对应的健康影响等级。可以注意到，这些描述是针对呼吸、皮肤和眼睛接触的，误食的危害不纳入评估的范畴。

3-3

表 3-5　化学品危害描述与健康影响等级对应表

（针对呼吸）

HER 4	HER 3	HER 2	HER 1
H300：吞咽致死 H301：吞咽中毒 H331：吸入会中毒 H330：吸入致死 H334：吸入可能导致过敏或哮喘病症状或呼吸困难 H340：可能造成遗传性缺陷 H350：可能致癌 H351：怀疑致癌 H360：可能对生育能力或胎儿造成伤害 H362：可能对母乳喂养的儿童造成伤害 H370：损害器官 H372：长期吸入或反复接触会对器官造成损害	H314：造成严重皮肤烫伤和眼损伤 H332：吸入有害 H341：怀疑可造成遗传性缺陷 H361(including d and f)：怀疑对生育能力或对胎儿造成伤害 H371：可能损害器官 H373：长期或反复接触可能损害器官	H333：吸入可能有害 H335：可能造成呼吸激 H336：可能造成昏昏欲睡或眩晕	没有健康危害 H302：吞咽有害 H303：吞咽可能有害 H304：吞咽并进入呼吸道可能致命 H305：吞咽并进入呼吸道可能有害

（针对皮肤和眼睛）

HER 4	HER 3	HER 2	HER 1
H281：内装冷冻气体；可能造成低温烫伤或损伤 H310：皮肤接触致死 H311：皮肤接触会中毒 H314：造成严重皮肤烫伤和眼损伤 H318：造成严重眼损伤	H312：皮肤接触有害 H317：可能造成皮肤过敏反应 H319：造成严重眼刺激	H313：皮肤接触可能有害 H315：造成皮肤刺激 H320：造成眼刺激	没有健康危害 H316：造成皮肤轻微刺激

2. 因素二：暴露等级

在针对吸入和皮肤接触危害定义了健康影响等级之后，就可以针对吸入和皮肤接触的暴露风险和化学品暴露的量，做暴露等级的评估，有定性和定量两种方法。

(1) 暴露等级定性评估：大多数时候，由于各种原因，比如没有化学品监测的方法、采样困难或是费用/时间问题，监测数据不容易获得，那我们就要依赖于定性评估的方法。例如，针对液体的皮肤接触暴露等级评估如表 3-6 所示，气液相化学品吸入暴露等级评估如图 3-7 所示，粉尘暴露等级评估如图 3-8 所示。

表 3-6 皮肤暴露等级评估表

等级 0	等级 1	等级 2	等级 4	等级 8
没有接触机会	有可能会飞溅到皮肤上	预期有少量的接触	预期有中等量的接触	浸入

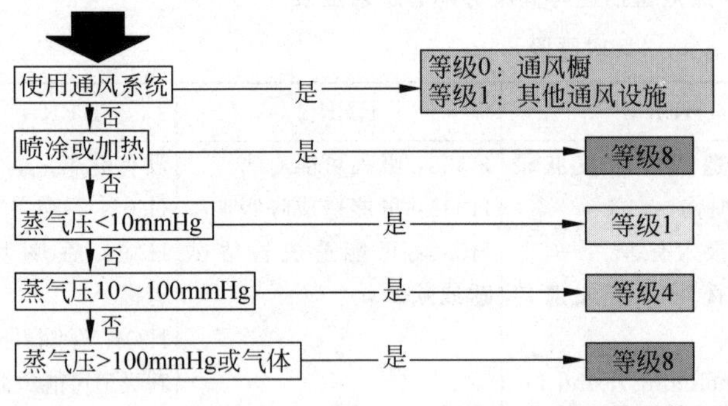

吸入暴露等级评估：图3-7针对液相和气相的化学品，要考虑三方面因素：操作的通风状况、操作的条件及化学品的蒸气压。
这里的通风橱和通风设施必须是符合要求的。

图 3-7 气液相化学品暴露等级评估流程

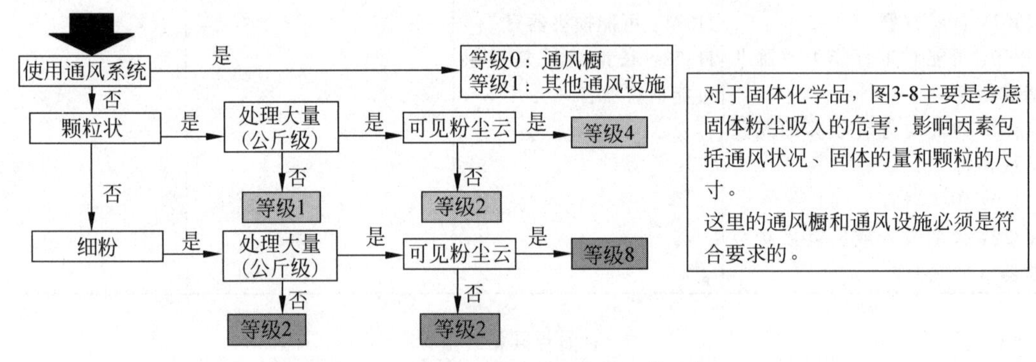

图 3-8 固体化学品暴露等级评估流程

（2）暴露等级定量评估：如果对于操作的每个化学品，基于任务的化学品职业接触限值（OEL）数据可以获得，那我们就可以容易地定量地确定化学品暴露的等级（表 3-7）。

表 3-7 暴露等级表

暴露等级	等级描述	OEL/%
0	没有暴露	＜1
1	可以忽略的暴露	1～10
2	低	10～50
4	中等	50～100
8	高	100～500
16	极端	＞500

3. 因素三：暴露持续时间

要了解暴露的持续时间，我们需要统计每天该项任务的执行时间和一年操作几次，两者取其低值（表 3-8、表 3-9）。

表 3-8　暴露时间等级表(天)

等级	描述
1	＜5min/d
2	5min～1h/d
3	1～4h/d
4	4～8h/d

表 3-9　暴露时间等级表(年)

等级	描述
4	每天
3	每周
2	每月
1	每年

例如：实验室需要用有机溶剂丙酮对实验产物进行过滤淋洗纯化，一月两次，每次需要50min来进行该实验，如果不在通风橱中操作，可以吗？

这时需要考虑一个基本的原则，有害化学品都应在通风橱中进行操作，除非万不得已。在万不得已的情况下，如何来判断是否可以不在通风橱里操作呢？

第一步，确认丙酮的健康危害等级，从丙酮的SDS上，我们可以查到以下信息是，丙酮可引起眼睛刺激、皮肤刺激，健康影响等级2。

第二步，用定性的方法确定暴露等级，先假定不在通风橱操作，丙酮20℃时蒸气压是245.3hPa＝188mmHg，所以暴露等级8。

第三步，操作频率一月两次，每次需要50min来进行该实验，所以等级2。

暴露风险值＝健康影响等级×暴露程度×暴露时间＝2×8×2＝32。风险等级属于一级，必须立即采取行动，所以不可以在通风橱外操作。

3.3.5　人体工程学评估卡

人体工程学是管理科学中工业工程专业的一个分支，是研究人和机器、环境的相互作用及其合理结合，使设计的机器和环境系统适合人的生理、心理等特点，以达到在生产中提高效率、安全、健康和舒适目的的一门科学。人体工程学的关键是通过调整工作场所或操作方法来改善舒适性，提高完成工作的能力，从而防止受伤情形发生。忽视人体工程学最主要的风险是导致肌肉和骨骼损伤，这种损伤是反复受风险因素影响而引起的，不是突发事故造成的。主要出现在韧带、肌腱、肌肉、神经等部位，包括胸廓出口综合征、上髁炎(网球肘)、膝关节炎(仆人膝)、背部损伤(腰痛，椎间盘退化)、腕管综合征(鼠标手)、雷诺综合征、肌腱炎等。

在评估人体工程学风险时需要考虑四个主要因素：姿势、重复性、持续时间、力度。此外，人体工程学风险还受到环境的影响，操作工具、叉车或机动车辆时的振动会导致某些肌肉/骨骼疾病，如手臂振动病，背痛；烦人的噪声会导致压力增加，注意力不集中；光线过亮或不够亮会导致眼疲劳或不当姿势出现；极端温度导致不适会引起或加剧某些肌肉/骨骼疾病，如雷诺症(雷诺综合征，又称肢端动脉痉挛症，是由于支配周围血管的交感神经功能紊乱引起的肢端小动脉痉挛性疾病，肢端小动脉痉挛引起手或足部一系列皮肤颜色改变，雷诺病可使小血管闭塞，结果导致肢端缺血坏死)。

人体工程学相关的伤害和其他伤害有一个显著的不同，就是它是一个逐渐加重的过程。图3-9是人体工程学伤害阶梯图，感觉疲劳不舒服，就是伤害的预兆。它可能会在休息几小时后就自行恢复。但如果这个时候没有积极干预，做出适当调整，那就会有些持续的症状，进而发展成伤痛，最后可能会导致残疾。当你意识到某项工作有高重复性动作、用的姿势奇怪、用力大或持续时间久，或当你觉得某项任务让你骨骼/肌肉有不适感时，就应该立刻停下来，进行人体工程学风险的评估。

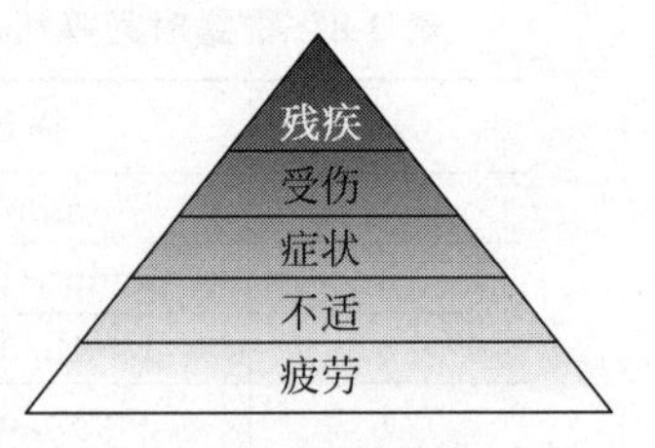

图 3-9 人体工程学伤害阶梯图

人体工程学评估卡（Ergo 卡）是用来评估人体工程学风险的工具，可用在实验室、办公室及工厂的工作中。根据操作的人及其具体操作，分不同的身体部位来评分。Ergo 卡评估没有正确或错误的答案，分数仅用来指导降低风险，根据人本身能力的差异也会有不同。评估的关键在于尽一切可能减低分值。如果分值高于 25 分，或有不舒适的身体部位，则有必要采取适当的措施改变现状。图 3-10 是陶氏采用的评估卡。

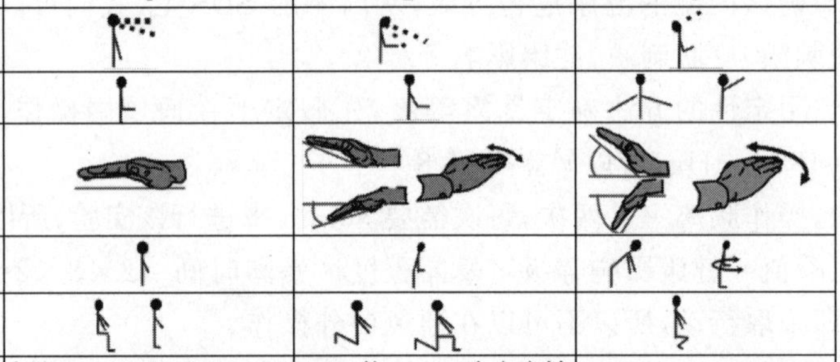

姿势(P)	1	2	5
头/颈			
手臂/肩			
手/手腕			
腰			
腿/膝盖			
重复性(R)	电脑：<30个文字输入或点击次数/min	约30～75个文字输入或点击次数/min	>75个文字输入或点击次数/min
	其他：≤3x/min	约4～9x/min	≥10x/min
力度(F)	站：<7kg(15lb)	约7～25kg(15～50lb)	>25kg(50lb)
	坐：<2kg(5lb)	2～5kg(15～10lb)	>5kg(10lb)
持久性(D)	<15min	15～60/min	>60min

任务总时间(T)
☐ >3h/d=10
☐ 2～3h/d=5
☐ <2h/d=1

环境：
☐ 差的光线
☐ 振动
☐ 极端温度
☐ 其他________

	姿势	重复性	力度	持久性	总分 $P \times R \times F \times D+T$	不舒服
头/颈						Y N
手臂/肩						Y N
手/手腕						Y N
腰						Y N
腿/膝盖						Y N

如果身体刚刚开始出现不舒服，或者身体的任何部位评估总分>25，采取行动使评估分减少。

如果不舒服持续>2～3d，联系公司EHS相关人员，或身体任何部分评估总分≥110，立刻采取行动并通告EHS相关人员。

图 3-10 人体工程学评估卡

例如，某同事在实验室里使用显微镜操作，其中 D（duration）：15～60min，T（task time）：>3h，使用评估卡计算后可以看出头颈部位的劳损风险较高，则需要采取行动改善工作姿势(图 3-11)。

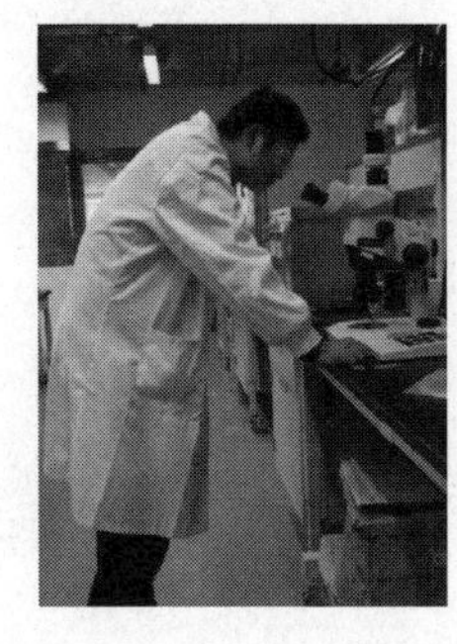

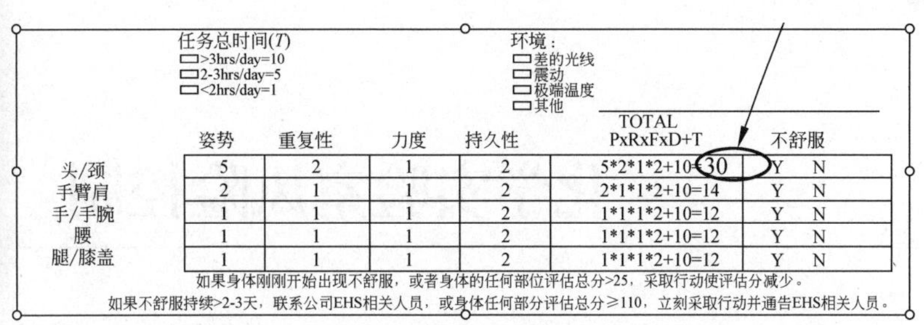

任务总时间(*T*)
□>3hrs/day=10
□2-3hrs/day=5
□<2hrs/day=1

环境：
□差的光线
□震动
□极端温度
□其他

	姿势	重复性	力度	持久性	TOTAL PxRxFxD+T	不舒服
头/颈	5	2	1	2	5*2*1*2+10=30	Y　N
手臂肩	2	1	1	2	2*1*1*2+10=14	Y　N
手/手腕	1	1	1	2	1*1*1*2+10=12	Y　N
腰	1	1	1	2	1*1*1*2+10=12	Y　N
腿/膝盖	1	1	1	2	1*1*1*2+10=12	Y　N

如果身体刚刚开始出现不舒服，或者身体的任何部位评估总分>25，采取行动使评估分减少。

如果不舒服持续>2-3天，联系公司EHS相关人员，或身体任何部分评估总分≥110，立刻采取行动并通告EHS相关人员。

图 3-11　使用显微镜时的人体工程学评估结果

本章所提到的评估方法中，PTA 和 SWP 是根据经验，预知了危害，把危害或控制的方法列出，给予提示。PTA 适用于风险低、频率高的操作，而 SWP 主要针对高风险的特定作业。化学品暴露风险评估和人体工程学风险评估都是半定量的方法，针对的是非常明确的危害。变更管理检查表用于变更管理审核步骤，它提供了对一个实验操作全方位的风险评估，包括工作区域、设备、化学品、程序和人员，所需的时间也比较长。

课后练习

1. 为下列工作选择合适的风险评估工具：

(1) 一位身高 185cm 的员工，要在水池里洗涤一上午的玻璃器皿。

(2) 新购 20L 化学反应器准备投入使用。

(3) 一台物料输送泵发生故障，需要从工艺中移出并送修。

(4) 用丙酮清洗 100L 的反应器，这个操作每周都要进行一次，每次大概 30min。

2. 自定义风险矩阵中严重程度和发生可能性的等级，并对下列操作行为进行风险评估：

(1) 被加热台烫到了手。

(2) 使用实验室超净台做实验时误开启了紫外灯。

(3) 由于未发现电线磨损裸露而触电。

(4) 5mL 乙醇泄漏。

(5) 4L 乙醇泄漏。

(6) 在做动物实验时，被留有鼠癌细胞液的针头扎破了手。

3. 选取自己实验中使用的化学品，使用本章中表 3-4～表 3-9 对其进行暴露风险评估。

第4章

化学实验室风险控制

4.1 引言

前面我们学习了实验室危害辨识和风险评估，充分的危害辨识和正确的风险评估的最终目的，是采取适当的风险控制措施来降低风险，防患于未然，杜绝实验室事故的发生。这也是我们本章要讨论的内容。

2008 年 12 月 29 日，美国某大学研究助理 S 在实验室的通风橱内使用注射器取用叔丁基锂，过程中注射器活塞脱落，叔丁基锂接触到空气发生自燃，与此同时 S 碰翻了通风橱内一瓶敞口的易燃溶剂，此易燃溶剂也被点燃，她的衣服和身上着火(图 4-1～图 4-3)，造成严重烧伤并于 18 天后死亡。当地法院一审判决 S 的导师和学校犯有违反健康与实验室安全标准造成雇员死亡之罪。

图 4-1　叔丁基锂自燃烧到身上①

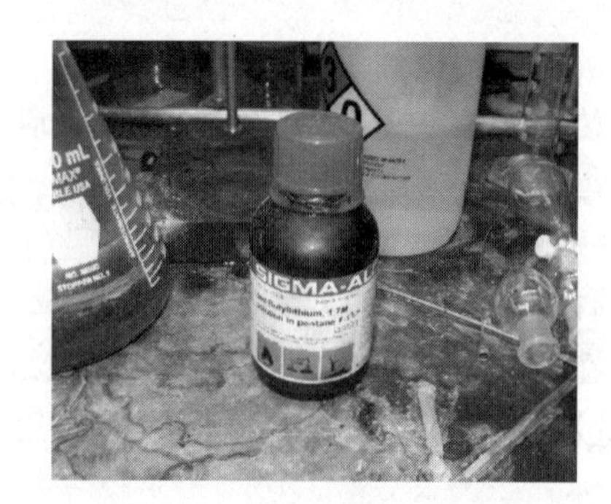

图 4-2　事故中的叔丁基锂

我们来探究一下此次化学品火灾事故的直接原因。首先，事故中注射器活塞意外脱落导致叔丁基锂接触到空气发生燃烧，叔丁基锂是高度易燃且遇空气自燃的活性化学品；其

① 可以在 CSB 官网观看相关视频。

图 4-3　事故中被烧变形的一次性塑料针筒

次，操作人员没有接受过叔丁基锂的操作相关培训，也没有相关的安全操作程序，导致对此化学品的危害以及安全操作步骤不清楚；最后，操作人员在实验过程中既没有穿防火服也没有穿实验服，而是仅仅穿着日常的毛衣，毛衣着火很快蔓延全身，导致了严重烧伤。

针对这些原因，我们可以设想一下如何采取控制措施避免事故的发生或减轻危害后果。如果在实验设计之初考虑到叔丁基锂遇空气遇湿极度易燃的特性，选择在手套箱内操作，则可以从根本上避免事故发生；如果操作人员得到充分培训，有标准的安全操作程序则可以避免操作失误，降低发生自燃的概率；如果操作人员当时穿着防火服，很可能将减轻其烧伤程度并为她赢得更多的响应时间，那么事故的后果将不会如此严重，乃至付出生命的代价。

本章我们就从降低危害以及控制危害暴露的角度，来讨论如何进行实验室风险控制，了解有哪些有效的策略和方法可以预防和降低风险。

4.2　实验室风险控制与管理的原则

考虑到不同控制措施的有效性，危害控制措施的优先顺序为：消除、替代、工程控制、行政控制，以及个人防护装备。我们用 NIOSH 的层级图（图 4-4）来指导执行既可行又有效的控制措施。

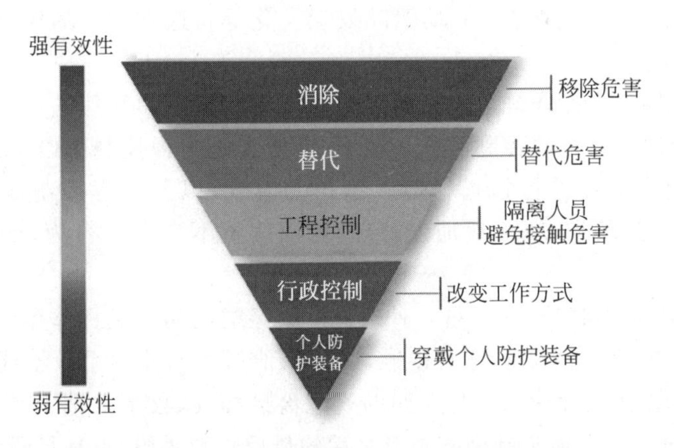

图 4-4　NIOSH 推荐的风险控制层级图

位于层级图顶部的控制措施比底部的更加有效，可以提供更多的保护。遵循此层级图，将指引我们去执行本质安全系统，采用本质安全设计，从根本上大大降低职业疾病、人员受伤以及死亡事故的风险。让我们来依次了解从上到下的每个层级。

(1) 消除危害——完全地移除危害。这是最佳的控制措施,因为这意味着危害不再存在从而不会导致风险。例如我们在腾退实验室的时候,不再使用的实验室中,所有危险源必须科学合理地进行处置,而不是只搬走“需要的东西”,而对“不需要的东西”弃之不管,包括废旧设备和有害废弃物。这就是典型的消除危害的行为。

(2) 替代危害——控制风险措施的第二选择,是指用其他的无危害或低危害的措施替代原有的高危害措施。例如选择低毒化学品替代高毒化学品作为实验原料;选择更安全的实验工艺替代高风险的工艺。

消除和替代虽然在降低危害与控制风险上最有效,但也是多数情况下,对现有流程难以执行的控制手段。如果流程仍处于早期设计和开发阶段,消除和替代危害的措施可能花费并不昂贵,也容易执行。但对于一个现有的流程,消除和替代危害的措施可能会需要对设备以及程序进行大变动。

(3) 工程控制——工程控制是指在所有具有可行性和适用的情况下控制住危险性的源头。目标是隔离人员,减少暴露。这是风险控制中消除、替代危害之外首先要做的,同时也是最好的措施。工程控制的主旨是控制危害的源头,采取工程手段消除或降低危害,设置屏障减少对危害的接触,而其他控制手段的实施通常是围绕着接触到危害的员工。这是工程控制最突出的特点,也是工程控制优先级高的原因。例如使用局部排风罩(LEV)捕捉并移除空气中的污染物,或是使用设备防护罩隔离操作人员。好的工程控制措施在保护工人方面非常有效,且不依赖于人的行为。它们通常不会影响工人的生产效率或者操作的舒适度,并且会让工作更容易而不是更困难。工程控制措施的初始成本可能比一些其他控制措施更高,但从长期来看,运营成本常常更低,而且在某些情况下,还能在流程的其他方面实现成本降低。

在 NIOSH 的工程控制数据库(二维码 4-1)中可以查看工程控制技术的描述、具体的控制措施信息及其有效性,可以作为设计控制措施方案、降低或消除工人暴露的参考。

4-1

(4) 行政控制——改变人们的工作方式,通过帮助人们更全面地识别危害来减少风险。包括安全操作规范、安全检查表、劳动纪律、安全文化等。这种类型的控制手段通常与其他的控制手段一同使用。

需要强调的是,安全操作规范包括通用的操作场所规定和其他的针对具体操作的各项规定、标准操作程序等。行政控制的意义在于,即使实施工程控制可以将危险性封闭住,将危害隔离起来,但在需要进行检查、修理、维护的时候,以及工程控制变更的时候还是会出现接触问题。通过培训,积极地加强管理,可以改正不安全的行为,使风险控制得以有力实施。

(5) 个人防护装备(PPE)——是一种通过个人穿戴用品来发挥作用的补充性的控制方法,在工程控制不能完全消除危险的接触,以及其他形式的控制手段不能提供充分的防护时,采用个人防护装备进行补充。与人们的直觉恰恰相反,很多人把 PPE 当作首道安全防护,但实际上 PPE 是在其他控制措施施行之后的最后防护手段,也是最弱的风险控制措施。最后的防护手段从另外一个角度来看就是在突然发生意外,以及其他控制突然消失的时候,PPE 是最后一道防护。这也是为什么行政控制中会要求人员进行实验操作的时候必须穿戴 PPE。

行政控制和个人防护装备多用在危害本身没有得到有效控制的现有工作流程里。二者可能相对而言执行起来成本不高，但是，从长远看保持起来可能会花费更多。而且从保护人员角度，经证实也比其他措施有效性更低，执行起来需要巨大的投入和努力。

当然，在风险控制的实际管理中，通常会使用多种控制措施的组合。比如工程控制措施经常和行政控制以及个人防护装备同时使用；更新操作程序来改变工作完成的方式，同时穿戴合适的个人防护装备。

对于风险控制层级图，我们可以这样理解，绝不能单独使用位于最低层级的措施来控制风险，它们应该作为其他更高层级控制措施的补充。尽管风险控制层级图暗示了控制风险的最佳方案是彻底消除风险，但工程控制因为改变危害的源头且不依赖于人员的技能或者行为以及警惕性，所以通常是最有效的保护人员、控制风险的措施，然而我们知道很多时候这并不实际。就像所有的安全主题和方法的应用一样，在选择执行任何安全措施的时候，都要进行综合的考虑和权衡项目的经济可行性。既不能图方便快捷而简单选择一个容易执行的控制措施，也不能不考虑实际而一味追求高标准。

以坠落防护为例，各风险控制层级对应的具体风险控制措施如图 4-5 所示。

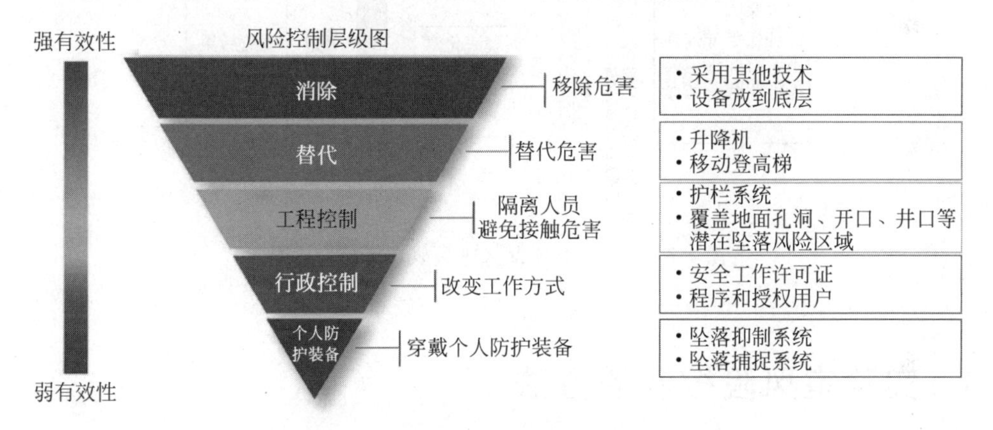

图 4-5　坠落防护控制措施层级图

为显著降低登高作业的风险，使用自动专业登高设备作为替代措施，以及使用护栏系统和覆盖地面作为工程控制措施，这些都是最优选，因为它们可以消除坠落危害，避免登高作业事故。但两者因为作业的需要、应用场景的局限、技术的局限或者基于经济可行性考虑，这两者并不能总是得以实施。而个人防护装备，比如坠落限制系统和坠落捕捉系统（安全带），是次之的选择，因为它们虽然能在有坠落危害时保护工人，但不能消除坠落危害。实验室设备操作和实验操作也同样，我们在评估采取何种风险控制措施时，最优选是工程控制，当工程控制无法实施的时候，要有其他备用措施，降低风险应做多个方案。

了解了风险控制措施的层级以及采取多种控制措施的必要性，我们还可以从风险控制措施作用的时机和目的（预防还是减轻危害后果）来进一步分析。蝴蝶结分析图（bow-tie diagram）（图 4-6）可以帮助我们从这个角度进一步理解。对应风险控制层级图，风险控制措施即屏障，消除危害和替代危害的措施都属于事前预防，工程控制和行政控制措施可以是事前预防也可以是事后减轻危害后果，个人防护装备则是减轻危害后果。

下面以加州大学洛杉矶分校实验室化学品火灾事故为例来分析，如图 4-7 所示。

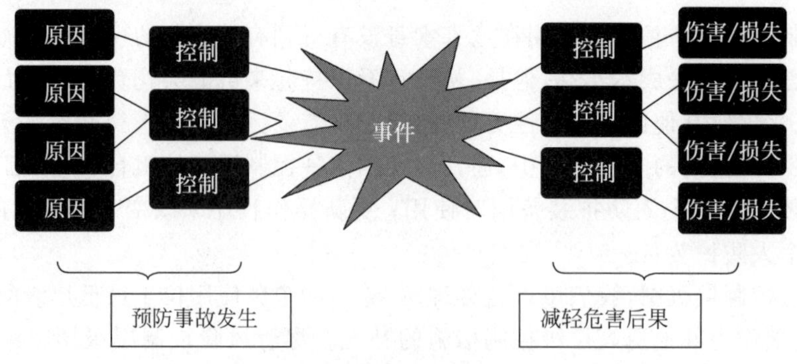

图 4-6 蝴蝶结分析图

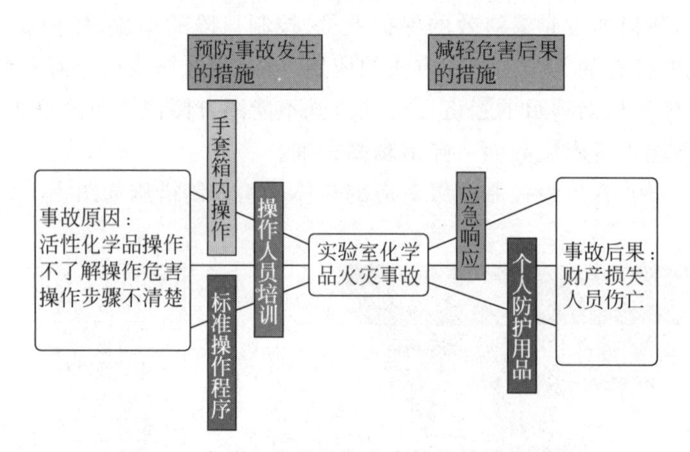

图 4-7 实验室化学品火灾事故蝴蝶结分析图

4.3 实验室风险控制的方法

我们已经了解了风险控制措施选择的基本原则，按优先级依次是工程控制，行政控制，以及个人防护装备。下面我们从这 3 个方面来学习实验室风险控制的具体措施和方法。选择控制措施，要确保对每个危害风险都有解决方案。控制措施要具体，包括各种参数的确定，程序中的关键步骤，具体穿戴什么个人防护装备等。

4.3.1 工程控制

前面提到，工程控制的目的是控制危害的源头。其基本理念就是作业环境和作业内容本身在设计时即应消除危害，或是在危害与操作人员之间放置屏障，隔离危害，减少人员暴露。

实验室工程控制方面的风险控制措施包括实验室安全布局设计、实验室通用安全设施、机器设备安全防护等，下面我们就从这几个方面来展开讨论。

1. 实验室安全设计的基本要求

如何营造一个安全的实验室工作环境？这里结合陶氏内部规定、住建部行业标准《科研建筑设计标准》(JGJ 91—2019)以及《建筑设计防火规范》(GB 50016)要求，列举如下：

(1) 实验室内通道保持畅通，设备及物料布置合理，有充足的操作空间。依据《建筑设计防火规范》，高层公共建筑内疏散门和安全出口的净宽度不应小于 0.90m，疏散走道和疏散楼梯的净宽度不应小于 1.10m。《科研建筑设计标准》规定，1 个或 2 个标准单元组成的实验室门宽度不应小于 1.20m，高度不应小于 2.10m；多个标准单元组成的实验室至少有一个门宽度不小于 1.50m。

（2）当实验室唯一的出口门附近有潜在的火灾爆炸风险、有通风橱、有易燃有毒气体气瓶或制冷剂杜瓦罐时，实验室应设置第二个应急出口。当实验室面积超过 $100m^2$ 时，也应设置两扇出口门。如果是高火灾风险的实验室，其面积超过 $50m^2$ 时，需要设置两扇应急出口门。

（3）火灾风险高的实验室的出口门应朝安全出口方向开，应为自闭门，且配备安全推栓（图 4-8）。目的是在紧急情况发生时，人们能快速推门撤离实验室，并且门可以在身后自行关闭，从而将紧急情况控制在实验室内部。带有旋转拧开把手类型的门，可以通过移除门闩并安装弹簧自闭装置，改造成符合此要求的紧急逃生自闭门。

（4）实验室内地面应略低于外部地面，用于泄漏或消防时的围堰盛漏。

（5）根据《科研建筑设计标准》，实验室内产生有毒有害气体、蒸气、粉尘等污染物时，应优先设置通风橱。提供机械送排风系统以保证足够的通风量（表 4-1），并进行风平衡和热平衡的分析计算，确保实验室处于负压状态，组织气流由清洁区向污染的实验区流动。使用和产生易燃易爆物质的实验室，送排风系统应采取防爆措施，使用防爆型通风设备。

图 4-8　实验室安全出口

表 4-1　不同类型实验室通风设计参数

房间类型	冬季室内温度/℃	冬季相对湿度/%	夏季室内温度/℃	夏季相对湿度/%	新风量	
					$m^3/(h·人)$	每小时换气次数
生物类实验室	20	≥30	26	≤65	2～3	—
化学类实验室	20	≥30	26	≤65	3～4	—
物理类实验室	20	≥30	26	≤60	1～2	—
科研办公区	20	≥30	26	≤60	—	30
会议室/报告厅/多功能厅	18	≥30	25	≤65	—	20
科研展示区	18	≥30	28	45～65	—	20
一般仪器室	20	≥30	26	<60	—	20
暗室	20	≥30	26	<65	—	50
生物培养室	20	≥30	26	<65	—	50
接种间	20～22	≥30	25	<60	—	50
高精度天平室	20±2	50±10	20±2	50±10	—	40
电镜室	20	≥30	26	<60	—	40
净化实验室	20～22	30～50	24～26	50～70	—	50
试验室	16～18					

（6）根据《科研建筑设计标准》，实验室通用实验区的布局设计应满足使用和消防逃生要求（图 4-9）。实验室通风橱应布置在不受气流扰动的位置。

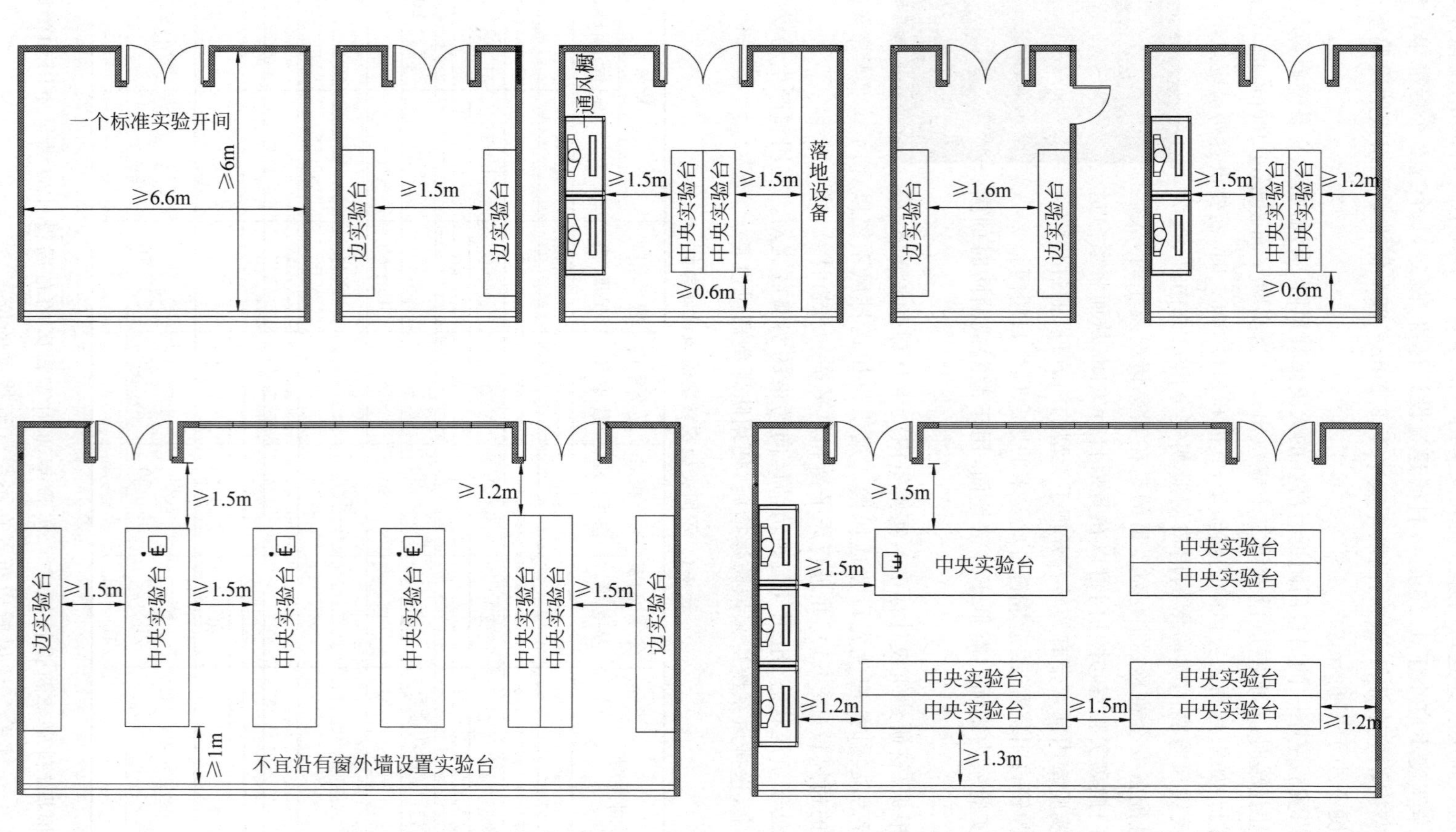

图 4-9 实验室通用实验区合规布局（《科研建筑设计标准》JGJ 91—2019）

(7) 实验室的区域划分应考虑化学品使用区和暂存区的布置，远离热源。操作有毒或易燃化学品的实验室，应配备通风橱、排风罩、手套箱等设施(图 4-10、图 4-11)。依据化学相容性及物料特性，对化学品进行分类存放管理(图 4-12)。及时废弃不需要的化学品，控制化学品在实验室内的存量。易燃品必须存放于易燃液体存储柜内，如果易燃品的储存条件要求低温，则应存放于防爆冰箱。

图 4-10　手套箱

图 4-11　通风橱

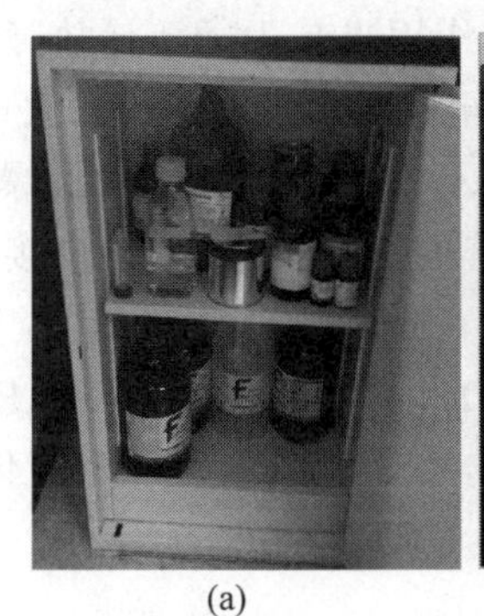

(a)

(b)

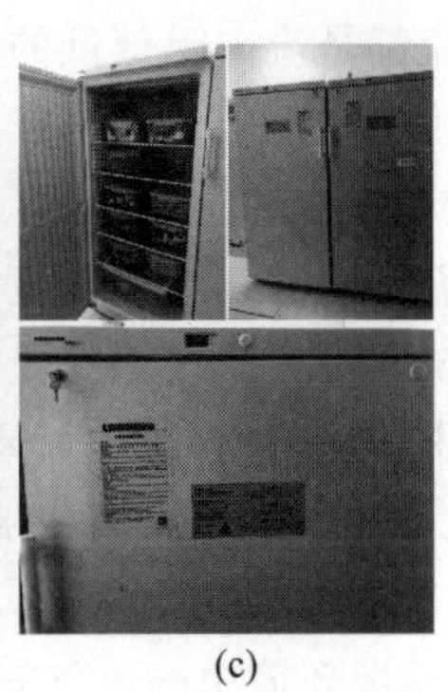

(c)

图 4-12　实验室化学品分类存储

(a) 易燃液体存储柜；(b) 酸性物质存储柜；(c) 防爆冰箱

(8) 配备应急设施，如应急灯、洗眼器、应急喷淋(图 4-13)、灭火器、吸附棉等。通往出口门、应急设施以及公用设施紧急切断阀的路径不可阻挡。

(9) 依据《眼面部防护　应急喷淋和洗眼设备　第 2 部分：使用指南》(GB/T 38144.2—2019)洗眼器以及应急喷淋的位置距离危害必须要 10s 内能走到，并且行走路线不能超过 15m，且行走路线中不能有阻挡。

(10) 按照实验室操作的火灾风险配备合适的消防和火警系统，例如烟感/温感报警器、火警手动按钮、声光报警器、消防栓和手提灭火器、水喷淋系统、喷淋警报器。

图 4-13　应急喷淋和洗眼器

(11) 保证实验照明环境中照度、显色指数达标，色温取值合理。依据《建筑照明设计标准》(GB 50034)，实验室中对于基础灯具布置数量的要求，分别为普通实验室达到 300lx 的平均照度要求及精细实验室(例如：天平室、电子显微镜室)达到 500lx 的平均照度要求，对于特殊高照度要求的实验环境，一般采用增加局部照明的方式来满足。此照度要求的参考平面及其高度为距实验或工作台面 0.75m。定期对实验室备用照明进行检测、维护及更新。对于灯具的选用，要避免由于视野中的亮度分布或亮度范围的不适宜或存在极端的对比，引起不舒适的感觉或降低观察细部或目标的能力的视觉现象，也就是炫光。对于光源的选择，在满足显色指数的同时还要对色温进行合理的取值。

(12) 规范的电气安全环境是确保实验室设备顺利运转的前提，也关系到实验操作中的安全环境在实验室设计建设中必须予以考虑。例如根据每个城市的雷击次数，会得到每个地区建筑物避雷带设计规范，要求所有建筑物都设置防雷接地。我们之所以感受不到雷击，就是得益于建筑物在建造时的防雷设施。对于实验室工作者来说，电气安全环境主要包含以下几方面内容。

1) 实验室设计建造及电气系统建设应确保规范接地，禁止私下断开接地线路。

有的时候，有些仪器自身问题故障可能导致仪器不能正常使用，有的人私下断开地线后发现可以用了，没有在源头解决设备故障，反而埋下严重的安全隐患！

2) 保证接地装置接地电阻的最小阻值达标。

一般电流都是流向阻值低的电路中，接地回路本质作用也是为了疏导故障电流。如果接地回路中接地电阻阻值不达标或过大，就会造成故障电流无法安全地导入大地，导致接地保护失效，进而产生人员触电、电气火灾、实验仪器故障、电气保护设备失效及爆炸等安全隐患。一般我们所处的实验室环境大多采用联合接地系统的形式，也就是各个接地子系统与防雷接地系统共用一套接地装置，采用联合接地系统时，一般要求接地电阻小于 1Ω。有的实验仪器要求接地阻值较低(如要求接地阻值小于 0.5Ω)，就要增设人工接地极，并接入接地系统中，以降低接地电阻值。随着建筑使用时间推移，接地电阻也是一个变化的数值，需要定期监测，保证阻值达标。

3) 易燃易爆环境中的电气安全要求。

一般情况下，实验室中易燃易爆危险主要来自易燃易爆液体(含蒸气)、气体和粉尘。应尽量避免将较大量的易燃易爆危险源存放在实验室内，设置于民用建筑中的实验室，易燃易爆品的存储应符合《建筑设计防火规范》的相关要求，实验室仅可作为易燃易爆品的暂存场所。

电气安全环境建设就是根据《爆炸危险环境电力装置设计规范》(GB 50058)的爆炸危险区域分区、可燃性物质分级、可燃性物质(或粉尘云)的引燃温度进行电力装置设计、安装、线路选择和电气设备保护，切断点火源，避免火花的产生。电气设备保护级别按照实际情况分为气体爆炸性环境(Ga、Gb、Gc)和粉尘爆炸性环境(Da、Db、Dc)。此外应设置易燃易爆物质侦测、报警及联动系统，一旦探测到可燃气体泄漏或者可燃粉尘积聚，可以及时切断气源，同时联动的排风系统可及时排除可燃气体或者增大除尘效果。实际上，实验室的爆炸性气体和粉尘必须通过有效手段控制，使其符合非爆炸区条件。例如具有良好自然通风的露天场所、敞开建筑物或区域强制通风，达到 1h 换气 6 次，都是降低爆炸区间等级的有效措施。如果是中试实验室，其建筑防火和电气安全的设计和建设必须符合相关规范和标准。非爆炸区条件有(满足之一)：

(a) 没有释放源且不可能有可燃物质侵入的区域；

(b) 可燃物质可能出现的最高浓度不超过其爆炸下限值的 10%；

(c) 实验工艺为燃烧的设备附近区域或热表面温度超过可燃物质引燃温度的附近区域；

(d) 实验区域外，露天或开敞状态设置的输送可燃物质架空管道地带，阀门需要另外判定。

4) 实验室易燃液体转移操作要做好接地和跨接。

实验室有接地端子、等电位箱等接地配置，以便在进行易燃液体操作时完成容器的接地和跨接(图4-14)。实验室人员在进行大于1gal(3.8L)的易燃液体转移操作时，转移和接收的容器必须进行跨接和接地，尤其是弱极性或非极性、容易积聚静电的易燃化学品转移操作，应做好个人接地，包括佩戴除静电腕带(图4-15)或者穿防静电鞋，使用氮气惰化，减慢转移速率，消除或降低静电积聚点燃的风险。

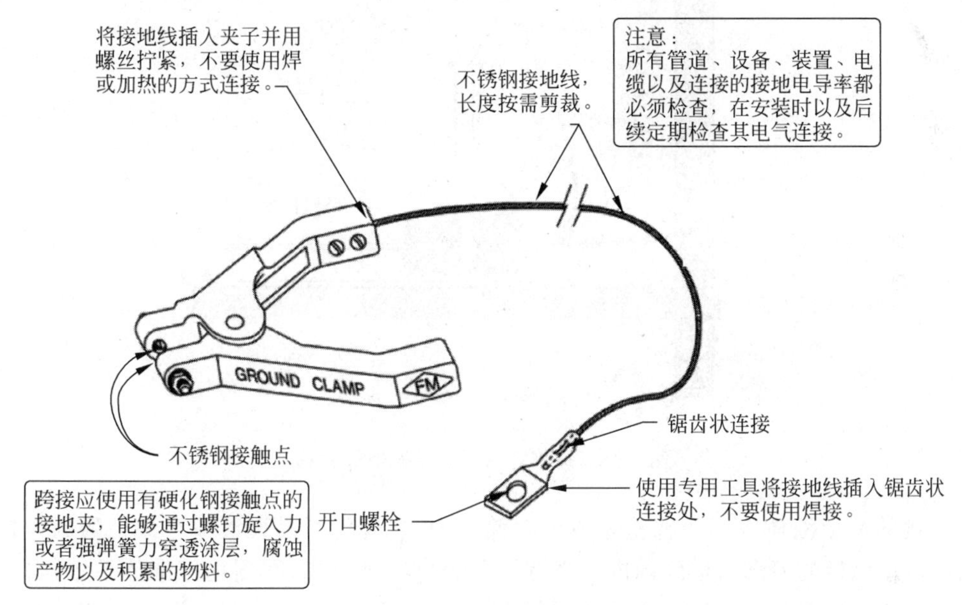

图4-14　接地夹

从一个非导电的容器倾倒大于等于1gal(3.8L)的易燃液体到另一个非导电容器时(例如玻璃到玻璃容器之间的转移)，应使用接地的长柄金属漏斗，且漏斗底部应延伸到距离容器底部25mm(1in)以内，漏斗滴管底部应有一个45°的斜角切口，以避免刷形放电产生引燃(图4-16)。

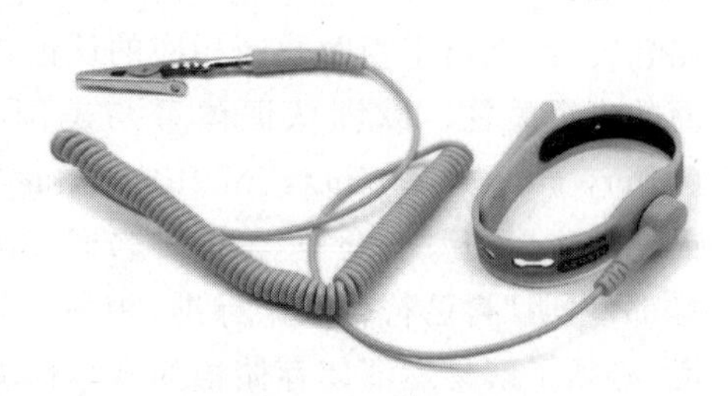

图4-15　除静电腕带

对于大于1gal小于等于5gal(20L)的小容器，不能选择敞口的桶，应使用密闭的导电的容器来盛装和转移易燃液体。

当大量使用易燃品时，实验区域应评估确定其爆炸危险区域等级，不同爆炸危险区域内使用的电气设备应符合相应的电气防爆等级要求。

2. 实验室通用安全设施

1) 易燃液体存储柜

易燃液体存储柜(flammable liquids storage cabinets)是用来存放易燃液体的，具备特殊的防火设计，用来在一定时间内阻止柜体外部的火焰蔓延到柜体内部引发更大的火情或爆炸。易燃液体存储柜的概念来自欧美，在欧美国家的法规(例如美国NFPA30)中要求，超

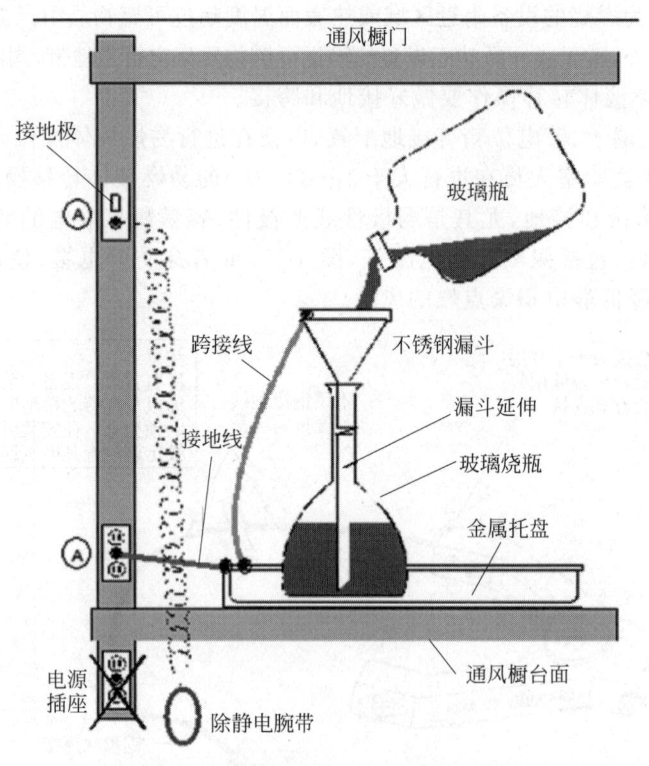

图 4-16 玻璃容器之间易燃液体转移

过一定量的易燃液体应存放在易燃液体存储柜中，并规定了易燃液体存储柜的制作标准。易燃液体存储柜的概念引进到国内并没有配套法律法规要求，在国内标准体系中，《易燃和可燃液体防火规范》(SY/T 6344)参照美国 NFPA30：*Flammable and Combustible Liquids Code* 最早将"Flammable Liquid Storage Cabinets"概念引入国内，将其翻译为"易燃液体存储仓"。但是由于当时我国相应的认证体系及生产体系并未建立，因此未引起用户及设备厂商的广泛关注。欧洲认证体系与美国标准有一定差异，使用了"易燃液体安全存储柜"(safety storage cabinets for flammable liquids)这一名称。这也导致在目前国内市场中"防火柜""防爆柜""安全柜"等各种名词混淆，生产厂家提供的柜子也是五花八门，乱象丛生，而且都"声明"自己符合某某标准，柜体上贴了 OSHA、CE、FM 等标签，难以分辨。对用户来说，必须了解易燃液体存储柜的基本性能特征才能做出正确的判断和选择。

(1) 易燃液体存储柜的用途及其设计

在实验室里易燃液体应存放在易燃液体存储柜内。当火灾发生时，易燃液体存储柜可以阻止火灾蔓延到柜内，依据其防火等级对应有阻隔火焰的相应时间(例如，防火 10min、30min)，从而赢得足够的时间逃生，或让应急队员安全扑灭火灾，防止火灾事态扩大。

易燃液体存储柜应符合相关标准的设计制造要求，常见的易燃液体存储柜认证标准有：美国认证 FM 6050(图 4-17)，欧盟认证 EN14470-1(图 4-18)，具体的结构性能示意图见图 4-19、图 4-20。我们在采购易燃液体存储柜时，应注意选择符合相关认证的产品，以及明确不同类型的易燃液体和应急需求对应的具体防火时间，查看厂家的认证证书(包含柜体及所有关键配件的认证)。易燃液体存储柜的安装使用以及维保必须遵循制造商的说明书，不能做任何可能影响其防火设计以及功能的改造。

图 4-17　FM6050 认证标志

图 4-18　EN14470-1 认证标志

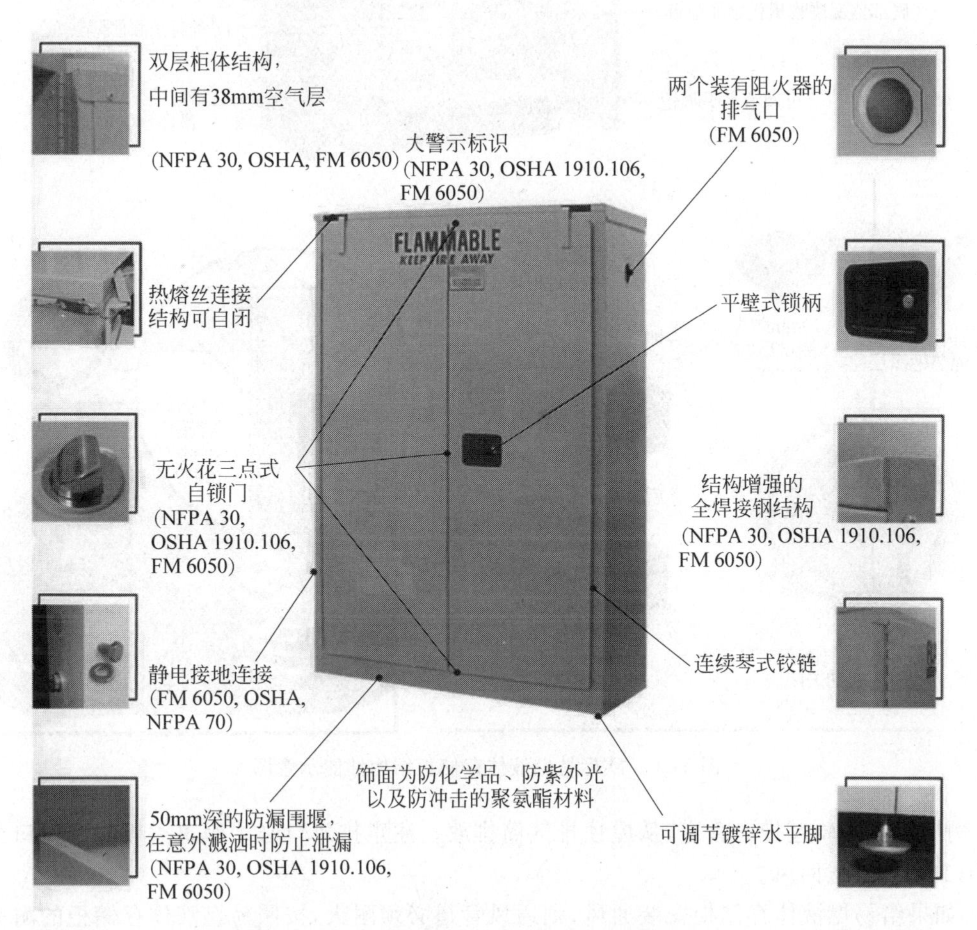

图 4-19　美标易燃液体存储柜结构性能示意图

(2) 易燃液体存储柜通风改造的要求

易燃液体存储柜的目的是尽可能久地防范火灾的影响，给应急响应团队足够的时间来现场灭火。在火情发生时，当环境温度高于 70℃，易燃液体存储柜门的熔断链会熔断，门自动关闭。安装通风可能会破坏其防火性能，导致火灾蔓延。因此，不建议改动易燃液体存储柜原设计改加通风，如必须加通风则需要原厂家进行专业安装。

如果是因为工业卫生暴露或不愉快气味，易燃液体存储柜通风必须接到室外安全的场

图 4-20　欧标易燃液体存储柜结构性能示意图

所，例如接入实验室排风管道，从屋顶排气筒排放。注意排放口必须距离大楼的进风口至少30ft(10m)，防止回风。

如果给易燃液体存储柜安装通风，则通风管道必须耐火，按照易燃液体存储柜的耐火等级选择相应的排风管道。因为易燃蒸气通常比空气重，所以一般应从易燃液体存储柜下方开口排风，从其上方补风进来，如图 4-21 所示。易燃液体存储柜的排风管道宜使用不锈钢、镀锌金属等材质。

如果易燃液体存储柜不接通风，任何通风开口必须使用供应商提供的金属塞密封。欧盟地区可能会使用配备有热启动的进气、出气阀的易燃液体存储柜，当温度高于 70℃时，阀门自动关闭，代替金属塞密封。

2）通风橱和通风罩

通风是化学实验室必备的工程控制措施。实验过程中产生的各种粉尘、有害蒸气等吸

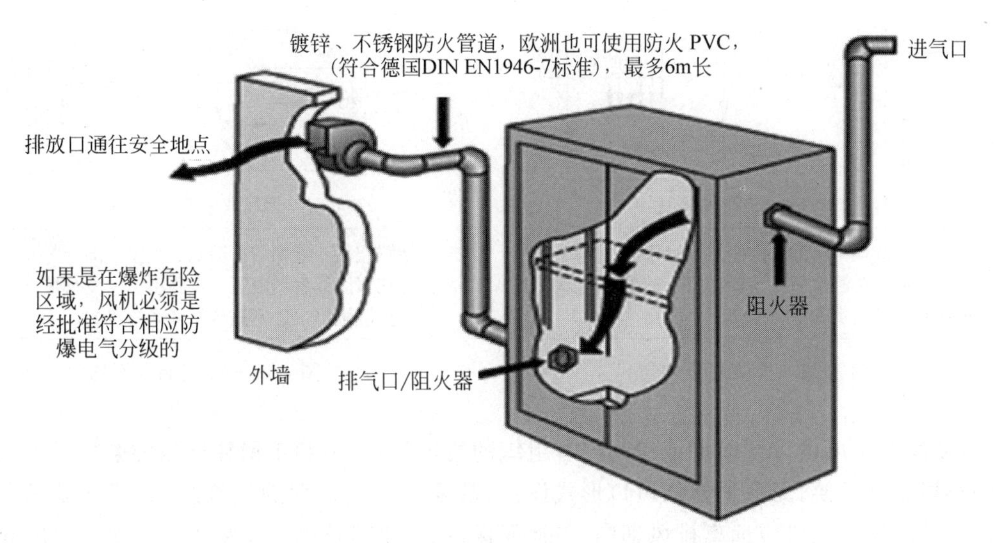

图 4-21　易燃液体存储柜排风管道设计示意图

入性危害，需要利用通风这一有效的措施进行控制，以避免工作者暴露在有害的实验环境中从而导致健康损害，甚至是不可逆的永久性伤害。而且，实验室较多的易燃化学品可能释放或产生的易燃气体也需要通过通风来降低其浓度，达到非爆炸区的条件。

实验室通风按空气流动的动力来源可分为自然通风和机械通风。室外风力通过实验室窗户、走廊进入实验室，就是最常见的自然通风，但是因其受室外气象条件影响，通风效果不稳定，不利于排除污染物。机械通风是利用风机产生的压力，将污染空气处理净化后排出实验室，同时使新鲜空气沿风道管网按需分配输送到各个实验室。机械通风可以按照房间压力状态的要求，自动控制送排风风量，实现有组织的空气管理，通过稀释置换排除等手段，控制污染物的传播与危害，实现合理的房间换气次数，保证室内外空气质量，是化学实验室更科学合理的污染物控制方式。机械通风又可分为全面通风、局部通风。

全面通风是对整个实验室进行通风、换气，将实验室空气中的有害物质稀释，使其浓度降低从而减少暴露风险。全面通风适用于污染源不固定、不能控制在某一特定区域范围内的情况。通过房间的全面通风保持实验室换气次数，使实验室相对非污染区域保持负压。全面通风的效果除了与通风量、单位时间换气次数有关，也受通风气流组织影响。气流组织是指对气流的方向和均匀程度以及风量分配进行控制。在一定的通风量下，采取不同的气流组织方式会产生不同的通风效果。合理的气流组织可以用相对较小的通风量达到较好的通风效果，应注意恰当地安排送排风的相对位置，这可以防止新鲜气流未达工作地点而直接进入吸风口排出室外(图 4-22)；也可以尽量避免实验室内大部分区域存在涡流区(图 4-23)，达不到全面通风的目的。

局部通风是利用局部气流，消除实验室中局部位置的粉尘、有毒有害气体、蒸气等有害因素，使局部实验作业区域环境得到改善。此时排风系统由排风风机通过管道连接通风橱、局部排风罩等末端设备。当末端排风设备并联运行的时候，需要通过压力无关型风阀来避免彼此干扰产生紊流而导致泄漏。送风系统由送风风机将处理过的室外新风通过管道送入

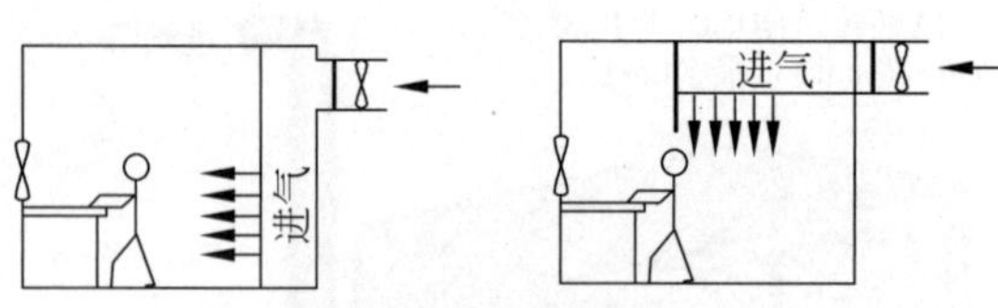

最优的空气进入和排放形式

新鲜空气能均匀扩散到操作点，且排风口尽量靠近污染源区域，污染物可以被迅速捕捉并被排出实验室。

图 4-22　气流混合均匀

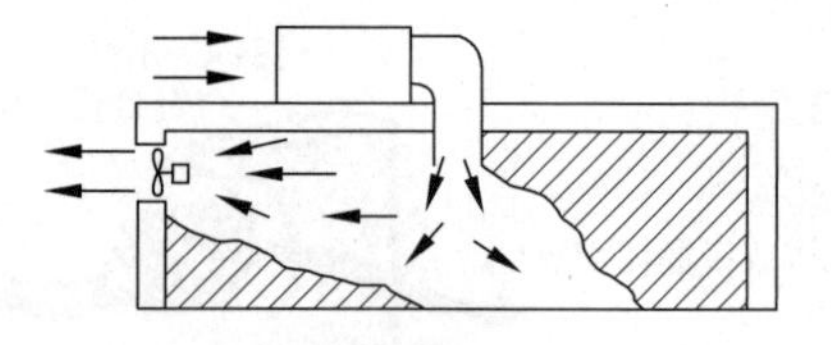

通风效果差

新鲜空气不能均匀扩散到实验室，部分区域存在盲区或者涡流区，实验室空气没有被充分扩散稀释，达不到全面通风的目的。

图 4-23　气流混合不均

室内，良好的送风设计可以保证房间内有组织的均匀气流，最利于稀释排除污染物。送风点位的布局非常重要，无论怎样的风口形式设计，都要保证较合理的气流组织，帮助排除有害气体。送风风机入口应远离排风烟囱，与地面保持 2m 以上的距离，保证洁净度。送风和排风由自控系统进行匹配，通过对房间压力或排风量的监测，适时自动调整送风量，以满足不同类型的实验室对负压或正压的控制要求。为了提高室内舒适度，特别是冬季和夏季，需要对新风进行温度、湿度调控。当通风系统风量超过一定值的时候就需要设计能量回收系统以达到节能的目的。此外，通风管道设计也是决定通风效果的重要因素。管道的材质要符合一定的防腐、耐温和密封要求，管道的形状和连接应尽量减少压力损失。实验室常见的局部通风末端设备主要有通风橱和局部排风罩。末端通风设备性能也是影响实验室安全与师生员工健康的重要因素。

通风橱起码应包括总体框架、可以活动的防护视窗、防腐内衬板和导流板、前导风翼(airfoil)(图 4-24)；定风量通风橱还需要上部旁路(by pass)结构设计。如果仅仅将污染源置于排风罩内，排气口设置在此类排风罩顶部，又缺少背部导流板，由于大部分气流经由操作面的上方通过，使得整个面的气流无法非常均匀地分布，导致污染物外溢(图 4-25)。这样的设备往往会给操作者带来错觉，以为自己在安全防护下工作，致使操作者长期暴露于少量的污染物中，影响身体健康，也增加了意外发生的概率。

有的通风橱厂家把前导风翼拆除，将台面延伸。这种通风橱失去了将送风气流平稳导入通风橱的先决条件，也会让视窗完全拉下时丧失从导流翼下方进风的能力，使通风橱内部的有害气体难以顺利排除。

按照国家标准，于视窗位置测定多点面风速在 0.5m/s 为达标，但是达标的面风速并不能代表通风橱不会泄漏。较大比例的泄漏都是在通风橱边缘发生的，因此通风橱边框、前导风翼、视窗把手设计和导流板结构是确保通风橱不出现泄漏的重要影响因素。国家标准要求通风橱的泄漏量低于 $0.5mL/m^3$，欧洲标准为低于 $0.01mL/m^3$。

当设备较大又需要捕捉污染物时，就需要选择步入式(walk in)通风橱。台式通风橱的视窗除了常见的垂直视窗，还有水平视窗和混合型视窗可以选择。其中水平视窗可以作为物理屏障更直接地保护工作者，适用于高风险实验和 1.8m 以上的台式通风橱。

常规通风橱并不能适用于所有操作，如使用高氯酸、氢氟酸、放射性物质时，应选择专用的通风橱。由于高氯酸的蒸气会在管道内形成易爆炸的高氯酸盐，高氯酸通风橱应采用光滑

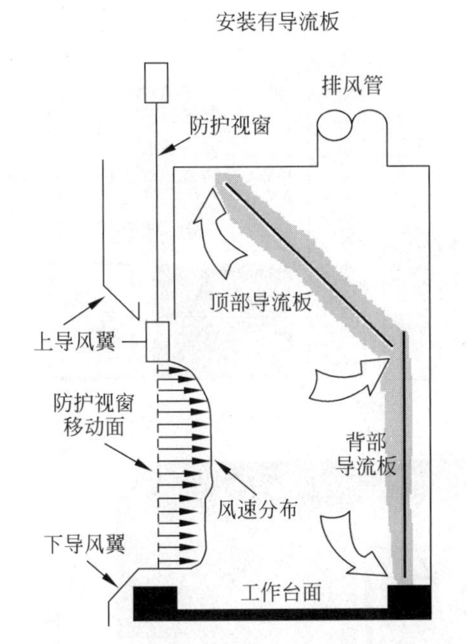

图 4-24　通风橱气流走向

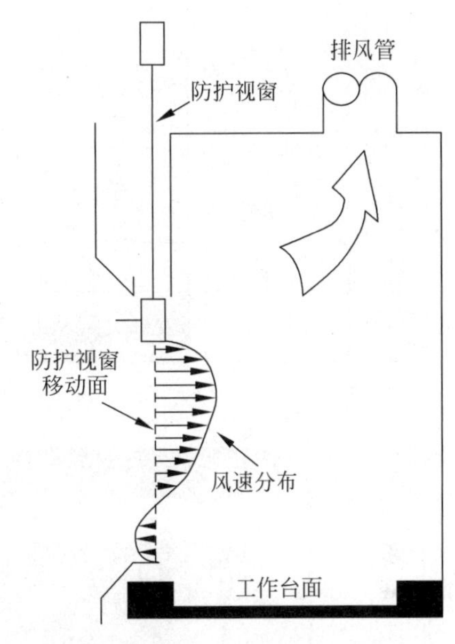

图 4-25　缺少导流板的通风橱

的 316 不锈钢材质作为内衬，无缝焊接并具有水洗装置，便于随时清洗管道、导流板和内衬板。长期使用氢氟酸时，通风橱不能配置无机玻璃视窗以及玻璃纤维材质的内衬板和导流板。进行放射性物质操作时，通风橱须使用表面光滑的 304 或 316 不锈钢材质作为内衬板和导流板，并采用无缝焊接保证无放射性物质残留。

通风橱中水电气的布置也要在实验室建设时一并考虑，通风橱的水电气开关均应设置在通风橱外，以减少人员暴露的概率，特别是在紧急工况时，工作者不打开视窗就可以调节水电气(图 4-26)。我们经常看到一些不合规的通风橱将普通电源插座设置在内部，有时候工作人员也会在通风橱内使用插线板，这些用电方式都是不正确的。普通电源插座在通风橱内部不仅会加速老化，而且出现泄漏、火情等意外时不易很快断电，进而造成事故叠加和扩大。有防爆要求的操作，其通风橱应配置防爆电气系统。

由此可见，一个通风橱即使所有配置都齐全，也不一定在设计上符合了较高的性能要求，因此在购置通风橱的时候应该向厂家索要权威机构认证的性能检测报告，安装到现场后也要进行检测验收。

化学实验室通风这一工程控制措施，除建设合规的通风系统、选择性能达标的通风橱之外，通风橱的正确使用也是降低风险的重要保障，主要包含以下几个方面：

(1) 使用前察看性能指示器(压差表、风速数显仪等)(见图 4-27)，确认通风橱工况正常，正常的面风速应为 0.4～0.6m/s。内部设备/装置布局发生变化时需要对其重新校准。

(2) 始终将视窗移至面部以下作为保护屏障。

(3) 不要把头伸入通风橱内。

(4) 不要放置大型设备等阻挡通风橱背部的导流板。

(5) 在距离通风橱视窗 15mm 处贴警示线，应在警戒线以内的工作台面进行实验。

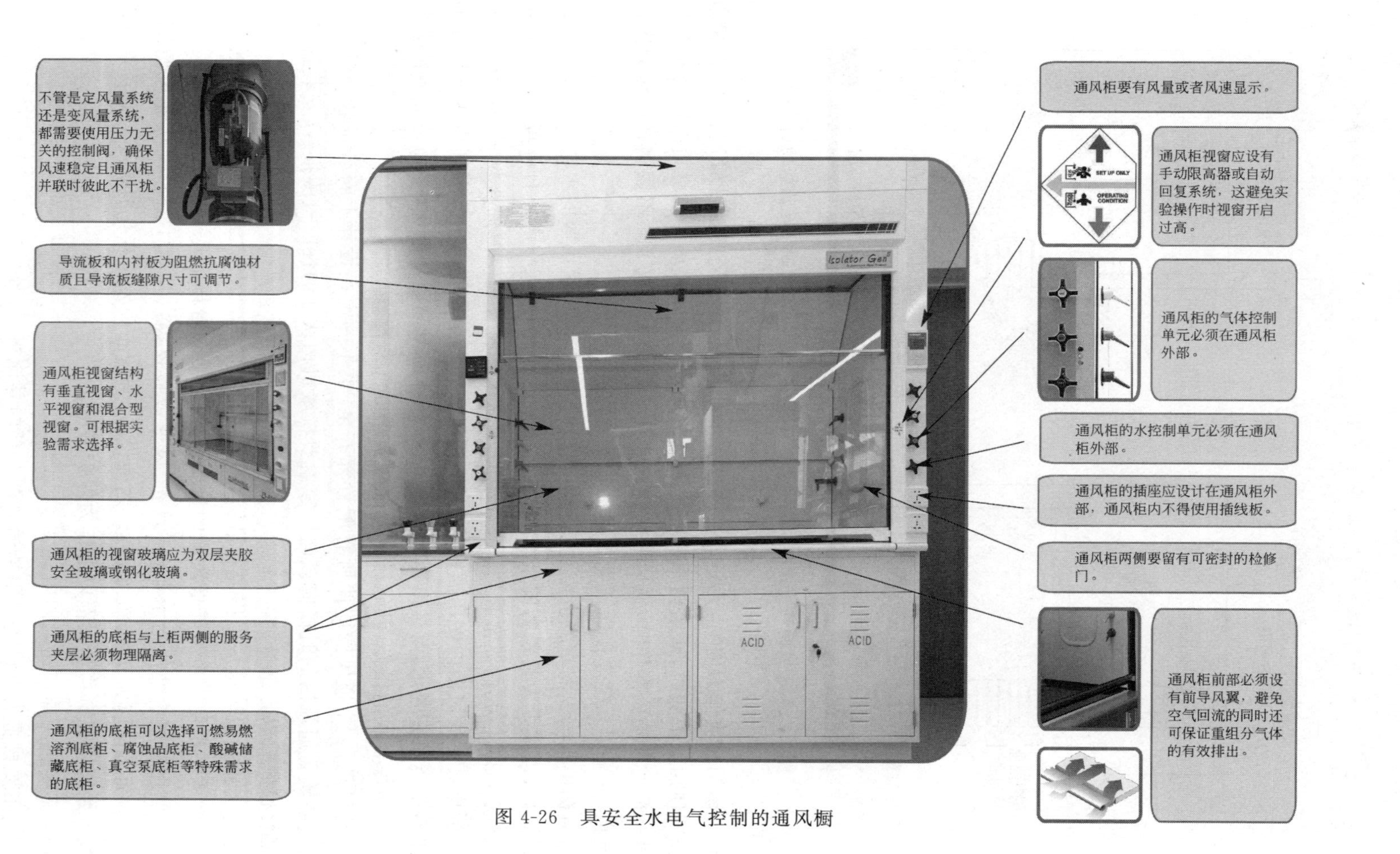

图 4-26　具安全水电气控制的通风橱

(6) 不进行操作时,关闭视窗。

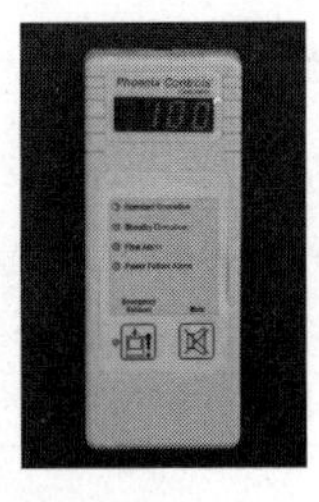

图 4-27　压差表和风速数显仪

当设备或操作无法放入通风橱时,或排出污染物的位置比较确定、面积比较小时,可以把排风罩设在污染源附近,依靠罩口的负压作用把污染物吸入罩内排出实验室(见图 4-28)。为了保证污染物全部被吸入排风罩内,排风罩在污染物释放点处有效捕捉污染物所需的最小风速称为有效捕捉风速,从罩口到污染物释放处的距离叫有效捕捉距离。使用局部排风罩之前必须了解有效捕捉距离,将罩口放在有效捕捉距离内,且呼吸区域不可以在污染源和罩口之间的路径上。局部排风罩应达到的有效捕捉风速需要综合考虑实验室气流影响、污染物释放速度和污染物危害性 3 个要素。查阅表 4-2～表 4-4,分别得到这 3 个要素的分值,将它们求和并比对表 4-5,查得对应的捕捉风速要求。

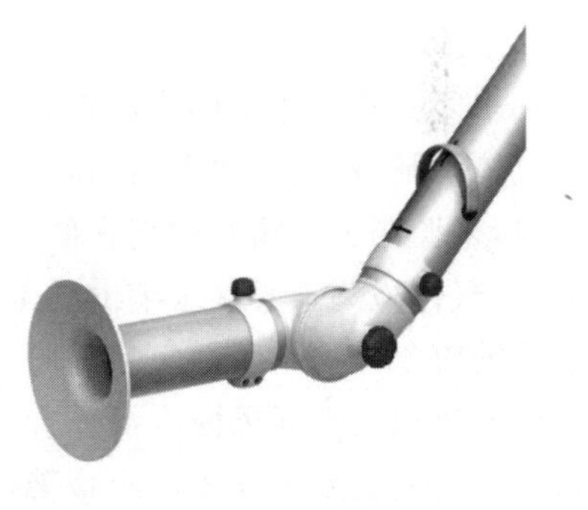

图 4-28　几种局部排风罩

表 4-2　实验室气流

实验室气流	污染源周围的气流速度(m/s)	分值
实验室气流没有扰动或者很小	低：0～0.075	1
实验室气流扰动低至中等	中等：0.075～0.15	2
室外工作或者实验室气流扰动很严重	高：＞0.15	3

表 4-3　污染物释放速度

污染物释放速度	操 作 举 例	分值
释放速度基本为零	敞口自然静止挥发	1
释放速度低	小容器中物料的转移；焊接；电镀	2
释放速度中等	大桶装料；粉碎机	3
释放速度高	喷涂砂轮打磨；喷砂	4

表 4-4　污染物健康毒害指数

健康毒害指数描述	HER 值	分值
极低健康风险	1	1
低健康风险	2	2

续表

健康毒害指数描述	HER 值	分值
中等健康风险	3	3
严重健康风险(致癌物、突变剂、致畸物、呼吸致敏剂、吸入可致死、损害器官)	4	4
未知健康风险	4	4

表 4-5　捕捉速度

总分	污染物释放处的最低捕捉速度(m/s)
3～5	0.25～0.50
6～8	0.5～1.0
9～11	1.0～2.5
12	2.5～10.0

3）气体检测仪

如果实验室操作使用到有毒有害化学品、易燃气体，或惰性气体储罐等，一旦出现化学品或气体泄漏，可能导致人员中毒、火灾爆炸或缺氧窒息风险，那么就需要配备合适的气体检测仪，来监测工作场所中潜在的气体泄漏以及人员暴露，从而确认人员工作安全。需要指出的是，气体检测报警仪是辅助的工程控制措施，它并不能在源头避免化学品暴露风险，而是事后的应急报警。我们应当优先考虑其他能有效控制化学品暴露的工程控制，例如前文提到的通风橱。在通风橱内操作有毒有害化学品，可以有效避免呼吸暴露，无须配备气体检测仪。有的实验室把气体检测报警仪安装在通风橱内或是通风橱视窗上部，这是错误且毫无必要的。只有当其他工程控制措施无法充分保障安全操作，有潜在泄漏风险时，才使用气体检测仪补充一层预警防护。

实验室是否需要配备气体检测仪，应当具体情况进行风险评估来决定。举个例子，如果你需要在两天内使用 70L 液氮，大概有 6000L/h 的氮气将会挥发在实验室，对比实验室的排风速率，这个量并不大，因此在实验室整体范围内不会造成问题，仅在排放源附近有风险。陶氏的实验室采用“Chemical In Room Hazard Tool”工具来定量计算评估是否有潜在窒息、有毒物质暴露或火灾爆炸风险，若计算结果显示有潜在风险，则需要安装相应的气体检测和报警仪。图 4-29 是使用此工具计算评估潜在氮气窒息风险的示意图，其中几点需要注意：使用此计算工具的前提是假定密闭区域内(房间或通风橱)气体是均匀混合的；实验室空间内可能会有“死角”，该处浓度更高；通常在泄漏发生的附近区域，化学品浓度会比周围区域的浓度更高。

气体检测仪有便携式和固定式两种，从检测种类、检测原理、采样方法(扩散式、泵吸式)等角度也有不同的分类(图 4-30)。气体检测仪最核心的部分是气体传感器，根据不同的检测气体，其检测原理也不尽相同。常见的气体传感器包括：催化燃烧传感器、红外传感器、PID 光离子传感器、电化学传感器以及半导体传感器等。

气体检测仪使用的注意事项有以下几点：

(1) 在选择固定式气体检测仪安装位置时，需要考虑到：有害物质的特征和其释放的形式，实验室排风的气流走向，位置能够有效地检测，后期维护的方便性，减少水汽或者其他

氮气窒息评估

在这里输入数据

房间长度	30	英尺
房间宽度	20	英尺
房间高度	20	英尺
设备占据的体积	0.00	立方英尺
每小时换气率	3	#/小时
K因子 (对于固定通风率，在没有检查表明需要使用不同值的情况下，假设值为3。对于估算的房间换气率，K因子为10)	3	
泄露计算选项: **实验室情形，输入 [1]:** 氮气气瓶带减流孔 **工厂生产情形，输入 [2]:** 垫片、填料、阀门未关闭、孔洞、管线破裂、总管破裂	2	
气瓶送气压力或其他设备/管道的源气压	50	psig
化学分子量	28.01	克/摩尔
泄漏点直径 如果选择了**输入1(实验室)**，建议直径为管道管径的50%(大概0.1英寸) 如果选择了 **输入2(工厂)**，推荐的泄露直径应在0.03英寸和0.1英寸之间。在管道发生灾难性破裂的情况下，应考虑管道直径。	0.75	英寸
释放化学物质的数量指导或选择数字	7,485	立方英尺
24小时内房间内达到的最低氧气浓度	12.04	%

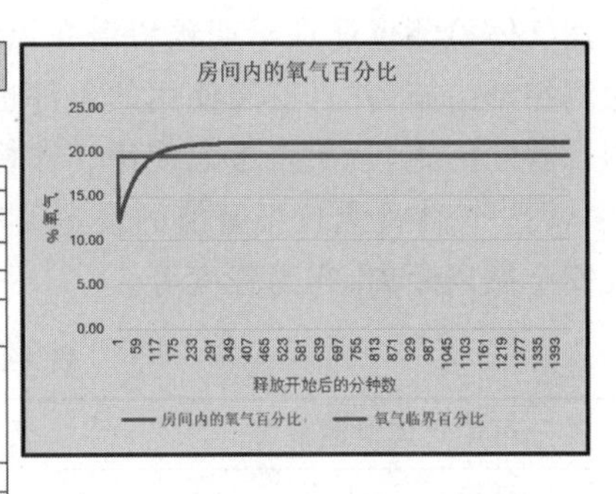

图 4-29　氮气窒息风险评估示意图

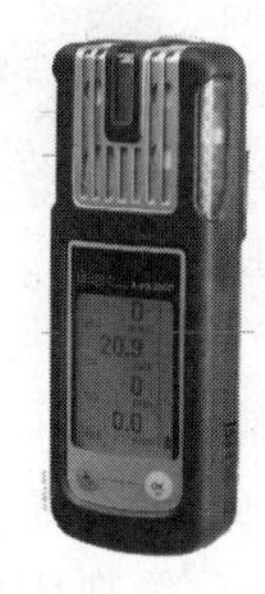

图 4-30　便携式和固定式气体检测仪

化学品的干扰，以及避开强电磁场影响区域等。通常而言，应尽可能将气体检测仪安装在靠近释放点或潜在泄漏点的位置。按照《石油化工可燃气体和有毒气体检测报警设计标准》(GB/T 50493)的规定，根据气体的相对分子质量划分：

① 比空气略重的气体，宜安装在释放源下方0.5～1.0m处；

② 比空气略轻的气体，宜安装在高出释放源0.5～1.0m处；

③ 比空气重的气体，宜安装在距地坪0.3～0.6m的位置，特别要注意可能聚集气体的低洼处；

④ 比空气轻的气体，宜安装在释放源上方2.0m处，注意高处屋顶区域容易聚集，例如氢气泄漏易聚集在顶部，因此探头多安装在上方天花板；

⑤ 环境氧含量检测探头，宜安装在距地坪或楼板1.5～2m处(人的呼吸高度)。

(2) 气体检测仪有其使用局限性，以甲苯-2,4-二异氰酸酯(TDI)检测报警仪为例，因为TDI的阈限值(Threshold Limit Value，TLV)非常低，其检测仪的报警值设定低至1ppb，即为常用浓度$\mu g/m^3$的十亿分之一，很容易受到其他化学品干扰，而且实验室的湿度对其准确度影响也较大。在实验室配备的TDI检测报警仪时常会出现误报警的情况。比如催化型可燃气体检测仪需要有10%氧气才能正常工作，如果检测到的可燃气体浓度过高导致氧气含量低，则检测仪的读数反而会下降，因为没有氧气支撑传感器内的催化燃烧反应。由此可见，想要气体检测仪发挥效用，需要充分确认使用环境条件符合要求以及做好维保工作。

虽然气体检测仪能在早期预警潜在风险，为人员采取应急行动提供时间，但其仍然属于事后检测控制措施，并且安装使用的条件也较为苛刻。我们首先还是应该采用从源头控制污染物暴露的措施，其次再考虑使用气体检测仪作为补充措施。

(3) 气体检测仪报警值的设定可参考表 4-6，需要考虑检测干扰因素、设备响应时间，以及安全撤离距离、容易程度等。

表 4-6 气体检测器的设定值

可燃气体泄漏报警	氧含量报警(%)(缺氧)	有毒气体泄漏报警
高报：25%LEL	低报：19.5	高报：50%OEL
高高报：50%LEL	低低报：18	高高报：100%OEL

(4) 对于安装有气体检测报警仪的实验室，在进入前必须查看气体检测仪的声光报警装置，确认作业区域安全再进入(图 4-31)。

图 4-31 气体检测仪声光报警装置

(5) 明确气体检测仪定期校准维护的要求，按要求完成定期校准维护以及使用前的功能性测试，确认功能完好。

(6) 熟练掌握正确的应急响应方法。

下面具体讲几个实验室常见的气体检测报警仪的原理和使用场景。

(1) 氧气浓度探测仪。氧气浓度探测仪常使用电化学传感器，以铂为阴极(工作电极)，铅或银为阳极(反电极)，聚四氟乙烯薄膜(poly tetrafluoroethylene，PTFE)将阴极端与一定浓度的电解质溶液隔开。氧在阴极被还原，电子通过电解液到达阳极，阳极的铅被氧化，电流大小与氧浓度成正比。电信号传给控制器，控制器经处理后显示出被测气体浓度。当气体浓度达到或超过设定值时，控制器即发出声光报警信号。环境氧气的过氧浓度报警值一般设定为 23.5% vol；环境欠氧浓度报警值一般设定为 19.5% vol。

图 4-32 固定式氧气浓度探测仪

有惰性气体泄漏导致窒息风险的实验室，应当安装固定式氧气浓度探测仪(图 4-32)，实验室门口安装声光报警指示灯。一旦声光报警指示灯显示异常，不可进入此实验室。在人员进行灌装液氮等操作时，可佩戴便携式氧气探测仪。

(2) 便携式挥发性有机物(VOCs)检测仪。常用的如光离子化检测仪，它利用惰性气体真空放电现象所产生的紫外线，紫外线是高能量的光子，待测气体分子在吸收了高能量的紫外光后被激发，发生电离，导致分子暂时性地失去电子而形成带正电的离子。气体分子变成带电的离子后会产生一股电流，这股电流就是检测仪所侦测到的信号的输出方式。通过测量离子化后的气体所产生的电流强度，从而得到待测气体浓度。浓度越高会解离成更多离子，产生更大的电流，因此信号强度越强。

光离子化检测仪主要用于工业卫生暴露检测(图 4-33)，可与发烟管/烟枪(图 4-34)配合使用，提示气流的方向和泄漏情况。

图 4-33　PDI 检测仪

图 4-34　发烟管

(3) 甲烷气(易燃气体)检测报警仪。易燃气体检测报警仪主要用于检测空气中易燃气体的浓度,评估是否存在燃爆风险,在热工作业时确认作业环境安全。检测仪的工作原理是:采用热催化型高性能传感器组成惠斯顿电桥,测量臂由载体催化元件(俗称黑元件)和纯载元件(俗称白元件)组成,辅助臂由金属膜电阻和电位器组成,稳压电路为电桥提供稳定的电压。在新鲜空气中桥路处于平衡状态,在被测气体中,甲烷在黑元件表面发生催化反应(无焰燃烧),使黑元件温度增高,电阻增大,桥路失去平衡,从而输出一个电位差,该电位差在一定范围内,其大小与甲烷的浓度成正比(见图 4-35)。

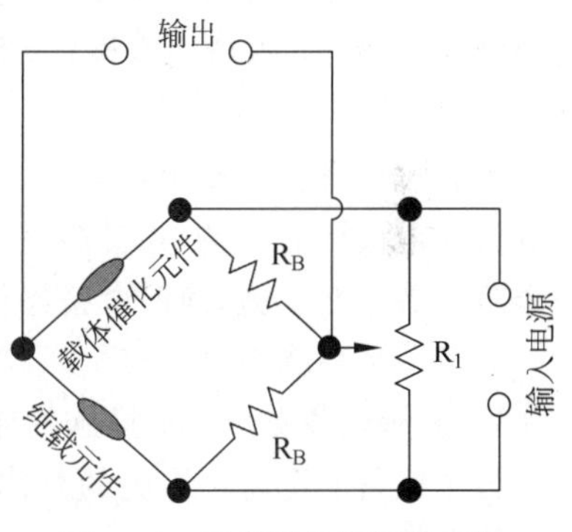

图 4-35　可燃气体检测仪工作原理(惠斯顿电桥)

3. 机械设备安全防护

机械设备可以帮助提高工作场所的生产效率。然而,其移动部件、尖锐边角以及热表面等也会导致严重受伤事故,例如:身体部位被碾压、切断、烫伤或者失明等。使用安全的机械设备对于保护员工避免受伤很关键。本节我们来学习机械安全相关的知识。

首先我们要知道什么是机械/机器。机器是由若干个零部件连接构成并具有特定应用目的的组合,其中至少有一个零部件是可运动的,并且配备或预定配备动力系统。

机械安全标准体系如图 4-36 所示,分为 A 类、B 类以及 C 类标准(图 4-36)。

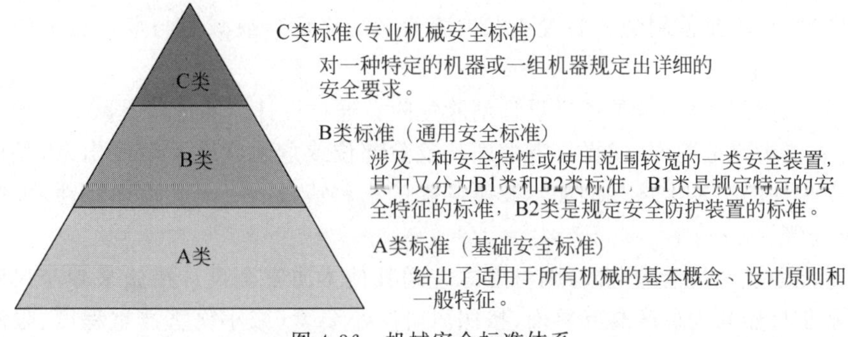

图 4-36　机械安全标准体系

A 类标准(基础安全标准),适用于所有机械的基本概念、设计原则和一般特征,例如:《机械安全 设计通则 风险评估与风险减小》(GB/T 15706),该标准采用了国际组织的标准,等同于国际标准 ISO 12100 以及欧洲标准 EN ISO 12100。

B 类标准(通用安全标准),规定能在较大范围应用的一种机械的安全特性或一类安全装置的标准。其中,B1 类标准是特定的安全特性(如安全距离、表面温度、噪声)标准;B2 类标准是规定安全防护装置(如双手操纵装置、联锁装置、压敏保护装置、防护装置)的标准。例如:《机械安全 控制系统安全相关部件 第 1 部分:设计通则》(GB/T 16855.1),等同于国际标准 ISO 13849—1,以及欧洲标准 EN ISO 13849—1。

C 类标准(机器安全标准)则是对一种特定的机器或一组机器规定详细安全要求的标准。

机械设备的设计者和制造商应负责机械安全,正确理解相关的机械安全标准,保证其产品符合法律法规的要求并考虑了现有技术水平的风险减小措施,实施用于实现风险减小的保护措施。例如:本质安全设计,安全防护装置和补充防护措施,使用信息,包括信号、标志和设备说明手册。

我们作为设备的使用者,要掌握基本的机械安全防护知识,在采购新设备时,应优先选择具备安全设计的设备,并且能完成设备机械安全防护评估,确认是否有需要更改或新加的安全防护措施并实施,确保设备操作安全。

对于一系列减小机械安全风险的保护措施,应该按什么原则进行选择呢?

1) 选择设备安全防护措施的原则

机械设备安全防护措施的总体原则是:对任何可能造成伤害的设备部件、功能及生产过程都必须进行防护。

根据识别的风险,按以下优先顺序考虑所有可能的减轻设备机械风险的安全防护措施。只有当高优先级的措施不可行时,才可以使用优先级较低的防护措施。

(1) 根据"本质安全设计"更改设备,从设计角度去除危害或替代成风险小的危害。

(2) 配备"物理防护罩",避免暴露于危害。

(3) 增加"自动安全防护装置",防范人员误入危害区域,或识别人员进入并停止危害状态,或防止危害状态启动;做自动系统,无须人员动作来执行安全功能。

(4) 增加二次安全防护或补充设备防护措施,例如:需要人员动作来执行的自动安全防护装置,如急停按钮;在防护区域内逃离和营救的方法等。

2) 本质安全设计

从定义来看,本质安全设计措施(inherently safe design measure)是指通过改变机器设计或工作特性,而不是使用防护装置或保护装置来消除危险或减小与危险相关的风险的保护措施。

风险减小过程的第一步是通过设计消除危险。通过设计消除危险是减小风险最有效的方法,因为它能去除危险源,使操作者彻底从危险部位或危险状态下解脱出来,是提高产品可靠性和安全性的根本出路。例如:替换危险的物料或设备;改进物理特性,去掉尖锐的边角、突出物等。

如果不能通过设计消除危险,则可考虑应用其他本质安全设计措施来减小风险。这些措施都是基于机器与人员的交互界面,按照风险减小要素(减小伤害严重程度、限制暴露于危险中、减小危险事件的发生概率)来考虑的。例如:自动送料替代人工,使操作人员和危险源不在同一区域内的设计；减小驱动力，减缓转速；尽可能缩小开口防止手指等进入；改进那些若其失效就能够导致伤害的机器零部件、电子元器件或控制系统安全功能的可靠性。

例如，防爆烘箱的设计，使得其加热元件以及所有可产生火花的来源（如温控、风扇等）必须和烘箱内腔隔离开来，确保腔体内无点火源产生，从而避免溶剂被点燃。

3）安全防护装置（物理防护罩和自动安全防护装置）

与本质安全设计措施相区别，安全防护（safeguarding）的定义是指使用安全防护装置保护人员的措施。这些保护措施使人员远离那些不能合理消除的危险或者通过本质安全设计方法无法充分减小的风险。

作为可靠性较高的现代化机械设备，已具备也必须具备必要的安全装置，以便用来防止超载、超行程、超温、超压、误操作、误接触、外部环境突变（如停电、停气等）而引起的事故以及限制事故扩大。通过在线监测仪器及时捕捉异常信号的变化，当超限时立即发出警报信号、故障显示或自动停机等。这是设计、制造部门应完成的任务，绝不应把危险与有害因素等事故隐患留给用户（图4-37、图4-38）。

例如：物理防护罩有一扇门装有联锁开关。安全继电器监测门联锁开关的状态，一旦门被打开，则通过一个安全接触器移除机械移动部件的电源。

图4-37 联锁防护罩示意图

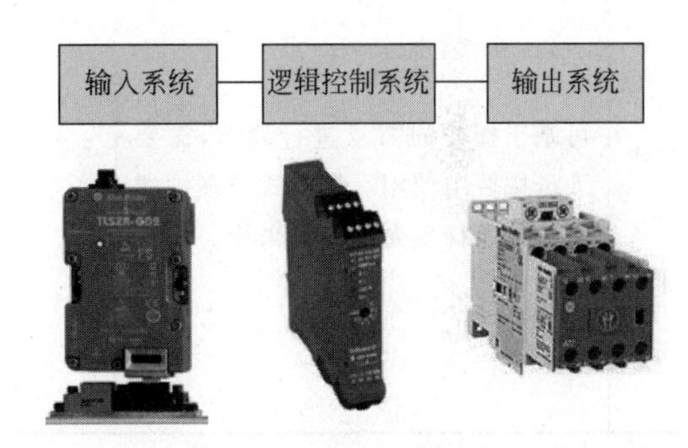

图4-38 自动安全防护装置控制回路

例如：烘箱设计安装了过热保护装置，此温控安全装置是独立于电子温控装置外的机械式温度控制器，当电子控制器失去作用时，可提供双重保障。当超过设定的过热保护温度时，则彻底断加热或断电。

安全防护装置的常用类型包括物理防护罩（physical guards）和自动安全防护装置（automated safety function）。常用的物理防护罩见表4-7，常用的自动安全防护装置见表4-8。

表4-7 常用的物理防护罩

类型	特点	示例图
固定式防护罩	作为设备的固定部分，防止人员接触危险部件，只有用工具才能拆卸，更安全。但可能妨碍视线，且不适用于操作点的防护，操作人员需要经常调整设备或加工材料。	通过防护装置防止接触到传动带和滑轮；需要工具打开；驱动电机；螺栓将防护罩固定在地面

续表

类　　型	特　　点	示　例　图
联锁式防护罩	若运动部件需要经常进行调节或维护，可优先采用联锁式防护罩。	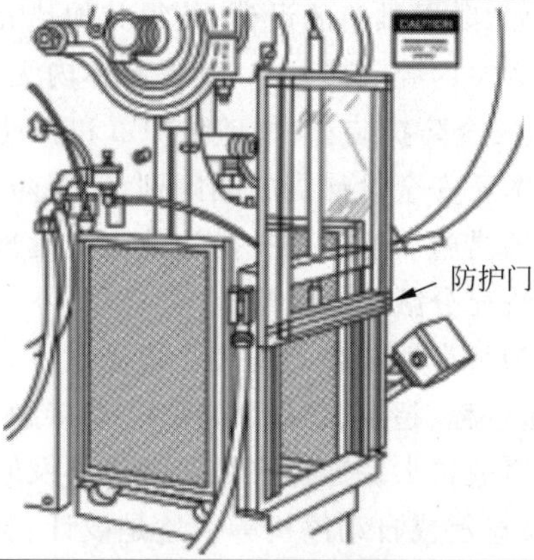 防护门
可调节式防护罩	可基于操作的需求进行调节，需要人员按要求使用。固定式或联锁式防护罩条件不允许时可采用。	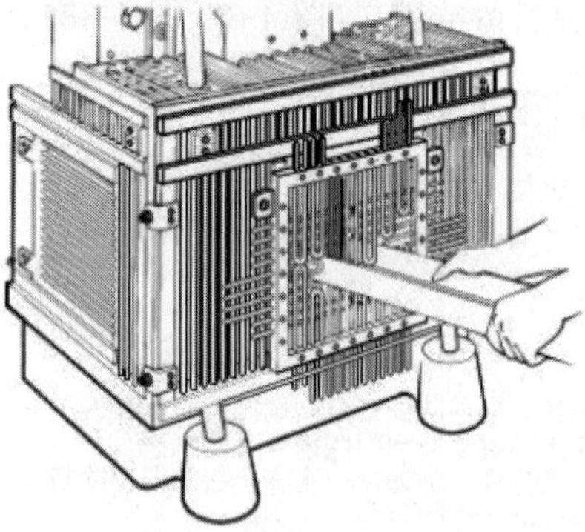

表 4-8　常用的自动安全防护装置①

类　　型	特　　点	示　例　图
联锁防护装置	联锁防护装置通常与物理防护罩合用，以提供防止人员暴露于机械危害的物理隔离。只有危险部件停止运行时，安全装置才能开启；重新关合也不会运行，需要刻意进行重启动作来重启设备操作。	
位置感应装置	光幕，可以设计成允许预定的物料经过，而当身体部位进入时会关停设备。 安全激光区域扫描器，检测危险区域是否有人存在。	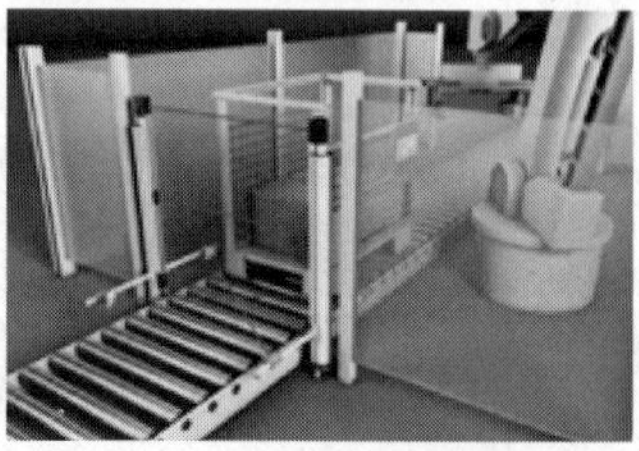

4-2

① 更多机械与设备安全措施请参见二维码 4-2。

续表

类　　型	特　　点	示例图
压力传感装置	压力感受垫/安全地毯，可以是进入危险区域，感受压力则设备停止动作，或者只有当操作人员站在垫子上设备才能正常工作，离开后设备停止。 有些设备比如大型注塑机械，经常需要到机器内部进行维护和调整，则可使用安全地毯确保操作人员在危险区域的安全。	
双手控制安全装置	双手控制是一种要求操作者同步(500ms以内)使用两只手来进行驱动控制的装置，从而确保双手远离机器危险运动部件。任何一只手松开，危险部件都会立刻停止运行。 如果有多个操作人员，则每个操作人员都需要有各自的双手控制装置，或考虑其他安全防护装置。	
单一控制安全装置	单一控制安全装置是指可单独启动或维持设备动作的安全装置，可以是按钮、脚踏开关等，其设计要能防止被误碰触发。此装置应与危险区域保持一定的安全距离，且需要持续的触发才能维持设备运行，从而确保人员在设备运行时无法接触到危害部件。	危害区域

安全防护装置使用要求：

(1) 不会导致新的危险。

(2) 不与其他部件发生冲突，不影响操作人员的正常操作。

(3) 每次操作之前，目视检查防护罩，确认状态完好。

(4) 定期测试安全防护装置，确认功能完好。例如：检查双手控制装置，按住一个按钮，等几秒钟再按下另一个按钮，这时设备不可操作；改成先按另一个按钮，重复之前步骤，这时设备仍然不可操作；同时按住两个按钮，设备可以安全操作。

(5) 禁止随意移除安全防护装置。当安全防护需要由指定授权人员移除时,必须首先启动相应的能量源隔离(挂牌上锁)程序和流程。

(6) 如果安全防护装置丢失或损坏,禁止操作此设备,现场张贴警告标识防止他人误用,报告上级主管。

4) 二次安全防护或补充设备防护措施

紧急停止是"事实"之后的控制,无法阻止手指等身体部位远离操作点,且是需要人员动作来执行的自动安全防护装置,因此归类为二次安全防护或补充防护措施。急停是一种快速停止设备的装置或控制,在设备发生异常或人员发生危险时使设备停止,可以是按钮,拉绳,推杆等多种形式。

如图 4-39 所示,急停按钮为红色,背景为黄色,形状是掌形或蘑菇形。按下后必须一直保持停止状态,只能用手动复位。急停的安装位置应在操作控制台或工位附近,紧急情况能够立即操作使设备危险动作停止。

图 4-39 急停装置

5) 从风险分析角度的安全防护措施分类

从风险分析的角度,依据对于伤害的严重程度、发生的概率以及危害暴露的影响,可以将用来减小风险的安全防护措施区分为主要安全防护和补充保护措施。

(1) 主要安全防护。当采用主要安全防护装置来减小风险时,对伤害的严重程度几乎没有什么影响,但对暴露有显著影响,前提是要按预定方法使用防护装置且防护装置正常工作。例如:防止进入危险区的固定防护挡板、护栏或外罩,以及联锁防护装置。或者对伤害的严重程度几乎没有什么影响,对暴露也没什么影响,但对危险事件的发生有显著影响:

(a) 用于感测人员进入或出现在危险区内的敏感保护设备,例如:光帘、压敏垫。

(b) 与机器控制系统中的安全相关功能关联的装置,例如:使能装置、有限运动控制装置、保持-运行控制装置。

(c) 限制装置,例如:过载和力矩限制装置、限制压力或温度的装置、超速开关、监控排放物的装置。

(2) 补充保护措施。如果机器的预定使用和可合理预见的误用有要求,可采用补充性保护措施来进一步降低风险。

对规避或限制伤害的能力影响最大的补充保护措施有:急停,被困人员逃生和援救的措施,安全进入机器的措施,以及便捷安全搬运机器及其重型零部件的装置。对暴露有显著影响的补充保护措施有：用于隔离和能量耗散的措施，如隔离阀或隔离开关、锁定装置、防止移动的机械挡块。

另外，还有一些其他的辅助措施，比如安装遮挡板，使用手持工具。遮挡板不能全面阻止设备的危险，但可以防止物料飞溅导致的人员暴露；手持工具可以用于处理危险区域的物料，不可以替代设备的防护，但可以作为辅助防护工具。

以压机为例，最大的风险在于运动的压头。手部或任何身体部位都有可能在此处发生挤压甚至死亡事故。压机安全防护措施具体见表 4-9。

表 4-9　压机安全防护措施

压机防护形式	设 计 描 述
	物理防护罩可防止操作人员的手部和手臂进入到“危险区域”。通常，物理防护罩是首先考虑的对设备某个操作点的安全防护。
	门联锁装置：**A 型门** 在一个完整的设备冲程中保护操作人员。门只有在曲轴完成一个循环(360°)，停在上死点之后，才会打开。在压机下冲程开始前，门关闭，一直到压机滑块运动停止在上端后门才打开。**B 型门** 仅在下冲程时保护操作人员。门在曲轴循环完成之前(通常 180 °之后)即打开。在压机下冲程开始前，门关闭，压机滑块上行时门即打开。
	位置感应装置：当操作人员的手部不小心放置到压机夹点位置时，位置感应装置通过停止压机冲程运动来保护操作人员。位置感应装置必须与控制回路建立联锁，以确保操作人员的身体部位进入感应区域的同时立即停止压机的下压动作。光幕是最常用于压机的位置感应装置。在压机滑块上行时可以允许“静音”或绕过位置感应装置，例如：工件脱模，电路调试，以及喂料时。
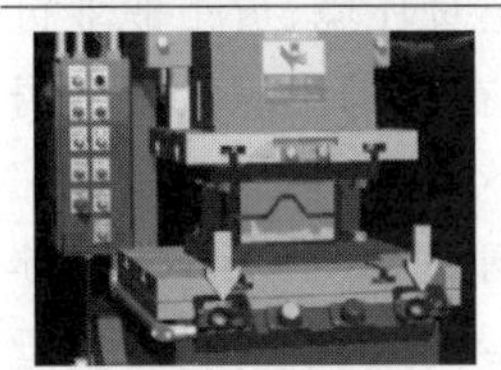	双手控制：双手操作可以用作单冲程操作的安全防护装置，以确保操作人员的双手在整个冲程中远离夹点。对于单冲程的小批量的压机操作，双手控制是很理想的安全防护装置。
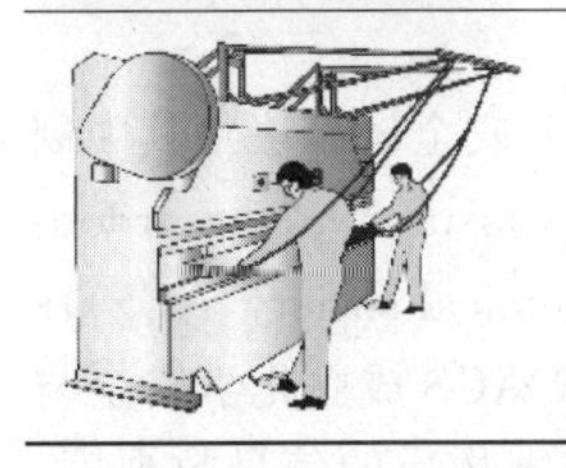	限制装置：当进行合适的固定后，调节限制装置使得操作人员绝不会有机会碰到压机滑块的夹点。限制装置的尺寸和类型取决于压机的尺寸和类型。对于长时间的压机操作，可使用限制装置。通常，操作人员手持样片，如果样品尺寸较小，则需使用手持喂料工具。

对于机械设备安全，除了上面具体阐述的安全设计和安全防护，提供相关使用信息也是重要的风险降低措施。使用信息为设备的正确和安全使用提供了指导，是在需要时，当采取

设计和安全防护措施降低风险后，用于警示使用者注意存在的剩余风险，告知使用者如何正确使用设备和采取保护或风险减小措施。例如，设备安全标识；设备制造商提供的设备使用手册等。

不过，使用信息的主要影响是避免伤害的能力，其效果取决于人对信息的理解并以适当方式做出反应。当保护和风险减小措施的有效性取决于人的行为时，培训和能力是最重要的。定期检查培训的有效性对保证培训的长期效果是必要的。

下面我们就从安全作业规范/程序，最佳实践以及培训 3 个方面来进一步了解减小风险的行政控制措施。

4.3.2 行政控制

在具体讲解行政控制措施之前，让我们先了解下 EHS 管理体系。一个完备的 EHS 管理系统，是行政控制以及其他控制措施发挥效用的前提。

1. EHS 管理体系

从安全科学发展历程可以看出，19 世纪初的强制立法是安全科学发展的开端。随着近代工业文明的迅猛发展，人们在追求资本积累和经济效益的同时，忽略了其对环境的影响，造成了较严重的生态环境事故。空气污染、随意排放有毒废水、生产事故、滥用农药、核泄漏事故等安全、健康和环境问题威胁着人们的正常生活。面对工业发展过程中的负面影响甚至是巨大灾难，各国政府纷纷出台法律法规，规范企业的生产活动。安全管理体系的诞生与发展紧紧伴随着经验教训和法律法规的制定。安全管理体系依法律法规相应而生，全球对于 EHS 这个当今最主流的安全管理体系的认知开始于 20 世纪 70 年代。合规性是 EHS 重要的组成部分。然而合规的管理思维与 EHS 存在本质区别。合规性管理主要是符合性检查，并不去深究问题的致因，而 EHS 体系则是遵循风险管理的基本方法，从物质、设备、操作等多方面存在的风险进行综合评估，实施合理的防控或安全屏障，从根本上阻断风险发展为事故。

事实上，EHS 体系是一个系统组织且协调动作的管理活动，是环境管理体系(environmental management system，EMS)和职业健康安全管理体系(occupational health and safety management systems，OHSAS)的整合，其中有规范的行动程序，文件化的控制机制。它通过有明确职责、义务的组织结构来贯彻落实，目的在于防止对环境、员工职业健康和安全方面的不利影响。EHS 也是一项现代化的内部管理工具，旨在帮助组织实现自身设定的环境、职业健康安全管理水平，并不断地改进环境、安全行为，不断达到更合理、更完善的高度。当今 EHS 的理念得到普遍认可，成了当前世界主流的管理理念。EHS 管理体系已经发展为国际标准认证体系——职业健康安全管理体系(ISO 45001：2018)和环境管理体系(ISO 14001：2015)，成为企业和实验室规范运行的依据。

美国实验室的 EHS 政策依据源自 1970 年 12 月颁布的《美国职业安全健康法》，其中制定了实验室内人员与有害物质接触的安全标准(occupational exposures to hazardous chemicals in laboratories)。1977 年 10 月，美国化学会(American chemical society，ACS)在第十届教育会议上提议在大学的化学系制订健康与安全计划，并倡议 ACS 成立化学安全与健康办公室，为大学或学院的化学专业提供专业的安全培训，公布有害物质的信息数据库，要求大学开设安全课程并鼓励学生参与安全计划的实施。1990 年，OSHA 发布的“实验室安全标准 (29 CFR 1910.1450)”进一步规定了高校作为雇主必须为实验室工作的雇员制订

《化学卫生计划》(*chemical hygiene plan*),以保障雇员不受到有害化学物质的侵害。2011年,OSHA颁布了《实验室安全指南》(*laboratory safety guidance*),对实验室安全的很多细节做了规范性的指导与建议。迄今为止,EHS已经成为美国高校的重要职能部门,拥有专人负责持续性的安全管理,安全文化已经成为校园文化的重要组成部分。

在陶氏,实验室EHS管理体系包含在运营纪律管理体系(Operation Discipline Management System,ODMS)之中。其建立可以追溯回1970年,当时的全球制造总监利维·利泽(Levi Leather)就提出了操作纪律(Levi Leathers-circa 1970)的概念"Operating Discipline is the documentation and use of best knowledge and experience that ensures each job can and will be performed successfully."(操作纪律是对于最佳知识和经验的记录与应用,以确保每项工作都能成功执行。)最初,Levi的"操作纪律"侧重于文件化的管理以及过程操作制度的建立。在后续的几十年里,运营纪律(operation discipline)的概念不断延伸和扩展,安全标准和防止损失的标准最先创立,到1992年形成了完整的生产操作标准,在20世纪90年代,又增加了EHS管理标准和质量管理标准。同时,外界各行业、领域的管理系统的发展也影响着陶氏:包括GMP(Good Manufacturing Practices)、ISO-9000;ISO-14001;QS-9000(以后被改为ISO-16949);PSM(process safety management)。

陶氏在不断吸纳这些管理体系的精髓的同时,根据公司本身的特点和需求,于1998年最终形成了自己独特的运营纪律管理体系,所有陶氏的工厂、物流、实验室甚至办公室都必须遵循,涵盖了通用管理要求、EHS、质量管理以及设施运营管理。其中通用管理是整个ODMS的总则,遵循PDCA(plan-do-check-action)不断改进的原则,它从明确职责、目标的组织结构和清晰过程要求为策划起始点,通过培训、宣传、文件管理、程序管理、变更管理和赋权来贯彻落实,并用记录、事故调查、整改措施管理、自查和全球审核作为检查手段,最后对整个管理系统进行评审以寻求不断提高和改进的方向和行动方案,以达到更合理、更完善的高度。而EHS、质量管理以及设施运营管理,除遵循通用管理系统的核心要素之外,还会包括专业的标准和专业的管理要求,比如质量体系将包括对供应商的评估和对客户合同的审查。环境系统将包括评估环境影响的方法和应对紧急情况的系统。

在ODMS管理体系中,PDCA的每一步都包含了需要执行的具体内容并形成闭环(图4-40)。

(1) 计划(Plan)。在制订计划的时候,领导责任是关键,领导需要从树立和推动组织的核心价值观入手,并提供必要的资源。领导应建立政策、策略、目标、愿景,并推动管理体系的持续改进达到最优化的效果。

政策为整个系统设定了框架,必须由最高领导层批准,简明扼要地阐述要求。比如在陶氏的ODMS体系中,关于领导责任的政策就定义了对每位领导的工作要求。领导需通过相应的工作流程来确定谁、什么时间、做什么和怎么做,来具体实施政策。计划和目标根据总体政策而确定,一般以年度为单位。不同业务领域和不同部门应制订在实施和运行时的工作流程,最后落实到每一个人,目标的完成应与绩效考核挂钩。

(2) 执行(Do)。执行阶段的培训和宣传,是为了保证所有的人都理解领导的期望,并掌握正确执行流程的方法,使个人的计划和目标与组织的保持一致。

程序是用来描述具体如何实施工作的,文件和记录为所用的流程提供了清晰的证据也保证整个系统的工作得以维持。适当地记录并充分实施,才能实现一个可追溯和有效的系统。

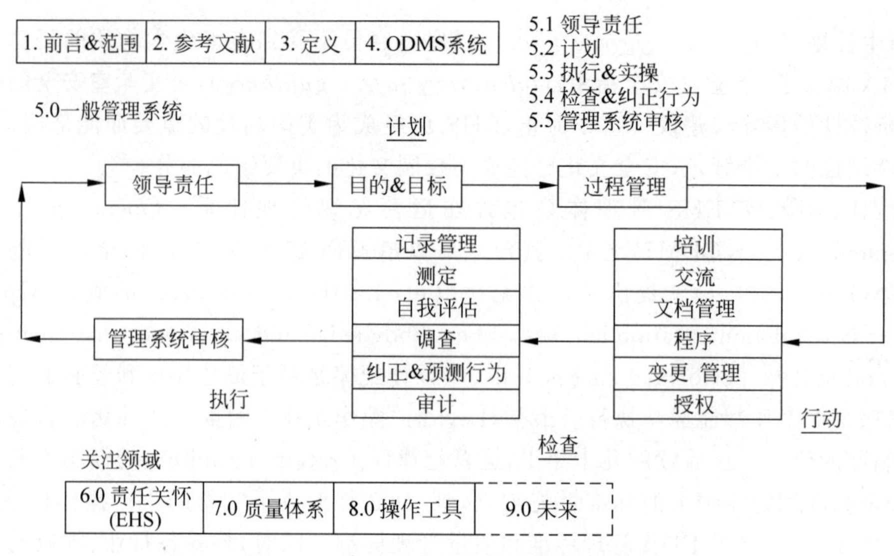

图 4-40　陶氏运营纪律管理体系 ODMS

这是管理系统的另一个关键特征，通常可以用“说你做什么，做你说什么”这句话来概括。

对系统的关键要素进行适当的定义和记录，是为了保证系统的各个环节良性运行且持续下去，有助于确保实践中的一致性。与此同时，必须完全实现和使用已定义的系统。一个记录良好的系统，如果不始终如一地遵循，久而久之系统也就失去了存在的意义。记录也可作为检查阶段的一个工作的有效凭证。

变更管理是执行过程中重要的一环，它用来保证当既定的计划、流程、要求发生变化时，这些变化得到合适的评估和批准，相关人员得到相应的培训和通知，相关的文件也更新并在位。

赋权使责任和权利相匹配，这样才能保证在履行责任时，能及时得到必要的资源，更好地完成负有的责任。

(3) 检查(Check)。检查环节是用定量或定性的方法来监督设定的目标和计划的完成程度。自查和审核一般使用检查表或问题的形式，对工作是否符合标准、系统要求和组织政策进行符合性的确认，并确认管理系统对于达成目标仍是有效的。

调查以及纠正预防措施，是要求每个组织彻底地分析事故、非预期的事件、不符合项，确定根本原因，制定出纠正和预防措施，并从中认识经验和教训，在组织相关成员中分享。也有很多企业对显著的成就进行调查分析，以期获得推广的经验。

(4) 行动(Action)。在“行动”这一最后环节中，管理系统评审确保了整个体系能符合既定目标并实现既定政策。它借助检查(check)阶段的总结和整个系统的完整评审，将成功的经验纳入标准、程序和制度；对未解决的问题进行分析查找原因，对系统进行修订，以提高其有效性，同时也是确定新的目标和计划的起点。

陶氏的通用管理系统，是由上述这些通用的核心元素和工作流程组成，无论是质量还是环境安全，都应包括这些元素。一个全面管理系统不仅仅是这些部分的集合，而是一个有计划和明确定义的系统，其中所有部分相互配合，遵循 PDCA 原则，系统的各个部分在持续改进的循环中自然地从一个流向下一个。只有充分了解安全的需求，通过明确定义的管理系统来维持和改进它，才能真正实现持久的成就。

2. 行政控制的原则

从风险控制的倒金字塔层级图中,我们了解到最有效的控制措施是工程控制。在有些情况下工程控制无法施行,就需要采用行政控制,同时,行政控制也是工程控制的有效辅助与补充。不同于工程控制是避免人员暴露于危害中,行政控制是使人员暴露最小化。比如以下各种形式的行政控制:

(1) 标准操作程序(SOPs)、危害分析工具,以及有害作业许可,例如:作业前风险评估(PTA),作业危害分析(JHA),安全作业许可证(SWP),危害分析检查单等。

(2) 使用最佳工作实践,包括:好的个人卫生,好的内务管理,以及日常维护保养。

(3) 通过安排少量时间在实验室内以限制暴露。

(4) 使用报警和标识,提醒实验室人员注意危险。

(5) 禁止单独工作,实施伙伴系统(buddy system)。

(6) 确保实验室人员得到标准要求的相应培训。

3. 安全作业规范/程序 SOP

(1) 哈德孙河紧急迫降

全美航空 1549 号航班是一班从纽约拉瓜迪亚机场到北卡罗来纳州的夏洛特,再飞往西雅图的每日航班。2009 年 1 月 15 日那天,飞机和往常一样从纽约拉瓜迪亚机场起飞,在起飞后 90s 攀升到 3200 英尺后,因遭遇飞鸟撞击,导致双侧引擎同时熄火,飞机失去动力。机长沙林博格(Sullenberger)带领机组人员在哈德逊河河面紧急迫降成功,所有乘客和机组成员共 155 人全部生还,该事件也被称为哈德逊河奇迹(图 4-41)。

沙林博格机长在 1980 年加入全美航空,此前曾在美国空军驾驶战机。他亦曾多次参与美国国家运输安全委员会协助调查飞机失事事故,并在加州大学伯克利分校任教,研究灾难危机管理。因此一般认为,机长丰富的经验及拥有危机处理的理念,是他可以安全令客机迫降河面的原因。

图 4-41 哈德孙河紧急迫降

让我们来思考两个问题:为什么机长能够将飞机成功地降落在哈德逊河上?这件事情与程序和程序的使用有什么关系?

从机长在如此紧迫的情形下还能临危不惧,快速判断形势,熟练准确有条不紊地完成紧急迫降的操作步骤和注意事项,成功降落在哈德逊河上,可见其对于飞行以及紧急迫降的程序非常熟练。一个程序,当它被充分理解并且合理使用时,可以拯救灾难。另外,我们也可以在这个案例中看到程序培训的重要性,机长之所以能在紧急情况下保持镇定完成迫降,是因为他知道他要做什么以及怎么做。

(2) 什么是程序?

程序文件是一个把最佳实践标准化,用来记录我们的操作任务和设备使用,帮助并确保员工安全和可靠操作的工具。书面的程序应包含方方面面,以确保使用者理解此项任务,相关的风险以及如何减轻潜在的危害。从风险评估过程中识别出来的风险以及控制措施,都应该记录于程序中,确保每个操作人员都能受益。

(3) 为什么需要程序?

程序是一种安全防护措施,是必不可少的。一方面考虑的是工程设计上的局限性。虽然设备本身的安全设计是更好的工程控制措施，但受制于当前的技术发展水平，技术始终在改进，总有更优的设计。另外，为了减轻某个风险，增加了一个安全措施，但却可能带来了新的问题。工程控制也需要程序作为补充。

另一方面考虑的是人类本身的局限性，再好的工程控制措施，也需要人遵循预定方法来使用，并且防护装置正常工作，在某种程度上取决于人的依从性。诸如安全防护装置被绕开，未检查等情形，则会导致工程控制措施失去原本的危害控制的作用。

4-3

（4）程序内容包括哪些？

可以使用统一程序模板，以涵盖以下内容，陶氏的程序模板见二维码 4-3。填写程序时考虑加入流程图，照片和图纸等，可能比文字更能解释清楚。

（1）操作的工作范围。

（2）类别与属性。

（3）危害与防护措施。

（4）工具和设备及其清洁。

（5）在开始前。

（6）安全操作限值和安全系统。

（7）偏离后果。

（8）操作步骤的描述。

（9）个人防护装备。

（10）泄漏清理。

4-4

程序内容比模板或格式重要。有时候，模板对于某些程序效果不佳。让程序格式适合任务，才能提升使用性。通常情况下，员工不会阅读程序中的每一个字。我们只看句子的前几个字，然后忽略其他内容。用户不喜欢长篇大论，用户将执行看到的第一个操作，因此在撰写步骤时，要做到言简意赅。陶氏实验室的安全烘箱操作程序举例见二维码 4-4。

以下列举一些对程序使用的一般要求：

（1）程序是一个共同资产，每个人都有责任向程序所有者提出程序的任何需要修改和更新的内容，无论是基于实际的操作经验还是对事故的反思；

（2）确保程序不是纸上谈兵，把程序拿到现场确认其能反映实际的操作内容；

（3）形成文件的程序要确保始终是可获取的；

（4）所有员工操作时必须严格按程序描述的步骤，始终遵循标准化程序；

（5）必须得到培训并经授权，才可以使用程序进行作业；

（6）在我们的短期记忆中，我们的记忆广度只有 7 个项目左右。这就意味着需要将复杂的过程存储在长期记忆里，以避免用光我们的短期记忆容量。重复地培训和使用程序可以使我们将这些流程存储在长期记忆里，从而清楚自己该做什么。这也是为什么沙林博格机长能够在危急时刻保持如此镇定，因为他清楚自己该做什么。

一个合格的程序使用者是程序能发挥既定作用的必要条件。只有合格的程序使用者，有效地使用程序，才能发挥程序的最佳安全防护作用。然而，程序使用者既是事故预防中的最佳保护，同时也是最薄弱的环节。因为人类对于周边环境有其固有的一些视而不见的盲目性，而克服固有的盲目性确实是很困难，以下行为可以帮助我们了解环境中的要素，识别周围风险，有更好的情境意识（situational awareness，SA）（图 4-42），克服盲目性。

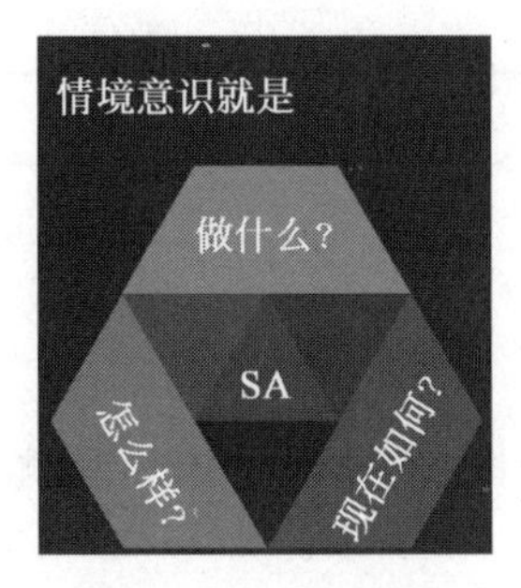

图 4-42　情境意识

如何增强情境意识：

(1) 充分了解工作内容及其风险和控制措施，确保操作程序为操作人员所接受。

(2) 确认自己是否适合工作内容。身体或精神状况比较差的情况下，会降低对周围环境风险的感知。

(3) 在执行关键性任务的过程中尽可能减少注意力分散和干扰，保持对周围环境风险的认知。

(4) 保持自我警惕，在发现自己有要走神的倾向时，就及时警醒自己，集中精神。

(5) 时常将心里所想的和实际情况比对。

(6) 有疑问有不确定时及时提出。

(7) 尽早规划、准备，避免“临时抱佛脚”。不施加给自己时间上的压力。在紧张的时间内急匆匆地完成任务不利于对周围环境风险的认知，无法有好的情境意识。

情境意识是一项重要技能，可以使你对周边所有发生的改变和活动时刻保持警觉。

当你工作的时候，是否有注意到周围的环境以及它们对你，还有你对周围环境的影响？这取决于你的安全意识，能否清楚地意识到自己的行为是否危及自己或他人。你会不会已在不知不觉中把自己置于危险之中？在没有意识到的情况下做某事被称为处于“机械”状态(图 4-43)。在工作进行时，识别危险和情境意识，帮助我们保持警觉，避免进入“机械”状态。

技术的提升不能增强情境意识

图 4-43　缺乏情境意识

各种安全相关的标准和要求使我们能够安全作业，情境意识使得该标准和要求得以完美执行从而消除危害的发生，避免潜在的严重伤害。

4. 最佳实践

最佳实践是一个普遍被接受为优秀的方法或技术，因为它比使用其他方法能得到更好的结果，减少出错的可能性，或者它已自成一套标准。

一个岗位有很多人次从事过，势必会形成做事的最佳方式；一个人做了很多工作，势必会在某个事项上做得最好。把岗位做事的最佳方式和个人做事的最好方法一一总结出来，就是最佳实践。

陶氏的实验室化学品分装最佳实践举例见表 4-12：

表 4-12　化学品分装最佳实践

图 片 演 示	最佳操作实践内容
	粉状液体物料时，标签向上与掌心相对，防止化学品沾污标签；分装完成后，用纸巾擦拭去瓶口的残留，防止化学品沿瓶身滴落，及瓶口残留化学品将瓶盖和瓶口凝结。

续表

图片演示	最佳操作实践内容
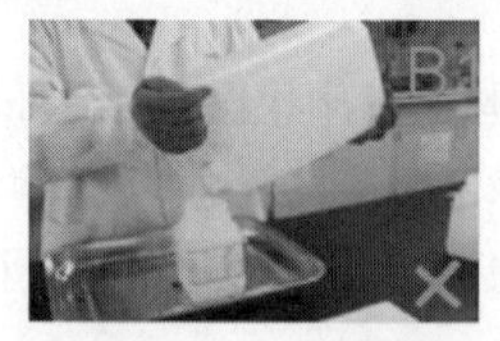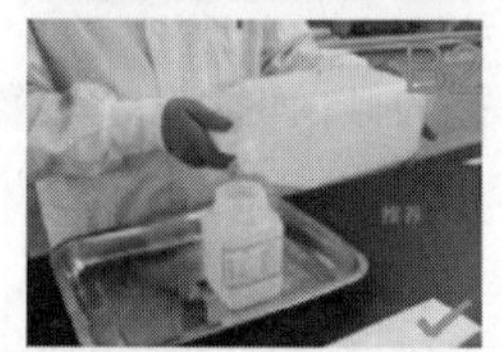	在分装 4L 桶时，先将瓶身放平，然后瓶口缓慢倾倒，有效防止了按 B1 图倾倒时，液体溅洒的可能性(液体流速不均)。
	大桶物料分装时，将物料放置在二次容器中，使用漏斗，勺子进行分装，分装时，注意手扶着漏斗，避免翻倒，分装完毕后，清洗、清理分装工具及二次容器。
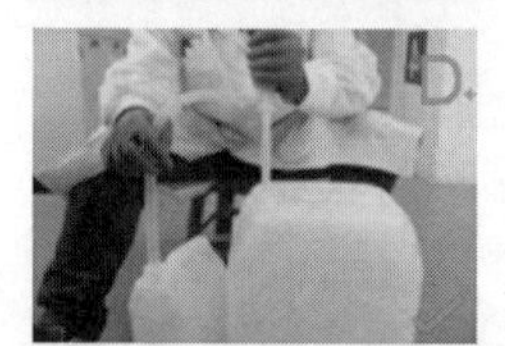	对于一些非常重的小口桶，无法使用勺子分装时，可以使用虹吸管，或者用泵抽的方法进行分装。但是对于黏度高的液体物料，不推荐使用此方法。
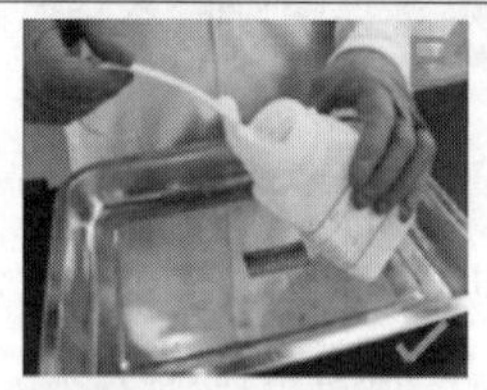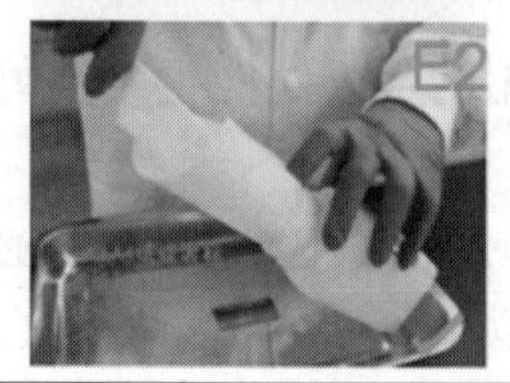	对于分装一些固体物料时，应该选用合适大小的勺子进行分装，或其他合适工具，应避免直接提着袋子分装。瓶口较小，勺子无法伸入瓶体：先使用一张 A4 纸折成漏斗形状放入瓶口，再用勺子从纸面倒入瓶中。

5. 培训

在前面工程控制中提到，制造商提供的设备使用手册可包括任何必要的培训，以确保每个人都知道如何正确使用机械、采取保护或降低风险的措施。当保护和风险降低的有效性取决于人的行为时，知识学习和能力培训是最重要的。培训可以提高人员避免伤害的能力，还可减小危险事件引发的暴露和降低危险事件发生的概率。因此，定期检查培训的有效性对保证培训的长期效果是非常必要的。这一节我们系统地来看看培训的要求。

首先是法规要求。依据《中华人民共和国安全生产法》，用人单位应当对从业人员进行安全生产教育和培训，建立档案，如实记录安全生产教育和培训的时间、内容、参加人员以及考核结果等情况。从业人员应当接受安全生产教育和培训，掌握本职工作所需的安全生产知识，提高安全生产技能，增强事故预防和应急处理能力。法规还明确了违反培训相关要求的罚则。

由此可见，实验人员的安全教育和培训是安全生产法和安全生产责任制的重要部分，我们首先需要符合法规的各项要求。通常实验室新成员需要完成三级安全教育，企业或学校层面，部门或院系层面以及个人岗位或课题组层面。

实验室新成员在正式开始实验工作前必须参加基础安全培训。随着工作任务的深入，或者当需要首次处理一个化学品或使用设备时，还应该接受额外的专门培训。

安全培训应该被视为实验室安全管理计划的关键部分。学校或企业应该提供各种持续的安全活动来推广并建立工作场所的安全文化，帮助员工或学生在整个职业生涯或学业期间安全地工作。鼓励他们当觉得某些培训对安全工作有益处时，主动提出申请获得这些培训。

企业或者机构应该制订针对工作者的培训计划，确保实验室人员具备安全工作所必要的知识和技能，以及应急处理能力。要确保不同角色的人员都能获得相应的学习和培训机会，也要针对产生危害的不同领域，努力建设培训内容。这样可以形成具有单位特点的培训矩阵（图 4-44），并通过持续的、多形式的培训教育活动，促进形成工作场所的安全文化。

在建设培训矩阵的时候要进行培训需求评估，识别角色对应的培训课程和培训频次（一次性或定期复训）。培训形式可以是线下课堂，在线学习，案例研讨会，经验分享会，演习等。培训内容主要包括：

（1）法定培训（危化品操作人员证，辐射安全从业人员证，压力容器操作人员证等）。

（2）EHS 基本培训（通风橱使用，PPE 使用，灭火器使用，洗眼器和应急喷淋的使用，化学品危害识别 SDS，变更管理等）。

（3）部门、课题组以及岗位特定培训（部门的特定课题，实验操作标准操作程序，特殊的化学品的培训，反应性化学品培训，特定设备安全操作等）。

陶氏要求新的实验室员工/转岗者必须获得他们所在实验室领导人的授权和批准，并且需要在他/她的指导人员的监督下操作实验 3 次后方能正式开始实验室操作。

在高校，实验室安全培训一般分为学校、院系和课题组 3 个级别。学校的安全培训多为综合的安全教育，包括校园安全、信息安全、实验室安全等多方面的内容，也会通过组织一些校级活动，如安全知识竞赛、安全海报标识设计大赛、实验室安全管理优秀奖评选等活动宣传实验室安全知识，提升师生安全意识；院系级别的安全培训则大多根据院系的专业特点安排专门的讲解、考核和演练等内容让学生系统掌握实验室安全知识和技能。实验风险较高的院系根据专业特点开设专门的“实验室安全”课程，并作为学生进入实验室工作前的必修环节，正逐渐成为各高校实验室风险行政控制的重要措施；课题组级别的安全培训多集中在具体的实验室风险告知、专用设备使用和典型实验工艺操作的培训，也是实验过程风险评估的主要实施环节，学生通过对自己实验过程的风险分析与评估，确定合适的风险控制方法。课题组可以通过多种形式组织师生共同讨论实验过程的风险、实验室的不安全行为和不安全状态，形成具有学科方向特点的经典工艺 SOP 以及专用设备 SOP，并可在此基础上制作培训材料供学习。

4.3.3 个人防护装备

个人防护装备是指在工作过程中为避免或减轻事故伤害和职业危害而设计的个人随身

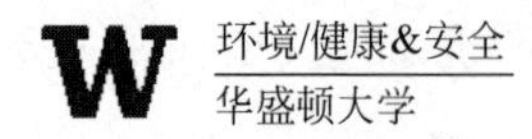

实验人员安全培训

培训什么？此文件列出了EH&S对所有实验人员要求的必修（◆）和推荐（○）培训课程。回答下列问题并请你的PI或导师确认哪些任务是你工作的一部分，如果你的回答为“是”，那么菱形和圆圈标记的培训课程将支持你完成这些任务。

谁要培训？首席研究员(PI)、实验室负责人、研究人员、在实验室工作的研究生、本科生

你是华盛顿大学的老师、教工，还是学生		完成此EH&S培训要求(详见序号说明)																			
		1	2	3	4	5	6	7	8	9	10	11	12	13	14	15	16	17	18	19	20
消防灭火	在实验室工作，除非书面政策规定不使用灭火器或疏散人员	◆																			
	使用易燃化学品、高反应活性化学品或自燃物质		○																		
电气安全	使用电气设备或仪器			○																	
化学安全	使用化学品或在湿区实验室工作				◆																
	使用甲醛																			◆	
	使用氢氟酸																				◆
	在通风柜中操作吗？				○		○														
	在压缩气体附近工作吗？				○			○													
	使用呼吸器吗？																				
	处于实验室负责人的角色			○	◆	◆	○	○	◆		○										
	被要求的工作职责是负责急救或在偏远地区工作										◆										
	装运或运输				◆							◆	◆	◆	◆						
生物安全	所工作的实验室存在生物危害材料吗？				◆											◆					
	使用血源性病原体吗？				◆											◆	◆				
辐射安全	所工作的实验室存在放射性材料吗？				◆													◆			
	在实验室使用第3类或第4类激光吗？																		◆		

序号	要求	频率
1	灭火器使用——线上课	每年
2	灭火演习——线下实操	入学
3	基础电气安全——线上课	入学
4	管理实验室化学品——线上课	3年
5	实验室安全投诉——线上课	入学
6	通风柜使用培训——线上课	入学
7	压缩气体安全——线上课	入学
8	实验室安全实践——线上课	入学
9	呼吸器培训与密合度测试	每年
10	急救与心肺复苏术证书培训	2年
11	运输有害物质	2年

序号	要求	频率
12	运输B型生物因子——线上课	2年
13	将干冰与非危险品一起运送用于豁免病人标本——线上课	2年
14	运输大量危险物品——线上课	2年
15	生物安全培训——线上课	3年
16	研究用血源性病原体——线上课	每年
17	辐射安全培训	入学
18	激光安全	入学
19	甲醛使用培训——线上课	每年
20	氢氟酸安全培训——线上课	入学

图 4-44　华盛顿大学实验室人员培训矩阵

穿戴用品。它的作用是使用一定的屏蔽体、过滤体采取阻隔、封闭、吸收等手段，保护佩戴人员免受危害因素的侵害。需要注意的是，个人防护装备有其局限性，从本质上讲，它是一种在工作环境中尚不能消除或有效减轻实验室危害因素时，采用的一种辅助性预防和防护措施。个人防护装备既不能降低工作场所中有害物质的浓度，也不能消除作业场所存在的有

害物质。因此，个人防护装备能成功提供防护功能的前提是佩戴者做到了防护用品的正确选择、使用、维护，其中任何一环节出错，操作人员将直接暴露在风险之下。

1. 眼部防护

眼部防护用品能防护飞溅的液体、颗粒物及碎屑对眼部的冲击或刺激，以及毒害性气体对眼睛的伤害(图 4-45)。安全眼镜的抗冲击性能是通过特定高度、重量的落球试验验证的，而普通的视力校正眼镜并没有经受过这样的验证，因而不能代替眼部防护用品起到可靠的防护作用。当操作的化学品对眼部的风险较高(参见本书第 2 章，眼睛接触的危害为中或高等级)，且操作有飞溅风险时，操作人员面前又没有防护屏障，如通风橱视窗、设备防护罩等，此时应选择佩戴护目镜，而非安全眼镜(图 4-46)。

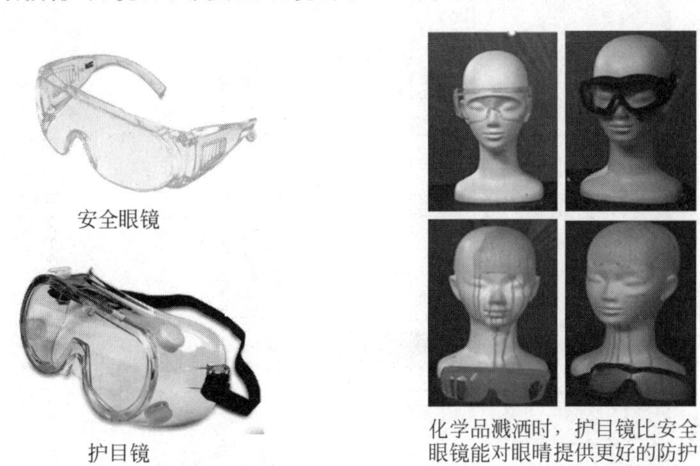

图 4-45　安全眼镜和护目镜　　图 4-46　防化学品溅洒的对比

2. 手部防护

(1) 化学防护手套

选择时应考虑化学品的特性、操作时与化学品的接触形式和接触时间、抓握能力、舒适度、致敏可能等因素。实验室常用的一次性丁腈手套可以用于低危害的化学品操作，对偶尔的化学品飞溅提供防护，并且一旦沾染化学品时应及时更换新的丁腈手套。当需要手部浸入化学品或直接接触化学品操作时，不可选择一次性手套，需要综合考虑降解等级、渗透时间、渗透率三要素选择具特定耐化学性的化学防护手套。

降解是指手套材料与化学品接触时，一种或多种物理属性的弱化过程。一些手套材料可能变硬、僵直或易碎，有些可能变得更加柔软、脆弱或膨胀成原来尺寸的数倍。

渗透时间是指从开始测试到样品另一侧首次检测到化学品的时间间隔。渗透时间反映了手套完全浸没在测试化学品中时，有效抵抗渗透的时间。

渗透率是指测试规定时间时记录到的化学品渗入手套样品的最大流量。

同样的品牌或制造商，不同类型的手套，这些参数是不同的；同样的材料、不同的品牌制造商参数结果也可能不同，但是化学品防护手套都需要符合 GB 28881 或者 EN 374 的标准。图 4-47、二维码 4-5 为 Ansell 手套选择指南的部分截取，以醋酸为例，无衬里氯丁橡胶、天然橡胶和无衬里丁基这三款材质的手套三方面的参数综合评价结果最终呈现是“绿色”，说明它非常适合用于此类化学品的操作。

4-5

化学品	复合膜			丁腈			无衬里氯丁橡胶			有衬里聚乙烯醇			聚氯乙烯(乙烯)			天然乳胶			氯丁橡胶/天然乳胶混合物			无衬里丁基			无衬里氯橡胶/丁基		
	BARRIER™			SOL-VEX®			29-系列			PVA™			SNORKEL®			*CANNERS和HANDLERS™			*CHEMI-PRO®			CHEMTEK™ BUTYL			CHEMTEK™ VITON/BUTYL		
	降解等级	渗透时间	渗透率	降解等级	渗透时间	渗透率	降解等级	渗透时间	渗透率	降解等级	渗透时间	渗透率	降解等级	渗透时间	渗透率	降解等级	渗透时间	渗透率	降解等级	渗透时间	渗透率	降解等级	渗透时间	渗透率	降解等级	渗透时间	渗透率
1. 乙醛	■	380	E	P	—	—	E	10	F	NR	—	—	NR	—	—	E	13	F	E	10	F	—	—	—	—	—	—
2. 醋酸，冰状，99.7%	■	150	—	G	158	—	E	390	—	NR	—	—	F	45	G	E	110	—	E	263	—	E	>480	—	DD	>480	—
3. 丙酮	▲	>480	E	NR	—	—	G	10	F	P	143	G	NR	<5	—	E	10	F	G	12	G	E	>480	E	DD	93	VG
4. 乙腈	▲	>480	E	F	30	F	E	20	VG	■	150	G	NR	—	—	E	4	VG	E	13	VG	E	>480	E	DD	70	E
5. 丙烯酸	—	—	—	G	120	—	E	395	—	NR	—	—	NR	—	—	E	80	—	E	67	—	—	—	—	—	—	—
6. 丙烯腈	▲	>480	E	—	—	—	—	—	—	▲	>480	—	—	—	—	E	5	F	—	—	—	E	>480	—	E	>480	—

▲未进行该化学品的降解测试。但是由于渗透时间大于480min，因此降解等级预期为良好至极优。

■未进行该化学品的降解测试。但是根据相似化合物的降解测试，该化学品的降解等级预期为良好至极优。

▼未进行该化学品的降解测试。但是根据相似化合物的相关数据，该化学品的降解等级预期为一般至较差。

*警告：本产品含有天然乳胶胶乳，可能会使部分人产生过敏反应。

每一列的第一个方块用彩色编码方式表示每种手套的降解和渗透总体等级。每个彩色方块内的字母只代表降解等级。

■绿色：该手套非常适合与该化学品一同使用。

■黄色：应该将该手套小心投入应用中。

■红色：禁止将该手套和该化学品一同使用。

特别注意：根据《工业材料的危险特性(第九版)》(萨克斯著)的内容，在本指南中以蓝色■标出的化学品经实验显示具致癌特性。而以灰色■为背景的化学品列为怀疑致癌物质在大剂量作用下具致癌特性及其他致癌危险性相对较低的物料。

E-极好；VG-很好；G-好；F-一般；P-较差；NR-不推荐使用。

图 4-47 Ansell 手套选择指南举例

（2）机械防护手套

选择时应结合操作考虑对手套的耐磨、防割、抗撕裂、耐刺穿性能的需求（符合 GB 24541 或 EN 388）。从手套的性能说明上通常可以找到以下图标，帮助我们了解这四方面的性能从而选择合适的机械防护手套。ABCD 处的数字越大，防护等级越高。如图 4-48 所示，EN 388 图标下 3131 说明手套的防割性和耐穿刺性都达到了较高的 3 级，而耐磨和抗撕裂性只有较低的 1 级。

（3）隔热手套

选择耐高温手套时需考虑接触温度和单次接触时间。用“接触温度”以确认与高温物件接触面的手套材料不会在高温情况下发生物理或者化学的反应，比如达到燃点后燃烧、碳化，或者高温后氧化。“单次接触时间”是指当温度从手套外表面到达手套里层后，人手能忍耐的温度的时间。如图 4-49 所显示的 Comaflame 隔热手套，其参数为可持续 23 秒接触 500℃高温，意味着该手套适合进行接触时间小于 23s、接触温度低于 500℃的操作（图 4-49）。

A：	耐磨性
B：	防割性
C：	抗撕裂性
D：	耐穿刺性

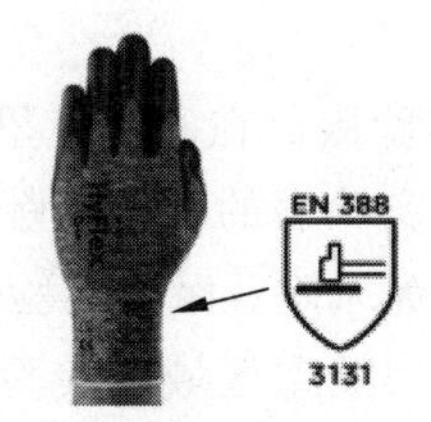

图 4-48　防割手套性能说明图标

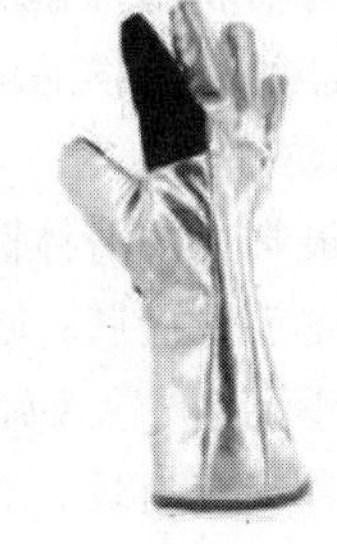

图 4-49　Comaflame 隔热手套

3. 呼吸防护

呼吸防护用品可分为空气过滤式和供气式两大类。供气式呼吸防护器吸入的空气并非经净化的现场空气，而是通过罐内压缩氧气（空气）或通过蛇管连接输气的压缩空气或鼓风机等形式另行提供给佩戴者的空气（图 4-50）。实验室更为常见的是空气过滤式呼吸器，它以佩戴者自身呼吸为动力，将空气中的有害物质予以过滤净化。使用空气过滤式呼吸器时，必须注意其局限性。

图 4-50　自给式空气呼吸器（self-contained breathing apparatus，SCBA）

（1）不可用于空气污染物浓度未知、达到或超过立即威胁生命和健康浓度（immediately

dangerous to life or health concentration,IDLH)的环境中或者缺氧环境中。

(2) 佩戴要求:

(a) 应通过心肺功能、心理耐受方面的医疗评估以确认自身情况适合佩戴呼吸器,不会因为佩戴呼吸器而造成不良影响。

(b) 通过适合性测试以确认所选呼吸器能很好地贴合佩戴者面部提供隔绝污染空气的防护。

(c) 佩带前检查呼吸器各个部件完好性,洁净情况、头带弹性。

(d) 应留意呼吸器的佩戴会对视野、视线造成一定程度影响。

(3) 佩带时应完成密合性测试才能更好地防止呼吸系统接触有害物质。可参照引自3M公司以下图示对实验室常见的呼吸器进行正确佩戴并完成密合性测试(图4-51)。

使用完毕的呼吸器应选择专用的清洁消毒剂定期清洁,不当的清洁消毒剂会引起呼吸器零件的损坏或者加速老化。清洁完毕后的呼吸器应存放在干净无污染、不拥挤、不致其变形的区域。滤棉和滤毒盒也应根据制造商的建议定期更换,切不可以化学品的警示特性,如能透过呼吸器闻到化学品的气味,来决定是否应该更换滤棉和滤毒盒。

4. 身体防护

实验室最常见的身体防护是实验服。在实验室里面工作时应始终穿好实验服;不要将袖管卷起裸露手臂皮肤;始终扣好实验服的扣子。敞开实验服门襟或较大的袖口可能会导致如带翻化学品、被卷入旋转设备等风险;保持实验服清洁干净,如果沾染有害化学品,应将其脱污或者废弃处理;不要在非实验室区域穿实验服或者将污染了的实验服带入非实验室的公共区域。

此外还有一些其他特殊用途的身体防护用品,比如在有高燃爆风险的易燃化学品操作时用来消除/减少操作人员自身所带静电(点火源)的防静电服,用于防护身体灼伤和烧伤的防火服,用以防护开合闸等有电弧风险的操作时穿的防电弧服,进行大量腐蚀性化学品操作时实验服外再穿戴上防化围裙以提供更好的身体保护。

5. 脚部防护

实验室中脚部防护最容易被忽略,进行化学实验时应穿着不露脚面的鞋,以防发生意外时化学品渗透引起伤害。此外,当遇到高处重物坠落砸伤或者铁钉、锐利物割伤风险,可以用防砸防刺穿安全鞋;选用绝缘鞋可以避免在作业过程中接触到带电体造成触电伤害;防静电鞋可以用于涉及大量易燃液体操作,以防止人体带静电引发燃爆风险。

如何从风险评估的角度选择合适的个人防护装备,我们来看下面的例子(图4-52)。

5L反应瓶中的化学合成实验,操作步骤如下:

(1) 在通风橱内搭建反应装置。

(2) 加入反应物A和反应物B,缓慢启动搅拌。

SDS显示:①反应物A的危害声明为H315、H317、H319;②反应物B的危害声明为H315、H318。

(3) 打开加热套加热功能,设定加热温度为90℃。

(4) 反应1h后,降温至80℃,倒出产物。

(5) 降至室温,用丙酮清洗反应釜。

根据风险评估结果,对个人防护装备的选择如表4-13所示:

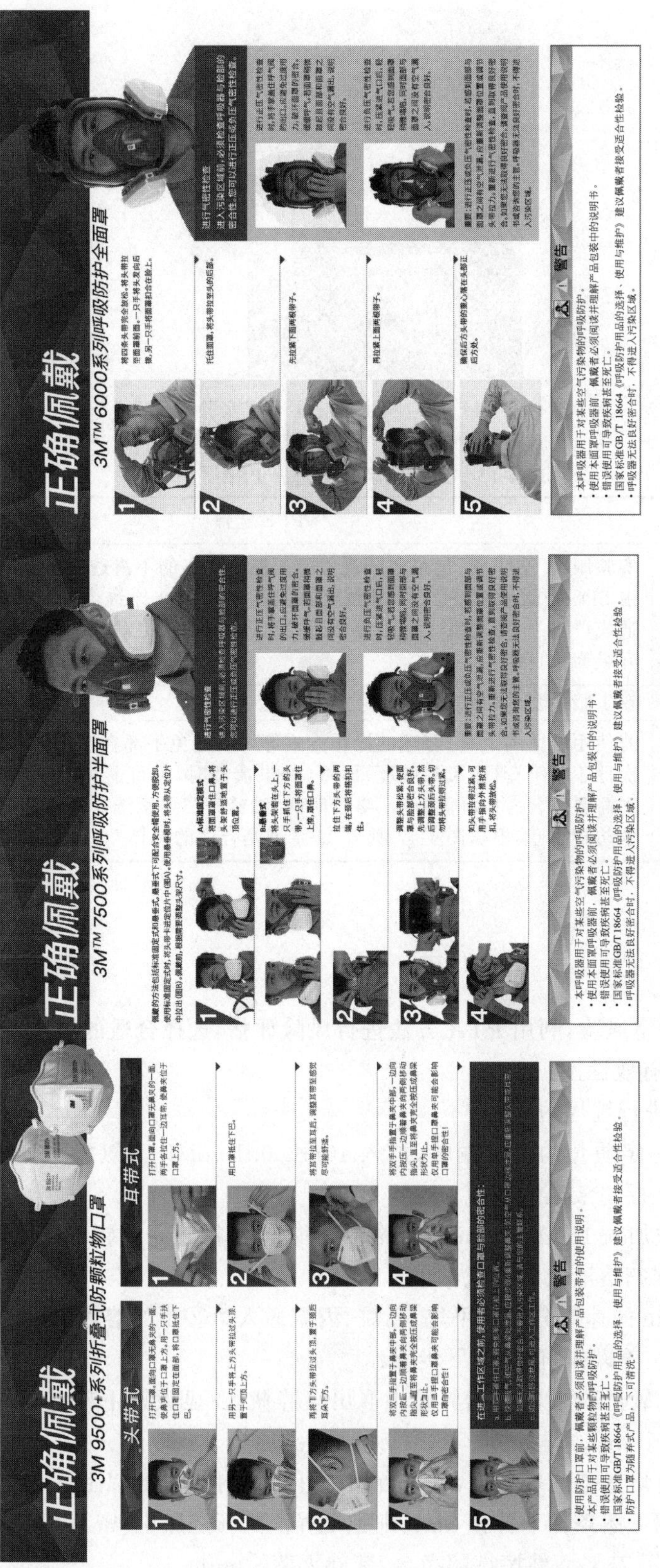

图 4-51　呼吸器佩戴以及密合性测试

图 4-52　5L 反应瓶中的化学合成实验

表 4-13　通过风险评估选择 PPE

操作	PPE 选择
加料至反应釜	实验服、丁腈手套、包跟包趾遮盖脚面四分之三的不渗透的鞋子、安全眼镜。由 SDS 查阅可知，H318：导致严重眼损伤，H319 导致严重眼刺激，对眼睛会造成严重、中等伤害。如果操作时通风橱视窗无法挡在面前，需要将安全眼镜升级为护目镜。
90℃温度下出料	在丁腈手套外增加隔热手套
用丙酮清洗反应釜	若使用合适的工具、合理的操作方式等可以避免手部直接接触丙酮，那么用一次性丁腈手套(防飞溅厚度)即可，如果清洗时，不可避免手部直接接触丙酮，则需要综合考虑降解等级、渗透时间、渗透率三要素选择具特定耐化学性的化学防护手套，根据图 4-47 所示 29 系列是合适的选择。

课后练习

1. 针对下列实验室风险，利用 PTA 方法进行风险评估，选择合适的风险控制方法并根据控制等级说明方法有效性。

(1) 用以下步骤进行烷烃的活化：

A. 烧瓶中称取一定质量的商业铜粉，加入 10mL 0.1mol/L 高氯酸水溶液清洗铜粉，完毕后倾倒上层清液至废液瓶。

B. 在上述体系中加入 10mL 0.1mol/L 的高氯酸溶液，搭建通气装置以便通入烷烃，饱和该溶液及吹扫溶液上层气氛。

C. 以 0.2mL/min 的速率分别将甲烷、乙烷、丙烷通入第②步的溶液，反应 60min。

(2) 人类癌细胞培养操作，包含以下步骤：

A. 从通有 5%二氧化碳的 37℃培养箱中取出培养瓶，在显微镜下检查，以确保细胞计数超过 1000 个/mL。

B. 准备新的含有培养基的培养瓶，超净台用紫外灯照射 30min 以上。

C. 在酒精灯周围无菌条件下转移 5mL 细胞培养液到新烧瓶中，密封后放入培养箱。

D. 清理超净台，用 75%酒精擦拭超净台，紫外灭菌 30min。

E. 用 10%漂白剂处理原培养瓶 30min,破坏其中培养物。

F. 用高压灭菌法处理所有被污染物,之后将其放置在标有“致病性”生物危废塑料袋及容器中。

2. 列出所在实验室的工程控制措施,并评估其控制措施是否有效。

3. 列举通风橱使用的注意事项,并做成海报张贴。

4. 高压蒸汽灭菌锅操作程序举例如下,阅读具体操作步骤,哪些描述需要改进?

设备描述	利用电热丝加热水产生蒸汽,并能维持一定压力的装置。主要有一个可以密封的桶体,压力表,排气阀,安全阀,电热丝等组成(图 4-53)。适用于医疗卫生事业,科研,农业等单位,对医疗器械,敷料,玻璃器皿,溶液培养基等进行消毒灭菌。	 图 4-53　高压蒸汽灭菌锅
步骤	行动项	
1	打开电源开关。	
2	确认腔体内的去离子水是好的。	
3	拉下盖子,开盖指示灯将会熄灭。	
4	按下“灭菌”按键,灭菌指示灯亮起,并且选定了灭菌操作。	
5	设置灭菌温度和时间。按下“温度设置”按键来设定灭菌过程需要的温度,通常是 121℃。按下“时间设置”按键来设定灭菌过程需要的时间,通常是 20min。	
6	低于 80℃时打开盖子,并且确认压力为零。只有当腔体压力为零时才能打开高压灭菌锅。	
7	佩戴合适的 PPE,从高压灭菌锅内小心移除物料。小心处理介质容器瓶内的液体,因为液体可能会溢出。	
8	使用完毕后,关闭电源开关。	

第5章

化学实验室应急准备

我们在生活中都有一些体会，就是风险无处不在，但实际上风险是有可预见与不可预见之分的，例如自然灾害和恶意行凶目前仍是难以预见的风险，但在正常生产生活中的风险绝大多数都可以预见并预防。以化学化工实验室为例，基于前人的积累，只要我们对化学品性质、火灾爆炸的引发机理、机械设备的运行规律、仪表阀门的运作方式都有了深入研究，就可以进行事前预防。只是因为在危害识别、风险管控方面的认识不到位或投入不足，才导致了事故发生，因此，风险管控的体系和方法是我们远离伤害和事故的关键，只有当我们风险管控失效时，才需要启动应急响应。

紧急状况是指任何与计划的事件或预期行为的显著偏差，可能立即危及人员的健康、设施的安全以及对社区或环境的健康造成不利影响的情形。顾名思义，应急准备和应急响应就是为应对紧急状况而作的计划和反应。我们说重在预防事故，但做好应急准备仍是风险管理中必不可少的重要一环，因为科学的应急响应是事后减少伤害和损失的有效手段。因此，它也成了风险管理 RAMP 中的最后一项"P"(prepare for emergencies)。

在第 4 章我们讲述了 2008 年 12 月 29 日发生在加利福尼亚大学洛杉矶分校的一起叔丁基锂引发的致死事故，现在我们来仔细审视一下这起事故的应急响应问题。当活塞划出针筒，叔丁基锂遇到空气立即燃烧了起来，实验员 S 慌张下顺势打翻了身边一瓶开着的己烷试剂，溶剂也燃烧了起来。她的涤纶外套瞬间被引燃，很快大火将她上半身吞没，她在痛苦和恐慌中尖叫着，跑向门口，向着离她 1m 多远的应急喷淋相反方向跑去。同实验室的博士后听到尖叫后跑来，他撕下自己的实验服，疯狂地用它来扑灭 S 身上火焰，但无济于事，实验服也被烧着。然后，他从附近的水槽里舀水，倒到 S 身上，大火才最终扑灭。二度和三度烧伤超过她身体的 43%，接下来的几周里，S 虽然经历了多次手术但还是于事故发生 18 天后在医院离开了人世。

这起事故的发生有着众多的原因，校方和实验室有着不可推卸的责任。而当事人在紧急状况下，没有对身上着火做出正确响应，及时就地打滚熄灭火苗；没有利用附近的应急喷淋，却反向奔跑，耽误了宝贵的救生时间。可见在紧急状况下，几分几秒的差别，就会对结果产生巨大的影响。

当紧急情况发生时,我们应如何应对呢?我们是否分析过在实验室里会发生哪些紧急状况?我们是否已经针对这些紧急状况制定了响应程序?我们是否通过演练以保证我们能按照响应程序做出正确的反应?

一个有效的应急准备,就是要在事件发生的情况下,能及时、准确、有序开展应急救援行动,采取有效措施,防止灾情和事态进一步蔓延,有效开展自救和互救,尽可能把事件造成的人员伤亡、环境污染和经济损失降到最低程度。

5.1　应急准备应考虑的因素

一个有效的应急准备应包含以下要素:①识别实验室常见潜在的紧急状态。②应急组织架构和职责。③应急联络和通信。④应急程序和应急原则。⑤应急设施。⑥应急培训和演练。

5.1.1　识别实验室常见潜在的紧急状态

一般认为,要识别出所有潜在的事故状况,几乎是不可能的,所以制订有效的应急计划最重要的一步是识别并关注比较可能发生的事故。识别、筛选和确定优先级的方法从非正式技术到深度分析,不尽相同。了解事件的可能性、严重性、后果和影响,将会确保最终制订一个彻底和全面的计划。除了法规之外,还有许多其他工具,可以帮助深入了解并制定可信的规划方案。例如,危险性和可操作性评估(hazards and operability analysis,HAZOP)、保护层分析(layers of protection analysis,LOPA)、故障树分析 (fault tree analysis,FTA)、故障模式和效果分析(failures mode and effects analysis,FMEA)。

根据以往对于实验室风险评估的经验以及实验室的常规操作的信息,实验室常见潜在的紧急状况可以总结为 3 大类:火灾、化学品泄漏、人员伤亡。

陶氏依据紧急状况可能造成的危害程度、紧急程度和发展势态进行分级,如表 5-1 所示。

表 5-1　紧急状况分级

事故级别	定　义	典型情形
Ⅰ级重大	事故的有害影响范围超出了公司控制范围。公司应急资源无法处置	废水或大气污染物已泄漏至外环境;大型火灾,需要外部援助,需疏散转移周边群众;有人员受到严重伤害,威胁到生命,需要立即拨打 120 进行救治
Ⅱ级较大	事故的有害影响超出各实验室操作区范围或未超出其范围但现场人员无法控制的情景,影响范围仍局限在企业范围之内并可以将影响控制在公司区域范围内	企业内发生小火灾和局部化学品泄漏,现场人员无法自行处置而公司应急团队有能力自行处置,不需要外部援助;发生人员受伤,但生命体征正常,如有必要,需要到医院做进一步治疗
Ⅲ级一般	事故的有害影响局限在各实验室或作业区内,可被现场人员及时控制	企业内发生小火灾和局部化学品泄漏,部门可自行处理,不会对公司环境造成影响;人员受伤,可以在现场用急救箱里的物品做相关处理

5.1.2 应急组织机构和职责

应急团队主要的工作场所是应急中心。应急中心(emergency operation center,EOC)是应急管理流程的重要组成部分。在日常情况下,有24h值班人员,可以接受紧急情况的报告。当紧急状况发生时,它是所有信息的集合点,也是所有指令的发出所。

应急组织机构(也可称为应急团队)应包括:应急总指挥、现场指挥、应急中心值班人员、应急响应队员、医护急救小组(有条件的话)、大门控制人员。每个职位要有人员清单,明确人员职责以及联系方式。

(1) **应急总指挥**主要负责协调各项活动,包括内外部门的应急沟通,指挥各现场应急角色应对各种紧急情况,包括撤离、躲避、事故后的恢复、内外部的沟通等。若紧急状况发生,应急总指挥应:

(a) 迅速到达应急中心,通过中控、对讲机或电话与相关应急人员保持联络。

(b) 决定应急响应级别,确认各应急所需资源就位。

(c) 决定是否需要呼叫外部的援助,是否需要通知邻近单位或建筑物的人员注意或撤离。

(d) 确认将相关的情况通知所在单位领导层、员工、通报相邻单位、通报政府部门。

(e) 事故得到控制或结束,应急总指挥与现场指挥沟通并最终决定宣布"警报解除"。

(2) **现场指挥**主要负责与应急总指挥保持沟通,随时汇报现场的救援情况及现场分析,并指挥现场紧急响应人员进行现场处置及救援。当接到应急中心通知后,现场指挥应:

(a) 到达事故现场附近安全的场所,与应急中心保持沟通。

(b) 尽可能地确认所有的危险品或危险状况,并进行现场分析。

(c) 限制进入有潜在或实际存在危险的事故现场或正在进行应急作业区域的人员数量。

(d) 确认后援人员准备好设备待命,随时准备实施援助或救援。

(3) **应急中心值班人员**主要负责内外部门的应急沟通,听从应急总指挥的命令进行内外部门的联络沟通及汇报。当接到紧急事件报告时,应做到:

(a) 做好事故记录,完成事故的初步规模评估并确定是否启动应急响应。

(b) 使用各种方法联络应急总指挥、现场指挥、应急响应团队,联络邻居、供应商及其受影响的人员。需要时联络其他单位请求协助;联络当地的消防部门、医院及相关的政府部门、呼叫救护车。

(c) 编写并发布应急响应信息包括事故描述、受影响区域、撤离路线、受影响区域人员的保护措施。

(d) 负责通过应急广播系统广播所有信息和报最新的事故进展;随情况变化,将更新的信息向全场、公众发布。

(e) 通知应急响应结束。

(4) **应紧急响应队员**主要负责紧急情况下的现场处置及救援。必须接受过急救培训,了解如何使用应急设备。紧急响应队员是应急处理的具体实施者,其主要行动包括:

(a) 接到命令,携带必要的急救设备、检测设备,穿戴PPE,进入现场。

(b) 运送伤员。

(c) 搜寻、救援及灭火。

(d) 处置现场泄漏。

(5) **医护急救小组**需接受过急救培训，须准备好医疗设备及运输工具待命，当紧急情况发生时，要负责伤员救助，并跟踪后续的医疗救治。

(6) **大门控制人员**应是经过培训的保安中的成员，主要负责以下内容：

(a) 控制好大门和各区域疏散门的进出，阻止任何不相关人员进入事故区和事故单位。

(b) 负责指导外部援助从大门到达事故现场或别的地区。

(c) 设置警示标识引导人员疏散、集合。

5.1.3　通信与信息保障系统

在应急情况下，通信保障是不可或缺的。单位应建立有线、无线相结合的基础应急通信系统，保障通信畅通。同时，提供与应急工作相关的部门、外部单位和人员的通信联系方式。这些应急通信系统可包括：

(1) 紧急电话系统：确定一个容易记住的电话号码为紧急电话，并有24h值班接听。

(2) 对讲机系统：应急组织的相关人员切换到应急沟通的频道，任何无关人员禁止使用应急频道。

(3) 应急广播系统：出于应急目的，应急广播系统用来广播需要在区域内沟通的信息。

凡发生紧急状况，发现人员要立即报告应急中心，应急中心值班人员，应通知应急响应队伍，包括应急总指挥，现场指挥，应急响应队员。事故最初通告尤其重要，因为它们决定在何时启动应急。为避免通信联络中断，24h应急值守电话最好有2个线路，号码要容易被记住。

应急总指挥根据事故类型进行内外部的通报：

(1) 内部通报：应急指挥根据内部事故报告流程通知相应的安全负责人，由其评估事故严重性，汇报相应部门及领导层。

(2) 外部通报：可根据下述情形通报，详见表5-2。

表5-2　外部通报情形

通　报	事故类型	紧急情况
邻近单位	泄漏/气味/火灾	如果事故威胁到他们的设施和人员
当地政府部门	泄漏/火灾/爆炸/伤亡	如有害物能威胁城镇、居民区
外部救援部门	烟/噪声/气味/伤亡	紧急情况发生时可能造成的影响

如应急响应组认为事故较大，有可能超出本单位处理能力时，要及时向外部力量求助。必要时，应急响应组中的沟通组应向相关媒体通报必要的信息。

5.2　应急程序和应急原则

应急程序是对于预见的紧急事件或事故描述出应对事件的步骤和措施，其目的是在应急情况发生时，应急团队可以依据程序，采取及时准确的步骤，控制或尽量减少事件的负面影响。在编写应急程序时必须遵循 2 个原则，注重 3 个要素。

原则一：生命第一，环境优先。把保障人员的生命安全和身体健康作为应急响应的首要目的。这里所指的人员包括事故发生时现场的人员、参与现场应急响应的人员以及所有受到影响或将受到影响的人员。应在救援行动中充分考虑环境安全保障，杜绝将内部风险转嫁至外部环境，进而导致区域性环境风险的扩大和恶化。

原则二：先期处置，防止危害扩大。当发生紧急状况时，在满足原则一的前提下，应及时采取相应的处置措施，全力控制现场事态，减少人员伤亡、财产损失和降低社会影响。

应急响应的 3 要素是：判断、通知、动作。这个三要素贯穿整个应急响应过程始终。

应急响应第一步的判断非常关键，它如同风险评估，如果判断错误或者有疏漏则会直接影响响应行为，导致危害得不到有效控制，甚至更加严重。判断要求在极短时间内根据现有的防护措施辨识出危害，并通过对当前环境的条件判断出事故的发展。在这一步，如果人员已经因为意外而需要急救了，那么迅速转移到安全地点进行急救或利用应急设备进行急救是当务之急，必须马上实施。例如，当不小心打翻了一瓶甲醛溶液，泄漏到了实验室地面，只戴着防护手套的你该如何判断呢？首先判断自己和他人是否需要急救；再判断自己和他人的防护用品是否到位，甲醛是一种气体，易溶解在水中形成饱和溶液但也非常容易逃逸出来，根据 SDS 信息，甲醛对呼吸系统和黏膜都是有强烈刺激的，也是明确的人类致癌物，因此凡是没有佩戴呼吸全面罩及更高级别防护的人员都应该判断为防护不到位；然后判断泄漏量以及污染扩散程度和速度，甲醛气体逃逸的扩散速度较快，需要立即采取措施减少污染区域和对人员的影响；最后判断自己是否会处理这种泄漏，是否接受过相应的训练。由此可见，有了全面的评估才能指导下一步行动。

应急响应第二步是通知，这是减少人员暴露和伤害的重要一环，也是应急响应的启动环节。通知一定是首先撤离到安全区域再执行，在撤离前一点小小的举动也可能帮助到应急响应人员或减缓事故的发展。甲醛溶液泄漏之后如经过判断需要撤离，在撤离前打开通风设备加大通风并关闭屋门将会有效地减缓甲醛气体的扩散。当然这个应急响应动作也应是经过评估的，例如需要评估现有房间通风的形式和效果。通知实验室负责人、应急中心或应急值班人员，通知附近人员和即将到来的人员远离事故区等。通知的重要性在于可以及时降低周边人员的暴露，以及事故的影响。其他层级的通知将由应急总指挥根据相关制度和应急预案确定。

应急响应第三步是动作，这一步要区分是否接受过相应的专业培训和演练。应急响应的动作是应急总指挥启动应急响应，接受过专业培训的合格人员在应急预案、应急总指挥和现场指挥的指导下进行具体处理；如果没有接受过培训则可以协助应急响应人员进行区域隔离，做警戒线或警示标识，告知应急人员事故和房间的所有信息。甲醛溶液泄漏的处理动作需要现场指挥通过对事故的全面分析评估后制订行动计划，按照行动计划进行合理防护和科学处置。图 5-1 是一般应急响应流程。

应急预案的编写体现了整个应急体系的运行机制，因此从应急预案的内容就可以看出应急体系的建设情况。为了更好地指导应急预案的编写，国家也出台了相应的法规和标准，

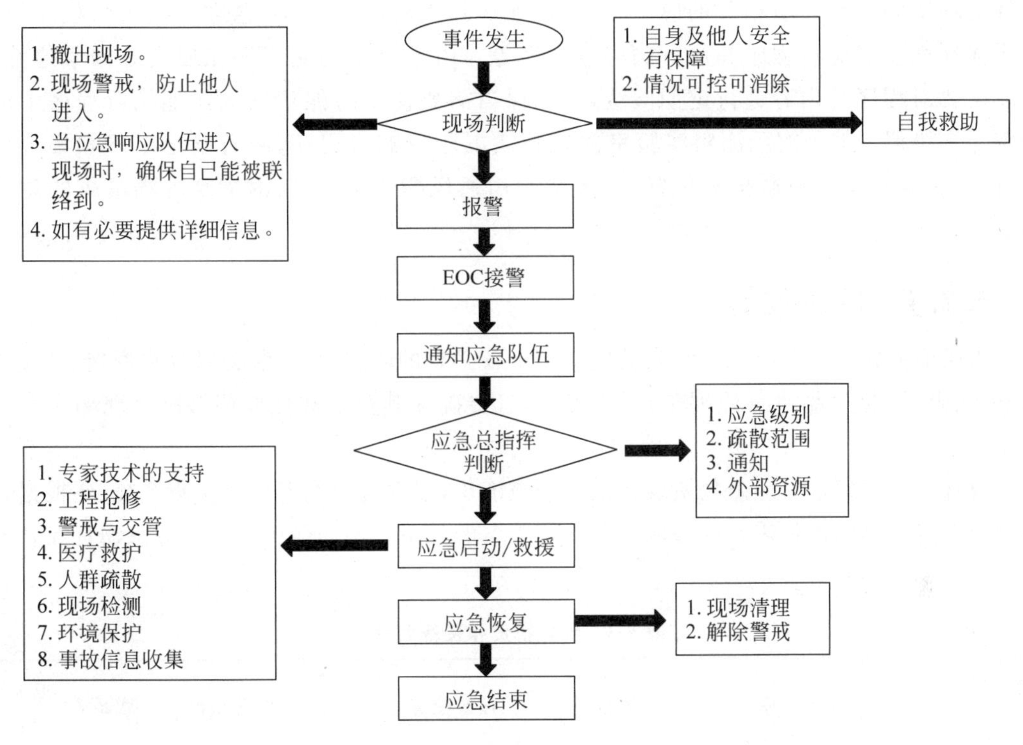

图 5-1　一般应急响应流程

如国家安全生产监督管理总局第 88 号令《生产安全事故应急预案管理办法》《生产经营单位生产安全事故应急预案编制导则》(GB/T 29639—2020)，可以作为编写应急预案的参考。高校实验室事故相关的应急预案是具有专业性的，需要从校级、学院级和实验室级三个层面进行编写。校级应急预案是综合预案，主要阐述应急响应的总体工作程序和运行机制，确定应急组织结构和层级，以及学校各部门在应急管理中的职责和作用，包含重要的报警信息上报、协调及发布程序，是多部门联动进行应急处置的重要依据文件。院系级应急预案是具有专业特点的专项预案，例如《实验室化学品泄漏应急预案》《实验室火灾逃生应急预案》等。专项应急预案具有鲜明的专业特点，是针对学科特点和常见突发事件编写的具体应对措施，需要有明确的报警流程和电话、不同职责人员的具体响应行为、针对具体突发事件的应急处置程序，以及事故事件处理之后的恢复程序。实验室级别的应急预案会更加具体，例如《 *** 实验室气体泄漏应急预案》，属于现场处置预案，适用于所属实验室突发意外事件的现场应急处理，所有应急响应程序、报警流程和处理方案是针对所属实验室的具体情况来编写，指令更加明确。在这一层级的应急预案以及院系级专项应急预案都可以形成具体的应急响应程序(SOP)，以供应急响应团队参考实施应急处置。

应急响应程序是应急预案的核心内容。应急响应程序和其他操作程序没有本质的区别，应具备程序的所有规定内容，在本书第 4 章已充分阐述。根据具体的场景和目的，基本需要建立以下的程序：应急沟通程序、应急疏散程序、环境泄漏应急程序、火灾应急程序、人员伤害急救程序、密闭空间作业救援程序和公用工程故障应急程序。在此基础上还应建立对于危害性大风险高的化学品、设备建立专门的应急程序。除此之外，还应考虑与社会环境和自然环境相关的应急程序，比如炸弹威胁应急程序、恶劣天气应急程序、周边企业环境泄漏应急程序和流行病应急程序等。由于应急响应程序在使用时的紧迫性，所以需要对程序的内容进行定期演练，以确保当需要使用时能正确无误地执行程序中的步骤。二维码5-1是陶氏涂料实验室丙烯腈泄漏应急响应程序，附有安全出口和集合地点、丙烯腈解毒柜及急救担架位置、丙烯腈专用通风橱H3位置、丙烯腈现场暴露的急救办法。

5-1

5.2.1 应急设施

为保证应急救援及时、有效，实验室应当配备必要的应急设施、装备以及物资，包括应急喷淋、洗眼器、化学品泄漏处理包、灭火器等，且要确保其数量和性能能够满足现场应急的需要。

通常应急预案里有应急物资装备的名录或清单，建立应急物资装备保障系统，要根据具体的应急范围具体评估需要配备的应急物资装备的数量。例如陶氏的环境应急物资和装备配置情况见表5-3。

表5-3 应急物资和装备名录

类型	序号	名称	数量	存放位置	应急范围	联系人	联系电话
应急物资	1	黄沙	5箱	甲类仓库/乙类/剧毒化学品	堆放点所在地		
	2	吸附棉	16	西门卫和中控中心	堆放点所在地		
	3	碳酸钠中和液	3桶	使用TDI/MDI实验室	堆放点所在地		
应急装备	个人防护设备	SCBA	8	西门卫和中控中心	厂区		
		应急喷淋	54	工作现场	附近实验室		
		轻型防化服	6	应急包	厂区		
		重型防化服	1	应急包	厂区		
		防化手套	6	应急包	厂区		
		安全眼镜	4	应急包	厂区		
		警戒带	2	应急包	厂区		
		呼吸器全面罩	4	应急包	厂区		
		备用气瓶	1	西门卫和北门卫	厂区		
	应急监测设备	便携式TDI气体检测仪	1	中控中心	厂区		
		便携式气体检测仪	1	中控中心	厂区		
		氧气监测仪					
		可燃气体探测器	2	西门卫和中控中心	厂区		
		爆炸性气体浓度监测仪	37	涉及可燃、爆炸气体的各场所	各安置点		

续表

类型	序号	名　称	数量	存放位置	应急范围	联系人	联系电话
应急装备	应急医疗设备	自动体外心脏除颤仪(Automated External Defibrillator,AED)	2	北门及医疗中心	厂区		
		急救包(三角巾,纱布)	2	西门卫和中控中心	厂区		
		担架	1	西门卫	厂区		
		轮椅	1	西门卫	厂区		
		丙烯腈现场急救物品(亚硝酸异戊酯,无菌纱布,3L 氧气瓶,氧气面罩)	2	重型实验室和轻型实验室 2D570 门口	附近实验室		
	消防设施	灭火器	1324	整个 SDC	厂区		
		消火栓	428	整个 SDC	厂区		
		消防自动报警系统	1 套	整个 SDC	厂区		
		消防泡沫灭火系统	1 套	锅炉房	厂区		
		消防自动喷淋灭火系统	1 套	整个 SDC	厂区		

员工应当了解这些应急设施、装备以及物资的具体位置,什么情况下需要使用,以及如何正确使用。下面我们来具体介绍实验室常用的应急设施。

1. 应急喷淋和洗眼器

当工作场所中存在化学品暴露风险时,必须要配备应急喷淋和洗眼器(图 5-2)。2019 年 12 月 10 日,国家发布了相关规范:《眼面部防护　应急喷淋和洗眼设备　第 1 部分:技术要求》(GB/T 38144.1—2019)以及《眼面部防护　应急喷淋和洗眼设备　第 2 部分:使用指南》(GB/T 38144.2—2019),这两部标准于 2020 年 7 月 1 日实施。

应急喷淋和洗眼器的位置距离危害操作必须要 10s 内能走到,行走距离大约 15m,且行走路线中不能有阻挡,应急喷淋和洗眼器应和危害操作在同一平面。

图 5-2　应急喷淋和洗眼器

应急喷淋和洗眼器要定期进行实地放水检查,确认状态良好。可使用如表 5-4 所示检查单。

表 5-4 应急喷淋和洗眼器检查表

步骤	行 动 项
1	到达检查点
2	应急喷淋和洗眼设施是否干净、无阻碍
3	洗眼设施的出水处是否有盖遮蔽以保持清洁
4	设施上或设施旁是否有清晰易懂的标识
5	打开喷淋或洗眼设施，查看出水量(应急喷淋为 76L/min；洗眼器为 1.5L/min)和温度，用标准尺(图 5-3)测量洗眼器出水高度是否正常
6	出水是否干净，无颜色，无杂质，无异味，无微生物
7	关闭出水，查看是否有漏水现象。清理现场测试出水，避免产生危险
8	检查完每个设施，填写设施标签
9	对每一个设施点重复进行从第 1 项开始的步骤
10	启动需要的纠正措施，发现任何故障及时进行报告维修

另外，需要注意的是，洗眼器的供水管线内长期存水可能导致水质污染，因此在定期检查时，要根据供水管线长度和可能存水的量，确保足够的放水时间将存水排尽。陶氏的实验室要求实验室每周进行洗眼器放水检查，且放水时间不少于 30s，应急喷淋每月检查，也可以基于使用经验和环境条件，增加检查频次，以及充分冲洗 3min。

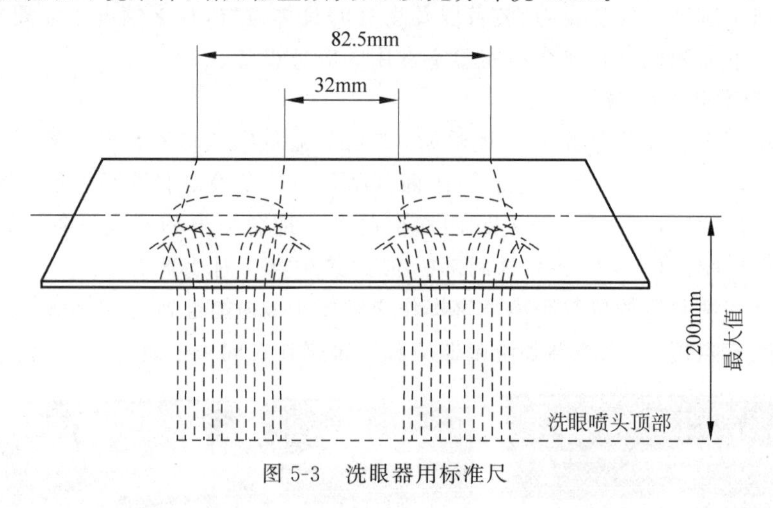

图 5-3 洗眼器用标准尺

学会正确使用应急喷淋和洗眼器，才能在突发意外事故时及时得到救助，减少伤害。应急喷淋和洗眼器的正确使用方法如下。

洗眼器：将洗眼器把手从垂直位置推到水平位置，用手指撑开眼帘，冲洗眼睛至少 15min 以上(图 5-4)。

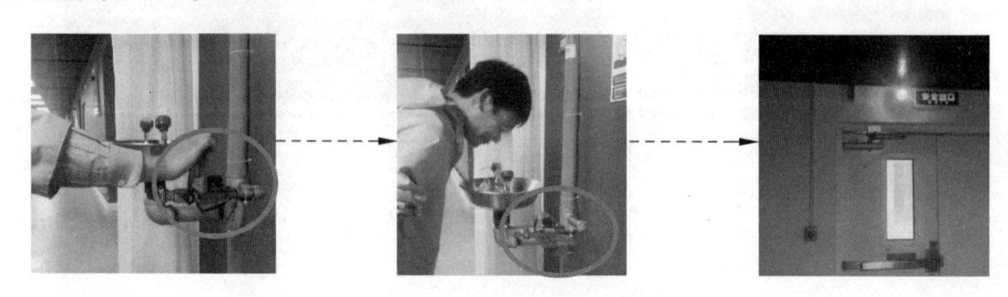

图 5-4 洗眼器使用图示

应急喷淋：将应急冲淋把手拉到最低，冲洗全身至少 15min 以上(图 5-5)。

图 5-5　应急喷淋使用图示

2. 实验室气压灯光报警

实验室应保持微负压状态，从而避免污染物扩散到实验室外，配备气压灯光报警可以用来指示负压状态是否正常(图 5-6)，如黄灯持续闪烁，离开实验室，通知相关人员跟进事件调查。

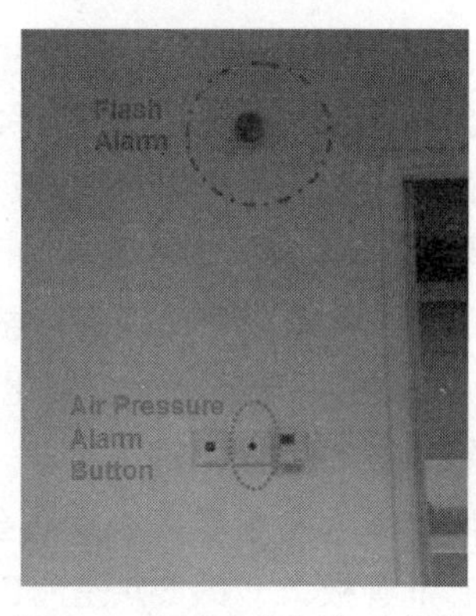

图 5-6　实验室气压灯光报警

实验室应保持一定的换气率以保证污染物及时置换出去，陶氏内部标准要求工作时间保证实验室换风次数为 8 次/h，非工作时间为 5 次/h。当实验室内出现化学品溅洒，污染物扩散等紧急情况时，可按下气压报警按钮，加大换风次数到 12 次/h。

3. 气体监测报警

检测设备中气体检测仪包括：氧气浓度探测仪(图 5-7)、易燃气体检测报警仪等。这些都属于应急监测设备，只有当监测报警仪显示状态正常时，才可以进入实验室操作，一旦出现声光报警或者状态不正常时，必须进一步确认或启动应急响应。另外，便携式的气体监测报警仪也是应急响应人员随身携带用来确认现场状态，评估应急响应是否成功解除的重要设备。

图 5-7　气体监测报警仪

4. 化学品泄漏吸附包

化学品泄漏吸附包可按楼层以及区域配备，建议实验室自备以便就近及时取用(图 5-8)。同时各实验室应根据其使用的特殊化学品准备相应吸附包，不得滥用以免影响紧急状况使用。常用的化学品泄漏处理包包含吸附棉条、吸附棉片、收集袋以及吸附棉的物料安全数据表。吸附棉条适合覆盖面积较大的区域，使用时先用吸附棉条圈定泄漏范围防止污染面积的扩散；吸附棉片适合擦去小面积溢漏物；吸附棉条可与吸附棉片搭配使用，处理大面积的化学泄漏。

图 5-8　化学品泄漏吸附包

吸附棉可吸收大部分酸液、碱液和氧化性液体，以及水性液体，油类及试剂，强氧化性的化学品，如过氧化氢、硫酸、硝酸等，不应用聚丙烯材质的吸附棉或纤维素材质（纸张）的吸附物吸附，而应使用沙子或蛭石。吸附废物用收集袋收集，与其他废弃物分开，及时交由专业处置单位处理。

常用的泄漏吸附包并不能适用于所有的化学品泄漏，有一些特殊化学品泄漏需要采取特定的处理措施。例如：甲苯-2,4-二异氰酸酯（TDI）因其高毒且致敏等健康危害性，在进行泄漏清理时，应使用碳酸钠中和液先行中和异氰酸酯反应，进行无害化处理，之后再收集做危废处理。甲苯二异氰酸酯使用和储存的场地应配备足够的碳酸钠中和液，以便及时处理溅洒和泄漏。

5. 特殊化学品现场急救物品

某些特殊健康危害的化学品还应配备有相应的现场急救物品，一旦有任何形式的人员暴露，必须要立即给予急救，快速去污至关重要。以氢氟酸举例，氢氟酸有强烈的腐蚀性，高毒，如吸入蒸气或接触皮肤会造成难以治愈的灼伤，且可迅速穿透皮肤角质层，造成全身影响，危害极大。图 5-9 是陶氏实验室氢氟酸暴露人员的现场急救方案。

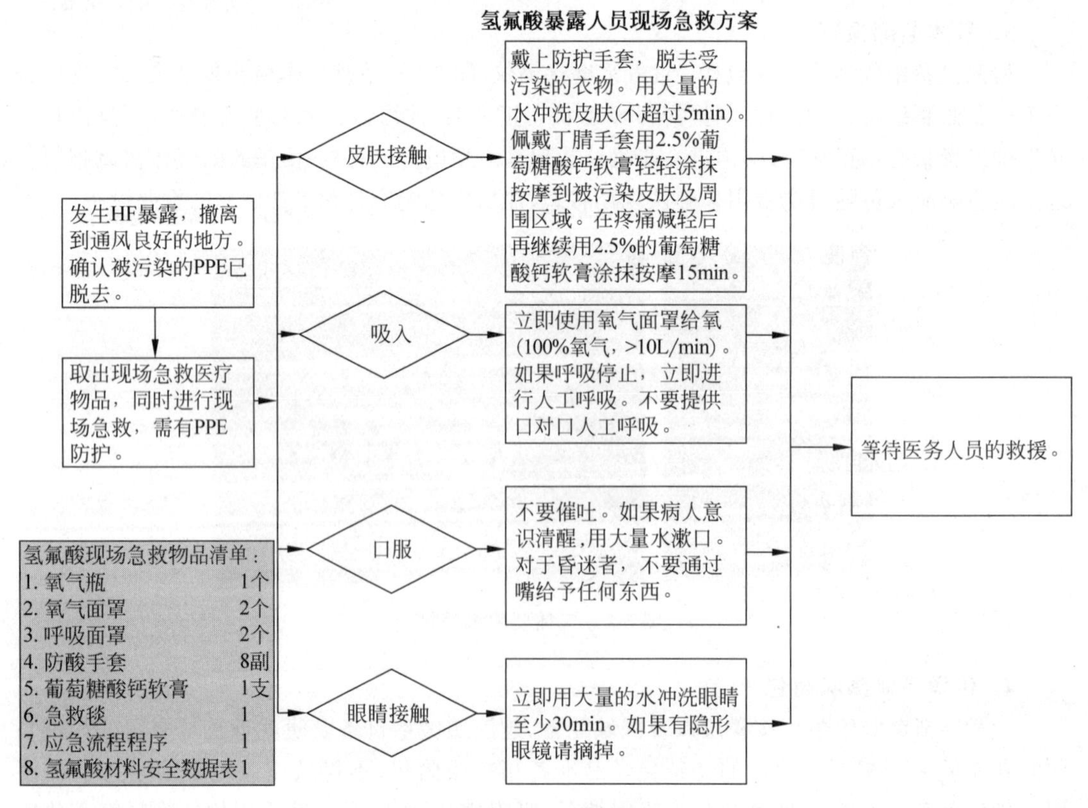

图 5-9　氢氟酸暴露人员现场急救方案

6. 灭火器

灭火器是一种轻便的灭火工具，由筒体、器头、喷嘴等部件组成，借助驱动压力可将所充装的灭火剂喷出。在火灾发生初期，火势较小，使用灭火器可以减少火势的蔓延或将火灾扑灭在初起阶段，从而避免火势失控造成重大损失。因此，正确地选择和使用灭火器很重要。此外，灭火器还需要定期检验，保证其压力达标。

一般灭火器都贴有灭火类型和灭火等级的标牌。以下是常见的火灾类型及适用的灭火器选择。

(1) A 类火灾：燃料或材料由木材、纸张、衣物或其他可燃性固体所构成。这种物质通常具有有机物质性质，一般在燃烧时能产生灼热的余烬。对于 A 级火灾通常是使用水或泡沫，这是因为可以实现降温，使温度低于点燃温度。

(2) B 类火灾：燃料的构成包括诸如汽油、溶剂之类的易燃性液体和可熔化的固体物质。对于此类火灾可使用干粉灭火器、二氧化碳灭火器或泡沫灭火器，这些类型的灭火器可以在燃料表面形成一种覆盖物，阻断化学链式反应。

(3) C 类火灾：指气体火灾，如煤气、天然气、甲烷、氢气等火灾。

(4) D 类火灾：涉及诸如镁之类的可燃性金属的燃烧。有效的灭火剂包括沙子、特殊的干粉、滑石以及硼。

(5) E 类火灾：是指带电的电气线路或设备火灾。它包括马达、压缩机、料泵、电气工具和开关柜上所发生的火灾。使用 CO_2 灭火器时，CO_2 会取代氧气，从而抑制火灾，是此类火灾首选的灭火器类型。但是使用 CO_2 灭火器需当心低温冻伤风险，并且在密闭空间内不应该使用此类灭火器，因为大量 CO_2 在密闭空间会导致窒息风险。

(6) F 类火灾：是指烹饪器具内的烹饪物(如动植物油脂)火灾。

实验室常配备干粉灭火器。干粉灭火器可用来扑救 A、B、C 类和带电设备火灾，扑救 D 类火灾应选用专用干粉灭火器。然而，对于某些特殊化学品，则不建议使用干粉灭火剂，例如：硅烷聚硅氧烷等含有活性硅氢键(硅烷)的化学品。这类化学品在燃烧时，尤其是对付严重火灾时，最适合使用容醇水成膜泡沫灭火剂。干粉灭火器一般具有很强的碱性或酸性，如果用于硅烷材料，它们会导致氢释放，所以不应使用干粉灭火器。

记住灭火器正确使用的四个动作“PASS”(图 5-10)。

(1) 拔出保险销(pull)：如果灭火器上没有保险销，则其可能无法正常使用。立即请经过批准的供应商检查灭火器的使用可靠性。

(2) 喷嘴对准目标(aim)：在对准起火区域时，应该瞄准起火的底部区域，而不是火焰上部区域。这将提高灭火器灭火的效率。

(3) 压下扳手(squeeze)：如果使用的是 CO_2 灭火器，切勿握住把手。CO_2 从喷嘴喷出时会变得温度很低，如果接触到暴露的皮肤可能导致冻伤。

(4) 左右摆动横扫(sweep)：转动手腕来左右摆动灭火器以确保覆盖住火灾的边缘区域。这种摆动和叠加有助于灭火，并且减少复燃的概率。

焖烧的余烬能够迅速重新点燃燃烧材料，因此在最后扑灭火灾之后，应缓慢后退至安全地带，查看燃烧区域以确保已经完全扑灭火灾。

7. 手动火灾报警装置

一旦发现有火情，第一时间人工按下火灾报警启动按钮(图 5-11)。需要注意的是，按

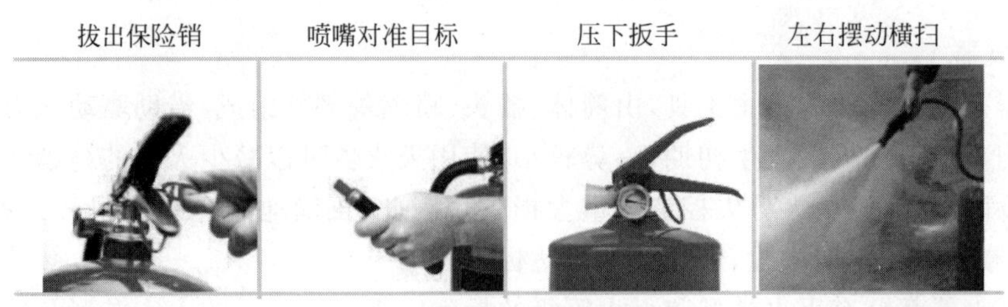

图 5-10 灭火器使用图示

下手动火灾报警按钮的时候，需要按照提示操作，持续数秒直到火警确认灯点亮(例如：往里按下；向下推至红灯)，这个状态灯表示火灾报警控制器已经收到火警信号，并且确认了现场位置。

图 5-11 手动火灾报警装置

8. 防火门

防火门除具有普通门的作用外，更具有阻止火势蔓延和烟气扩散的作用，可在一定时间内阻止火势的蔓延，确保人员疏散。

依据消防安全法规要求，常闭式防火门应始终保持关闭，处于正常状态，不得使用门挡阻挡其自然关闭。未保持常闭状态时，依据消防法将会被处以罚款。

5.2.2 应急培训和演练

1. 应急培训

为了最大限度地降低事故导致的人身损伤、财产损失，应居安思危，随时为可能发生的意外事故做好足够的应对准备。通过持续的培训强化可以帮助我们在事故真实发生的紧急关头，反应迅速，措施正确，不至于手忙脚乱、贻误时间甚至酿成更大的灾害。

进入实验室开展实验之前应完成基本的应急响应培训，了解学校或所在单位的应急响应流程。同时，应急小组应与有关部门定期组织开展专项应急响应培训，掌握应急知识如火灾疏散逃生、化学品泄漏处理、灭火器使用、人员伤害急救等。

急救是当人们受到意外伤害或突发疾病的时候，在送到医院治疗之前，施救者按医学护理的原则，利用现场适用物资临时及适当处理伤病者，并给予伤患紧急性、临时性的救助。有些急救手段需要接受专门的培训，比如心肺复苏、自动体外除颤器的使用、伤口包扎、骨折固定等。但有些处理原则是普遍比较容易掌握的，比如实验室最常见的化学品暴露和烫伤的急救原则(表 5-5，表 5-6)，熟悉各类伤害下的应急救援程序及自救互救知识可以最大限度上降低伤害程度。在遇到特殊化学品暴露时，请参考 SDS 中的急救处理方法，并结合现有条件综合采用。

表 5-5 烧烫伤 5 步急救法

1 冲	2 脱	3 泡	4 盖	5 送
用流动的冷水持续冲洗伤口 10～15min，或至疼痛得到缓解，注意不可直接使用冰块	小心除去伤口上的衣物、首饰等物品。必要时可用剪刀剪开衣物。若伤口与衣服黏在一起，勿强行分开衣物，有水泡处请勿弄破	将伤口持续浸泡在冷水中 30min	局部可用清洁的布或纱布覆盖	抬高患处至高于心脏水平，从而减少血流。尽快到医院处理

一般化学品暴露现场医疗处理原则，可按表 5-6 方法做应急处理，并照顾患者直到医疗人员或救护车到达，同时准备好 SDS。

表 5-6　一般化学品暴露现场医疗处理原则

侵入方式	症　状	措　施
皮肤接触	皮肤刺激及皮疹，过敏性皮疹，大量暴露可导致皮肤渗透。	立刻用大量清水冲洗皮肤，酸性化学品至少要 30min，碱性化学品至少要 45min。同时脱掉被污染的衣服和鞋，注意保暖。
吸入	恶心、呕吐、头痛或虚弱、上呼吸道刺激症状、高浓度的暴露可导致惊厥及意识丧失、脉搏紊乱、心悸或循环障碍、严重的肺部刺激症状。	保持呼吸道通畅。如果呼吸困难，立刻给予供氧。如果呼吸停止，使用单向阀面罩给予人工呼吸。
口服	恶心、呕吐、食欲下降、头痛或虚弱、腹痛、高浓度的暴露可导致惊厥及意识丧失、脉搏紊乱、心悸或循环障碍。	不要催吐。如果病人是清醒的，用大量清水漱口。如果病人是昏迷的，不可以通过口腔给予任何东西。
眼睛接触	眼睛刺激、发红、流泪或视力模糊。	立即用大量清水冲洗眼部至少 15min。如果有隐形眼镜的话，立刻摘除。

为了提高应急培训的参与度和有效性，可以考虑采取除课堂学习之外的其他多种形式的培训，如安全设施的实际动手操作，事故应急部分的小组讨论，应急知识竞赛，正确应急方法的视频滚动播放等。培训形式可以多样化，逐渐深入，使得正确的应急响应成为一个本能的、有序的、迅速的反应。

通过各种形式的应急培训，不仅限于学习理论知识，同时更应重视动手实操练习，熟练掌握一些基本的自救常识，不至于在紧急情况下，慌乱中束手无策，贻误宝贵而短暂的自救、互救时机，这对于第一时间实施有效的救援、减轻事故后果非常关键。

2. 应急演习

演习是为检验应急计划的有效性、应急准备的完善性、应急响应能力的适应性和应急人员的协同性而进行的一种模拟应急响应的实践活动。通过演习我们可以发现应急处理中的问题和不足，完善事故应急预案，密切各部门、各职能的协作和统一协调，提高实际处理突发事件的能力。那么如何做好一次演习呢？

1）准备演习

（1）演习计划

制订每年的应急响应演习计划，内容上可以是综合应急预案演习或者专项应急预案演习，形式上可以是现场演习或者会议室桌面演习，由于现场演习会更接近紧急场景且可能暴露出更多实际可能发生的情形，现场演习会效果更好。

（2）演习场景设计

设计场景时应结合实际情况，具有一定的真实性；情景的时间尺度最好与真实事故的时间尺度相一致；应慎重考虑公众卷入的问题，避免引起公众恐慌；应考虑通信故障问题。例如，演习场景可以是：实验室化学品泄漏、电器火灾、化学品人员暴露等。

（3）演习小组

为了得到演习的最大价值，每次演习都将会有主要负责人及若干观察人员，他们的职责是：

① 熟悉此次演习所测试的相关应急计划、应急流程和应急程序等。

② 角色分配：应急团队；参演人员；评估/观察员：设立观察员，以对演习进程实施情况进行观察，记录演习进度情况和处置实施情况，及时发现演习过程中存在的问题；如必要，需邀请外部援助或社区应急组织，如消防队、医院、相关政府部门、邻近单位的人员等。

③ 每次演习后召开小结会议，提出演习中发现的差距的改进措施。

(4) 其他

① 确认演习所需的物资、工具。

② 确保后勤保障方面的准备和要求。

2) 演习回顾与总结

演习结束后，演习小组应回顾整个演习过程，并进行总结评估，提出演习过程中存在的问题及改进意见，这一过程是参与者的再次学习和全面提高的一次机会，也是通过实践去检验和完善应急响应流程的科学手段。具体操作步骤如下：

(1) 收集反馈信息：各观察员根据应急组织机构和职责部分的内容评估各角色的响应能力。演习参与人员的意见和建议。

(2) 回顾整个演习过程：应急响应的区域位置、各时间点的响应行动、应急响应流程遵照执行情况、照片、视频、采集的数据（如空气检测数据、撤离点名数据等）、应急喷淋/应急广播/检测仪器/门禁释放/强制排风等相关设施运行/启动情况等。

(3) 识别并制订整改计划，整改计划应可实施、易执行、可以长期或从根本上改善演习中识别出来的问题，且应落实到具体实施责任人和完成时间节点。

本章介绍了应急管理和应急设施，但我们还是要再次强调有了应急的软件和硬件系统并没有从根本上解决实验室安全问题，事故发生的风险依然存在。在实验室事故引起人们越来越多关注的今天，我们不难发现，很多实验室管理者愿意将并不充足的经费投入到各类监测报警和应急系统中，这可能有两方面原因。一方面是国内消防应急管理起步相对较早，在发展初期主要是应对自然灾害，到目前为止，人类对自然灾害的预知时间和准确度还很有限，难以预测的灾害也是难以预防的，因此会更多地关注应急管理，在技术积累和宣贯方面有一定基础；另一方面管理者在具备一定的风险管理理念之前，对于实验室的风险认识是盲区，这时候最能让管理者心中有数的技防设备就是监测报警，从应急管理的发展历史不难看出，应急管理的理论基础是“事故不可避免”，因此当事故发生时尽量挽回损失，尽早恢复常态成了解决问题的主要方法。

其实预防还是应急，不仅仅是工作重点的区分，更是安全管理理念和方法之分。当以应急管理为主的时候，我们关注的是“后果”，思考怎样才能阻止事故发展，降低事故损失，但往往事故的原因是带有特异性的，以此为基础进行的“预防”会在政策制定和可操作性方面产生问题，要么以点概面出现适用性合理性矛盾；要么头痛医头脚痛医脚，新问题来了仍然猝不及防。关注“后果”还常常忽略事故的发生概率，过度增加预防和管控成本。例如废气治理，问题的出现源于某些制造业、化工企业的肆意排放，对大气造成严重污染。关注“后果”的思维带来了对实验室废气也采用“有排放必治理”的环保政策，导致一些排放浓度和排放量极低的实验室需要花费大量成本增加尾气处理装置，却忽略了其设备运行、设备制造、材料制造、材料运输，以及吸收、清洗材料作为危废处置的污染。这些不必增加的污染又是谁来买单呢？

如果采取风险控制的思路和方法，那么关注的则是“过程”，致力于制定并实施生产或实验活动过程中的“安全屏障”，阻断致因连锁，从而真正地预防事故发生，因此只有关注过程的安全管理才是真正的“预防为主”。例如易制毒化学品的存放和使用管理，如果关注过程，就会通过“实验过程的风险评估”做好化学品使用防范，也会根据化学品本身的危害进行分类存放。如果关注后果，那么针对制毒贩毒的犯罪行为，必定会出台严格的治安管理制度，并不考虑会给第二类第三类易制毒化学品在实验室中的正常使用带来麻烦，从而导致操作者想方设法囤积此类危险化学品的次生风险。可见建立了风险管理的理念和方法，会通过风险评估对危害后果和发生概率进行科学判断，以“风险最低且合理可行”(as low as reasonably practicable，ALARP)的原则在过程中实施安全屏障，切实降低事故发生率，是基于风险管理思维的“预防”，实践证明更加科学有效。

课后练习

1. 有约 50mL 硫酸泄漏在实验室地面，且附近有碎玻璃，请列出所需应急物资，并制定应急方案。
2. 有约 200mL 四氢呋喃泄漏于实验室地面，附近有 150℃的烘箱正在运转。
3. 接近热台的烧杯(内有 100mL 乙醇)突然起火，请写出应急响应步骤。
4. 请组织实验室的同学一起讨论并设计所在实验室气体泄漏的应急预案。

第6章

化学实验室事故分析与学习

在第1章我们曾经讲过，安全科学的诞生源于对事故的分析以及如何降低事故发生率的研究，由此可见对事故分析是安全管理极为重要的组成部分。事实上，事故的分析与学习是发现安全管理漏洞的试金石。

6.1 事故真的警醒我们了吗？

2007年*Science*在对生物实验室事故研究中发现，一些公开的实验记录中出现人员暴露、设备故障以及未遂事件并没有公之于众，实验室人员出现操作失误的时候，为了自身声誉等考虑经常对导师或实验室负责人隐瞒。文章呼吁建立匿名的公共平台用于分享实验室事故并且详细分析事故致因，以供其他实验室工作者学习，避免类似事故发生。

2013年1月有学者在*Nature*发文指出，科学家们对实验室安全可能存在误判(图6-1)。通过对2400名科学家进行问卷调查，有86%的科学家认为自己工作的环境很安全，但是他们中有一半人在实验过程中发生过从动物咬伤到吸入化学品等大大小小事故，而更大比例的是独自工作时未上报的未遂事件，例如实验室一般的小事故(针头扎伤、烫伤等)。但是有30%的受访者回应说他们目睹了同事更"严重"的需要去医院进一步处理的事故，却没有向导师汇报。

2019年发表在*Nature Chemistry*上的综述文章一针见血地指出，"目前还没有研究人员、大学、监管机构或专业组织对每年发生的实验室事故进行整理；也没有关于实验室事故或未遂事件的类型或频率的综合数据分析。"数据的缺乏严重阻碍了人们努力去了解事故、采取措施预防事故、降低事故发生率和严重性，以及完善基于事故分析的安全指南或SOP。

实验室事故或事件的上报与统计、分析与学习对于提高安全管理水平，弥补管理漏洞非常有帮助，然而是什么阻碍了我们去共享事故数据呢？

在调查事件的过程中，指责受害者的倾向往往导致事后调查被认为是一种惩罚，而不是学习经验，因此会增加人们对调查程序的负面态度，影响了对实验事故的认知，也会让调查

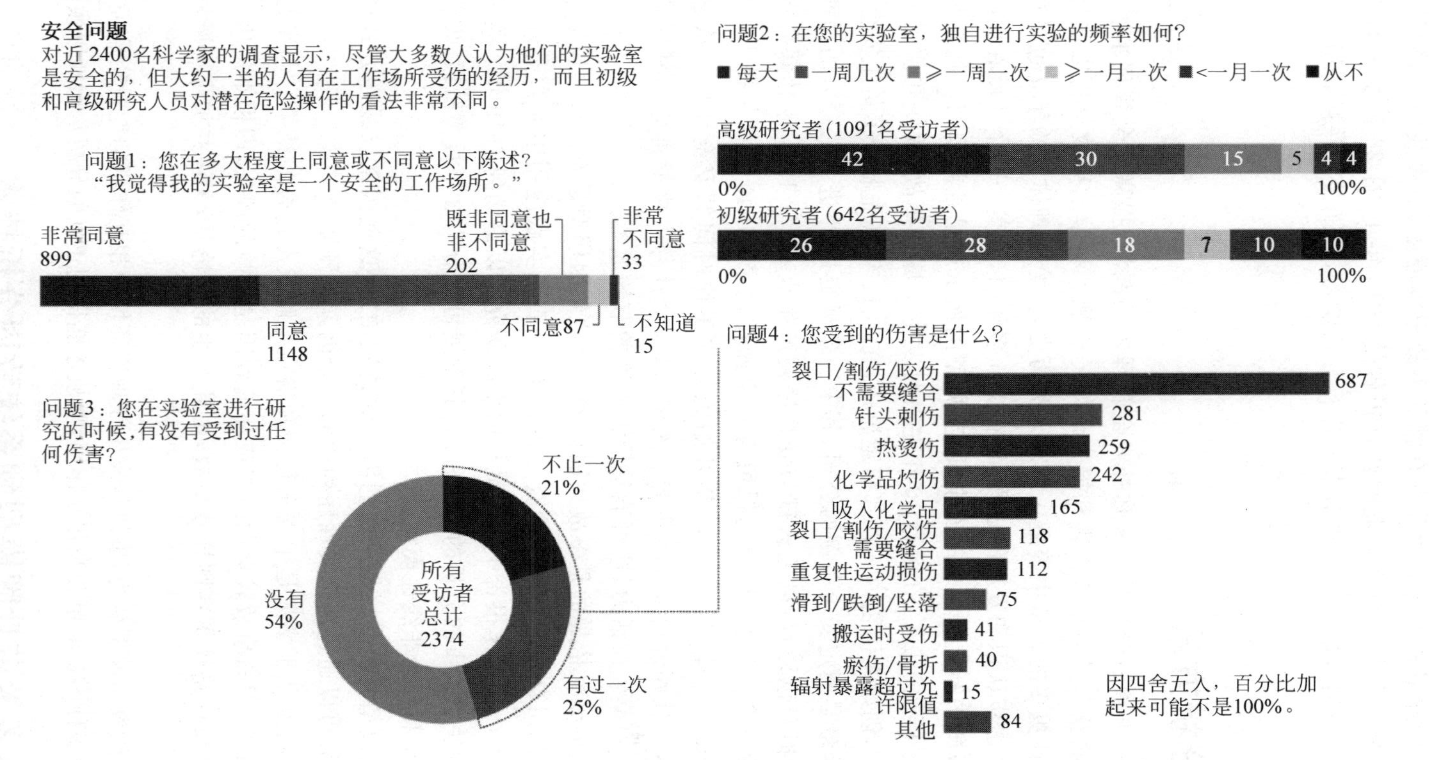

图 6-1　有关实验室安全的问卷调查结果

本身深陷谜团。害怕追责和影响声誉是增加漏报率的重要原因，事故单位也会因为类似的想法而忽略事故分析，特别是未遂事件的分析和分享，总觉得“家丑不可外扬”。我们经常看到单位发生事故后的通报和内部通知并没有触及事故根本原因，对事故的直接原因也是一笔带过。国内实验室事故最详细而专业的调查报告是 2018 年 12 月 26 日发生的北京某大学的爆炸事故，后文将通过此公开报告对事故进行分析学习，以期警示并提高相关的实验室管理认识。

6.2 事故分析方法

在事故中警醒，并通过分析学习来弥补安全管理中的漏洞，提高安全管理水平，这才是事故带给我们的“收获”，是对事故伤害和损失最好的告慰。科学的事故分析方法让事故学习获得了价值，并让更多的人从中警醒。纵观人类历史，安全管理体系的建立也是在不断的事故中经历了一个逐步认识和发展的过程，早在 100 多年前，欧美一些企业就在面临生产事故对企业生存的威胁中制定了简单的安全规定，典型的例子就是杜邦公司。杜邦公司在创始初期是一家制造火药的工厂，在运行 10 年左右时发生了爆炸事故，致使几位工人丧生以及巨大的财产损失，创始人伊雷内·杜邦痛定思痛，在 1811 年率先制订了员工安全计划，杜邦公司成为世界上最早制定安全条例的公司，其中一条规定是：“进入工厂区的马匹不得钉铁掌，马蹄都要用棉布包裹着，以免铁钉与硬物磕碰产生火花。”；1911 年杜邦公司成立了世界上第一个企业安全委员会，至今仍保留着安全操作记录；1940 年杜邦提出“所有伤害都是可以预防的”安全管理理念；1950 年开始施行非工作时间的安全计划。从事故中自省，从事故中崛起，在杜邦公司 200 多年的发展中，每一个杜邦人可能都想不到安全管理体系可以使一个企业永葆生命活力，这可能是最大程度的节约成本。

事故分析方法的确立依靠的是事故致因模型。事故致因模型是安全科学理论中的重要组成部分，从杜邦公司自发进行事故调查分析开始，一直是实践应用中非常有效的分析工具，英国工业健康委员会工作报告中提及最早的事故研究可以追溯到 1919 年。将事故致因模型化是将科学方法引入事故分析的重要标志，其发展可以分为 3 个重要阶段，即简单线性模型、复杂线性模型和复杂非线性模型。

(1) 简单线性模型假设事故是一系列因素的诱发结果，这些因素以线性方式依次相互作用，因此避免事故可以通过消除线性序列中的一个因素来预防。

(2) 复杂线性模型基于事故是不安全行为和潜在危险状态组合的结果。与事故最近的直接致因是人的行为，而离事故较远的组织或环境致因是事故的源头，即根本原因。这一系列致因在系统内沿线性路径贯穿则导致事故，由此产生的结论是，关注并加强屏障和防护可以防止事故发生。

(3) 非线性事故致因模型认为，事故是发生在现实环境中相互作用的变量组合而导致的，因此只有通过理解多种因素的组合和相互作用，事故才能得到正确的分析从而加以预防。

6.2.1 从多米诺骨牌模型到系统致因分析技术

事故致因模型本身的历史可以追溯到美国安全科学史上举足轻重的人物——海因里希(Heinrich)。他在 1931 年出版的《工业事故预防》是第一本研究事故的重要著作，书中试图阐述导致事故的顺序因素，用连续的线性模型提供了一个简单可视化的因果因素发展“路径”（图 6-2），也就是著名的“多米诺骨牌”模型（domino model），开创了建立事故致因模型的历史，也是简单线性模型的代表（图 6-2）。

伤害是由此前一系列因素共同作用造成的。骨牌上的文字从左至右依次为：“人的社会背景”“人的疏忽和错误”“不安全行为和机械伤害”“事故”“伤害”

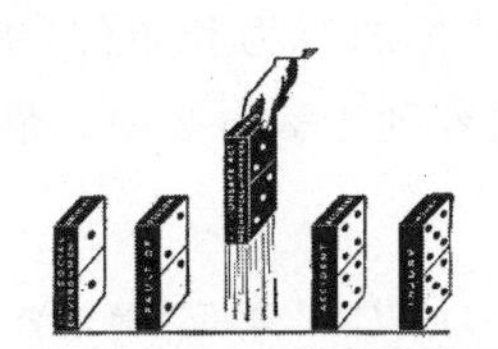

不安全行为和机械伤害被认为是导致事故的核心因素。骨牌上的文字从左至右依次为：“人的社会背景”“人的疏忽和错误”“不安全行为和机械伤害”“事故”“伤害”

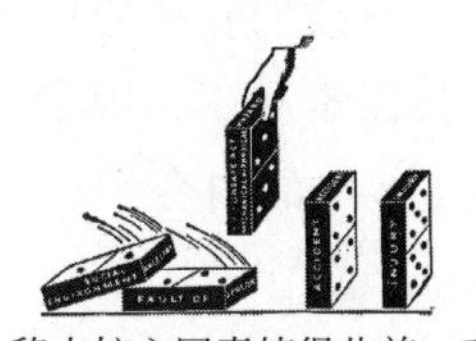

移去核心因素使得此前一系列因素失效。骨牌上的文字从左至右依次为：“人的社会背景”“人的疏忽和错误”“不安全行为和机械伤害”“事故”“伤害”

图 6-2　《工业事故预防》中的多米诺骨牌模型

多米诺骨牌模型描述了事故的连续因果链，如同多米诺骨牌的连锁倒塌，最终导致事故发生。五连骨牌定义“人的社会背景”“人的疏忽和错误”“不安全行为和机械伤害”“事故”“伤害”从左至右形成连锁骨牌，防止事故发生的方法就是抽取事故之前的一个骨牌，也就是消除导致事故的一个因素。多米诺骨牌模型简单而形象地阐述了事故的因果关系，让管理者方便地建立多个致因之间的联系，并说服相关人员纠正错误。但是不难看到这一模型可能诱导人们更关注事故的直接原因，也就是不安全行为，从而忽略了事故的根本原因。由此在此后的应用中，前两个骨牌被组织、计划、领导力或其他管理上的影响因素所替代，另一位与海因里希共事的职业安全领域的先驱弗兰克·博德（Frank Bird）在丰富多米诺骨牌模型时将最后一个骨牌更新为包含所有损失的“事故后果”。即便如此，多米诺骨牌模型仍因为过于简单，不适用于复杂系统的事故分析，且应用中容易忽视在系统设计、组织管理体系构建方面的缺陷而被诟病。1985 年弗兰克·博德与格尔曼（Germain）共同提出了另一个线性事故致因模型——损害致因模型（loss causation model），并逐渐发展为 SCAT（systematic cause analysis technique，SCAT）分析工具（图 6-3）被，著名的安全管理与风险评估公司挪威船级社（det norske veritas，DNV）沿用至今。

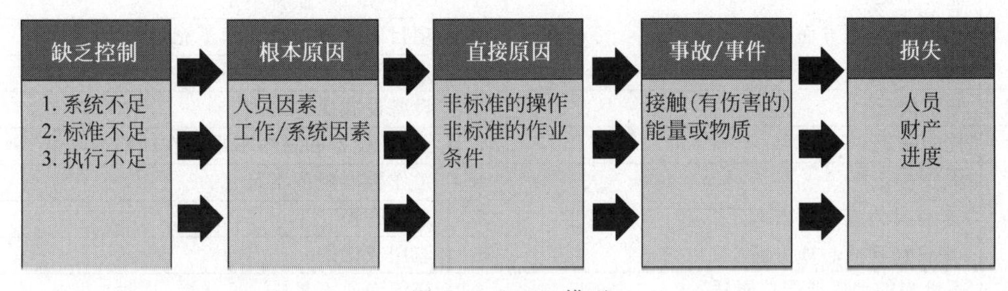

图 6-3　SCAT 模型

在 SCAT 分析方法中除了关注事故的直接原因（immediate causes）和根本原因（basic causes），还特别挖掘了事故在组织和管理上的失控（lack of control），包括管理系统缺陷、标准程序上的缺陷和不遵守标准的问题。在使用 SCAT 分析工具的时候，把缺乏控制视为管理系统上的重要改进，在事故发生的每个节点都可以分析其直接原因、根本原因和(管理系统上的)改进措施。

事故的直接原因包含不达标的行为和条件，主要考虑表 6-1 中的内容。根本原因包含人员因素和工作因素，主要内容列于表 6-2 中。最后在挖掘管理失控原因时可以主要分析表 6-3 中的内容。

表 6-1　SCAT 分析工具中直接原因的主要内容

不达标的行为		不达标的状态	
1	未经批准操作设备	1	防护或屏障不足
2	未加警告/保护	2	不充分或不恰当的个人防护装备
3	未能保障有效的资源配置	3	工具、设备或材料存在缺陷
4	以不正确的速度操作	4	拥挤或行动受限
5	安全装置失效	5	警告系统不足
6	移除了安全设施/设备	6	存在火灾或爆炸隐患
7	使用了有缺陷的设备/工具	7	内务管理差，工作场所杂乱
8	使用了错误的设备/工具	8	不利的交通或天气条件
9	不正确使用个人防护装备	9	暴露于噪声中
10	安装不当	10	暴露于射线中
11	工作位置不当	11	暴露于高温或低温
12	装载/放置/提升不当	12	暴露于有毒有害物质
13	未按程序执行作业任务	13	不充足或过度的照明
14	维修运行中的设备	14	通风不足
15	不正确的行为	15	准备/计划不充分
16	受酒精或/和药物的影响		

表 6-2　SCAT 分析工具中根本原因的主要内容

人员因素		工作因素	
1	能力不足： -体能或生理方面导致 -精神或心理方面导致	1	领导和(或)监督不足
		2	项目管理或工程技术不充足
		3	采购与承包商管理不当
2	知识缺乏	4	设备设施保养不当
3	技能缺乏	5	工具、设备和材料不足或有缺陷
4	压力 -来自身体或生理方面 -来自精神或心理方面	6	工作标准规范不足
		7	过度磨损
		8	滥用或误用
5	不恰当的动机或职位不适	9	交流沟通不足
		10	管理决策不当
		11	应急管理不足

表 6-3　SCAT 分析工具中安全管理体系缺陷分析

对安全管理体系的要素逐一排查			
1	领导力和管理	11	个人防护装备
2	管理人员培训	12	健康控制
3	计划的检查	13	系统评价体系
4	任务分析与程序	14	工程控制
5	事故/事件调查	15	人员沟通
6	任务监视	16	小组会议
7	应急响应准备	17	常规激励
8	组织的规则	18	人员雇佣与安置
9	事故/事件分析	19	购买控制
10	雇佣人员培训	20	工作时间以外的安全

6.2.2　瑞士奶酪模型

瑞士奶酪模型是由曼彻斯特大学教授詹姆斯·瑞森和丹特·奥兰德拉提出的一种综合事故因果理论，这种奶酪模型也被称为“累积行为效应”。1990 年，詹姆斯·瑞森所著的《人为错误》一书中主要阐述的是组织事故模型（organizational accident model，OAM），如图 6-4 所示。组织事故模型的重要观点在于关注事故原因中的安全管理体系、组织、政策、文化等因素。这一观点有别于“海因里希法则”，把事故原因分析从对人行为的过度关注引导到追溯组织和管理方面的缺陷，是 OAM 对安全科学的最大贡献。2000 年瑞森的文章《人为错误：模型和管理》发表在英国医学杂志（*British medical journal*，*BMJ*）上（图 6-4），将瑞博·李在 20 世纪 90 年代初期提出的 OAM 想法以奶酪的形象呈现出来，这标志着瑞士奶酪模型（the swiss cheese model SCM）正式诞生。

SCM 首先被应用于航空事故分析，一片片奶酪片代表了组织和管理系统中的屏障，而每一个组织管理的奶酪片又包含了许多因素，奶酪片上的孔洞代表屏障的漏洞。SCM 提出后被广泛应用，源于 SCM 用一个简单的图像模型很形象地描述了不仅限于个人行为的失误，更重要的是包含了组织管理上的漏洞。图形胜过语言文字——SCM 可以表达基于不同背景行为的多种影响因素，可以灵活地阐述不同专业、不同行业的事故原因分析思路。作为复杂线性事故致因模型，SCM 与其他线性事故致因模型的最大区别在于，其阻止事故发生的手段是让系统增加屏障、弥补漏洞或缺陷，而不是消除人为错误（拿掉一个或多个多米诺骨牌）。瑞森认为完全消除人为错误是不可能的，从组织体系上下功夫更有效，1997 年瑞森进一步完善了系统安全模型。

瑞士奶酪模型在推出 30 多年后在某些行业仍被认为是最佳实践。调查事故的专业人员可能会考虑因果关系的复杂性，但实践发现在实验室事故分析中，简单的线性模型在使用中更加清晰易行。在陶氏，SCM 的奶酪片作为保护屏障共有 3 层，即 sharp end——来自个体自身保护；system barrier——来自系统的监督和管理；strategy barrier——来自组织高层在战略上的管控和领导。保护屏障可能出现漏洞，当 3 层屏障的漏洞同时出现时，就会触

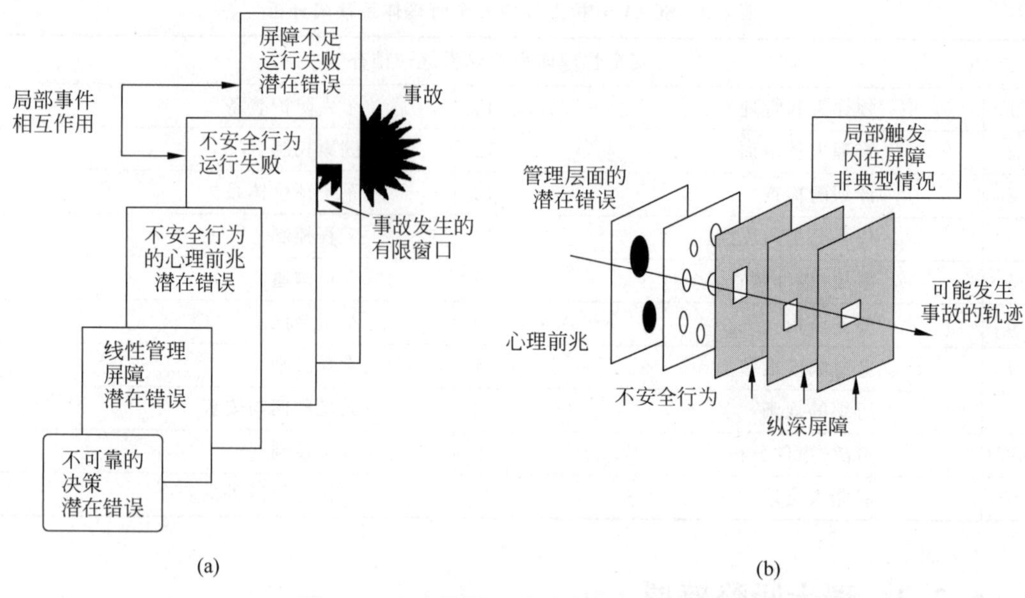

图 6-4 《人为错误》一书中的组织事故模型

发事故。个体自身保护(sharp end)依赖于个体的知识、经验、技能,也与个体的健康、习性、个性、精神状况、心理能力、反应敏锐度、听看闻感官能力相关。系统的监督和管理(system barrier)依赖于对风险的识别,以建立有效的程序和规范、合适的监督和有效的培训。组织高层在战略上的管控和领导(strategy barrier)包括在组织机构的设置上赋予安全管理部门一定程度的奖惩权限,资源配置上考虑安全的投入,目标设立时明确安全的承诺,营造企业或校园文化时融入安全的元素。

6.2.3 事故树法

基于可靠性理论和布尔代数的知识,1961 年贝尔电话实验室的工程师们用逻辑符号的布尔模型来显示控制系统的异常行为,这个基于研究某些部件故障的工具——事故树法(fault tree analysis,FTA)就这样诞生了。事故树法不能算作事故致因模型,它更是一种事故原因分析工具。FTA 最初是在 1962 年由贝尔电话实验室为美国空军在民兵武器系统上使用;1965 年在西雅图举行的由波音公司和华盛顿大学主办的系统安全研讨会上,FTA 得到了广泛的报道。近年来 FTA 得到了进一步的完善,从此成为一种广泛使用的分析方法,从技术角度评估大型复杂系统的安全性和可靠性。目前,基于 FTA 的分析软件在航空航天、核工业、化学品、机器人等工业领域被广泛应用。

FTA 是使用演绎逻辑来了解足够复杂系统中某一特定故障的所有根本原因,设定顶事件为事故,通过与(and)或(or)门找到所有的底事件,同时识别顶事件和底事件之间的二级事件。其中底事件就是事故的根本原因,与事故最近的就是直接原因(图 6-5)。底事件应该是相互独立的,各种底事件和二级事件都可以是“与、或”关系,而最关键的就是能够毫无遗漏地找到它们,这可能需要一个团队来完成。FTA 可以定性分析事故原因,也可以定量分析,由每一个底事件发生概率通过逻辑关系计算顶事件(事故)的发生概率。2004 年结合

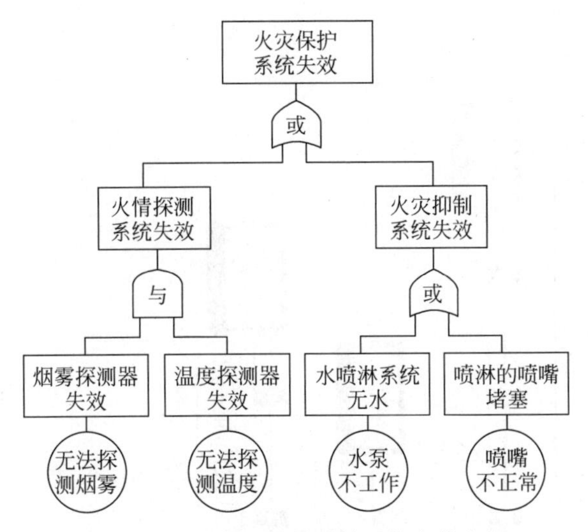

图 6-5 事故树法分析消防系统失效事故

了事故树、事件树(event tree analysis)和安全屏障思想的蝴蝶结法(bowtie method)创立之后(图 6-6),安全屏障思维也被单独借鉴到 FTA 方法里(图 6-6)。在传统的 FTA 每一个致因路径上加上已有屏障来分析致因与屏障失效的共同作用,以便通过改进系统设计、增加屏障或改进屏障有效性来减少事故的发生概率,更能反映事故现场的实际情况。

改进后的事故树法作为一个分析事故因果关系的工具,非常直观地描绘了具有逻辑关系的事故原因和相关事件,可以非常有效地找到事故的根本原因,也是事故分析的最终目的。事故树法中的安全屏障可以是工程控制中的硬件设施,管理控制中的行政手段,个人防护装备,也可以是组织架构和管理理念,从而弥补了 FTA 中在组织管理方面分析的欠缺。定量分析的 FTA 还有助于确定问题解决手段的优先级,估算事故发生概率作为决策参考。当然对于特别复杂的事故分析,其逻辑关系也容易混乱,其分析准确程度非常依赖人员专业程度和经验。

除了上述几种事故分析方法,常用的事故分析方法还有 5Why 法、鱼骨图分析法、事件树法等。事故的复杂性使追寻事故致因成为难题,20 世纪 80 年代初,为了更好地表达组织和系统各影响因素之间的关联,两种非线性事故致因模型诞生。正是由于人们对事故根本原因孜孜不倦地追寻,致使安全科学在事故分析的方法论上不断探索。通过模型假设把追寻问题的思路形象化,可以帮助人们进行事故分析与学习。在人类开始关注安全的 100 多年历史中,事故因果分析始终占有重要地位,事故致因理论、模型和工具不断发展进步。从 20 世纪 30 年代开始的研究与实践,其真正的意义在于不断探究事故的因果关系,无论哪种模型的演变都让专业人员对因果关系的复杂性理解更深刻,从而找到有效的预防事故的方法。

以上主要介绍了本书中使用的经典理论、事故致因模型和工具,接下来我们通过两个具体事故案例进行分析和学习。

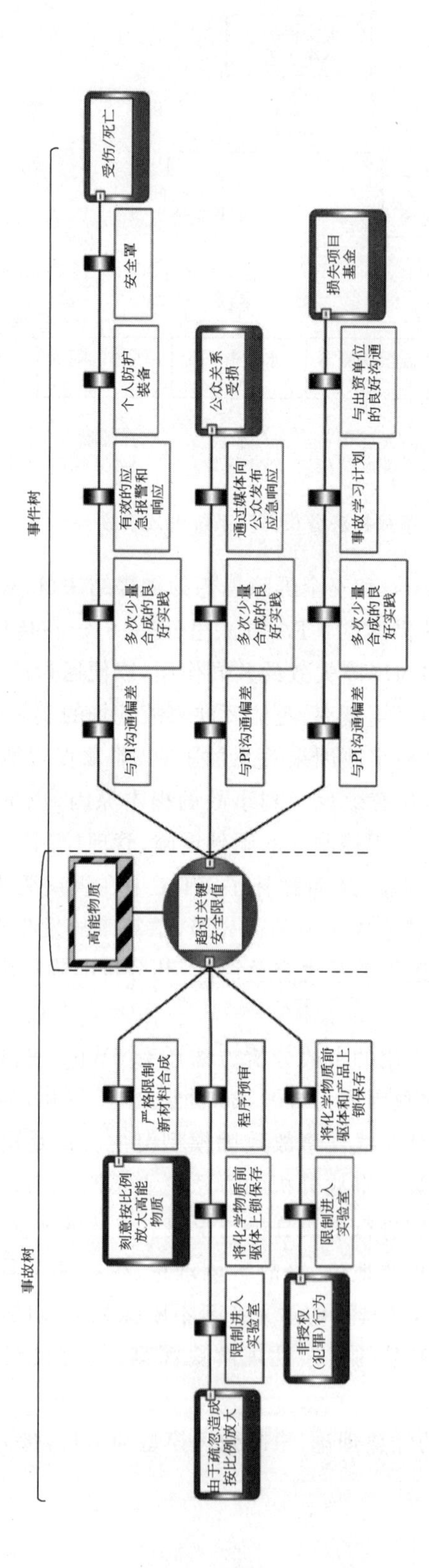

图 6-6　带有安全屏障的蝴蝶结分析法

6.3 从事故中学习

从事故中学习是一种非常有效的发现漏洞并弥补漏洞的方法，然而我们是否都真的从事故中找到问题了呢？阻碍我们从事故中学习的原因主要有两个。除了很难得到事故分享的途径和真实信息之外，对事故分析与学习方法的欠缺也是一个主要原因。

例如，几乎所有做过柱层析实验的人都经历、目睹或者听说淋洗液喷溅的事故。其中大多数都是因为在开启增压泵的时候，没有检查层析柱磨口连接处卡子或皮筋的紧固牢度，或者根本就没有这种措施，导致了加压后液体从磨口连接处喷溅而出。这类事故为什么屡屡发生？究其原因也有两个：一个原因是喷溅出的淋洗液危害较低，即使被喷到身上、脸上或眼睛，也较快挥发，感受到的刺激性是短暂的，没有造成急性后果，没有得到当事人充分重视，更没有将自己的教训加以分析并分享给他人；另一个原因是分析问题之后没有建立行之有效的控制措施，这一类事故的直接原因是没有上紧卡子或皮筋就启动了增压泵，那么事故分析往往找到直接原因就结束了，最多就是提醒大家加压之前先检查一下，这种依靠人为操作来避免事故的措施往往容易出现疏忽和意外。有效的事故分析与学习可以从更多视角发现问题并找到防护措施，例如①这类操作多数会在通风橱内进行，由于增加泵处于层析柱顶端，加压时会完全开启视窗，增加喷溅伤害程度，如果我们选择水平视窗或者混合视窗的通风橱，在加压时将视窗玻璃挡在面前，那么这一道工程控制的防护措施就可以避免喷溅伤害。②如果我们把柱层析的操作固化为一份标准操作程序(SOP)，让所有需要此操作的人都学习掌握后再进行实验，并且把这个SOP作为实施检查项，这种较强的管理控制措施就会降低失误率。③如果我们在SOP中增加个人防护装备的要求，佩戴护目镜和面屏，那么操作者就多了一道防护措施。由此可见，一个常见事故的分析学习如果没有被“轻视”，可能带来实验操作巨大的改观，增加的防护措施就像增加的保护层，显著提高了实验的安全性。

然而大家有没有想过，我们为什么要对一次喷溅事故进行如此认真的分析和学习？因为我们认识到，如果喷溅的淋洗液危害较高，可能给我们带来不可挽回的伤害和损失；如果喷溅到热源表面还可能引发火情；如果喷溅的刺激性让当事人慌乱产生其他失误，恶性后果将叠加……如果我们分享自己的事故，与大家一起吸取其中的教训，我们就可以不断更新自己的风险观，这是一个突破经验主义和单一视角的最佳实践。

这些认知不是臆断的，是基于我们具有风险评估的标准。有人觉得喷溅是可以接受的风险，并没有产生足够重视，有人会认为喷溅是非常危险的，一定要采取有效措施来避免。这种差别是每个人心中对风险的接受程度不同造成的，在具有一定风险的化学实验室做实验，我们无时无刻不在进行风险评估，面对风险大小的拷问。可惜的是，见诸报道的实验室事故并不少，可以用来分析和学习的事故却不多。下面我们就针对可以获得详细事故报告的“北京某大学较大爆炸事故”和一起“水热釜突然泄压事故”进行详细分析和学习。

6.3.1 北京某大学较大爆炸事故

1. 事故经过

北京某大学爆炸事故是实施“垃圾渗滤液污水处理”横向科研项目时发生的责任事故。

该项目目的是制作垃圾渗滤液硝化载体，由北京某大学教授李某某申请立项，经学校批准后由李教授负责实施。2018 年 11～12 月，应合同约定，李教授购买了 30 桶镁粉（总量 1t，属易制爆危险化学品）、6 桶磷酸（总量 0.21t，属危险化学品）和 6 袋过硫酸钠（总量 0.2t，属危险化学品），并通过互联网购买项目所需的搅拌机（饲料搅拌机）以及其他材料。

2018 年 2～11 月，李教授先后开展垃圾渗滤液硝化载体相关试验 50 余次。事发项目所用镁粉存放于综合实验室西北侧；磷酸和过硫酸钠存放于模型室东北侧；搅拌机放置于模型室北侧中部。

12 月 23 日李教授带领 7 名学生在模型室地面上，对镁粉和磷酸进行搅拌反应，未达到试验目的。

12 月 24 日李教授带领上述 7 名学生尝试使用搅拌机对镁粉和磷酸进行搅拌，生成了镁与磷酸镁的混合物。因第一次搅拌过程中搅拌机料斗内镁粉粉尘向外扬出，李教授安排学生用实验室工作服封盖搅拌机顶部活动盖板处缝隙。当天消耗 3～4 桶（每桶约 33kg）镁粉。

12 月 25 日李教授带领其中 6 名学生将 24 日生成的混合物加入其他化学成分混合后，制成圆形颗粒，并放置在一层综合实验室实验台上晾干。其间，两桶镁粉被搬运至模型室。

至此李教授带领学生确定的垃圾渗滤液硝化载体制作流程分为两步。

第一步，通过搅拌镁粉和磷酸反应，生成镁与磷酸镁的混合物。具体操作步骤如下：第一人负责向搅拌机中加入 7～8 勺镁粉（每勺约 0.5kg），盖上盖子，用白大褂将盖子周边缝隙封闭，防止产生粉尘；第二人负责启动流量泵最高档开始加入磷酸，并随时准备关闭流量泵；第三人启动搅拌机开始搅拌镁粉，让磷酸与镁粉混合反应，并用手感受搅拌机外壁温度，随温度的增高逐步加大出料口开启度，其双手不得离开搅拌机外壁和出料口控制板；当温度过高或出料口所出混合物达到海绵体时，第三人完全开启出料口，指挥第二人关闭流量泵；当所有混合物均已从搅拌机出料口流出，在地面冷却后装袋。

第二步，在镁与磷酸镁的混合物内加入镍粉等其他化学物质生成胶状物，并将胶状物制成圆形颗粒后晾干。

12 月 26 日上午 9 时许，6 名学生按照李教授安排陆续进入实验室，准备重复 24 日下午的操作。经视频监控录像反映，当日 9 时 27 分 45 秒，3 人进入一层模型室；9 时 33 分 21 秒，模型室内出现强烈闪光；9 时 33 分 25 秒，模型室内再次出现强烈闪光，并伴有大量火焰，随即视频监控中断。

事故发生后，爆炸及爆炸引发的燃烧造成一层模型室、综合实验室和二层水质工程学Ⅰ、Ⅱ实验室受损。其中，一层模型室受损程度最重。模型室外（南侧）邻近放置的集装箱均不同程度过火，3 名学生当场死亡。

2. 事故分析

从事故经过不难看出，导致该事故的直接原因是实验工艺中的重大风险没有被辨识出来。在第一步反应中磷酸与镁粉的混合，生成的产物不仅有磷酸镁，还有引燃能量很低的氢气。危害辨识的“缺项”直接导致了重大的控制缺失，“用白大褂将（搅拌机）盖子周边缝隙封闭”的措施主要目的是防止易燃的镁粉飞扬，却恰恰让氢气的浓度上升。事故分析报告得到的结论是：“搅拌机转轴旋转时，转轴盖片随转轴同步旋转，并与固定的转轴护筒（以上均为铁质材料）接触发生较剧烈摩擦。运转一定时间后，转轴盖片上形成较深沟槽，沟槽形成的间隙可使转轴盖片与转轴护筒之间发生碰撞,摩擦与碰撞产生的火花引发搅拌机内氢气发生爆炸。”点火源的分析也正好解释了为何第一次用相同工艺做实验的时候没有出现爆炸险情。

然而,任何事故的发生绝不是找到直接原因就算了事。爆炸事故如果只停留在预防事故直接原因上,那么也仅仅是提高对此类反应工艺的认知,如果没有对体系和组织中漏洞的分析,那么还可能出现其他的事故。

下面采用 SCAT 分析此次爆炸事故(详见图 6-7,二维码 6-1)。SCAT 致因分析基于事故树和损害致因模型,不仅可以分析事故原因的底层事件,同时也可以从组织管理层面找到事故的根本原因,从而弥补漏洞,有效预防事故发生。

从 SCAT 图中可以看出,导致爆炸事故的直接原因有并列的两个,一个是易燃易爆的原料和产物;一个是设备摩擦碰撞打火。而 SCAT 分析结果中组织管理方面的根本原因均指向了实验室安全管理多方面的缺失。实验内容和工艺是多变的,总会有人们无法分析和预见到的风险,但是实验室安全管理体系可以在组织上阻止一些过失的发生(图 6-7)。

根据事故报告进行 SCAT 分析,我们可以得到基本结论就是学校和学院基本上没有实施有效的实验室安全管理,在各个环节均存在缺失和未落实的情况。从管理和组织框架上追寻事故的根本原因,学校和学院的实验室安全领导和战略决策也是不足的。将 SCAT 分析出的根本原因归纳,用 SCM 模型表现出来可以得到图 6-8,可以帮助我们清晰地了解在管理层面的缺陷。

6.3.2　水热釜突然泄压事故

利用水热釜制备新材料是近十几年发展起来的一类实验技术,它的起源是在一定压力和温度下,在水体系中合成无机纳米材料。由于水在不同温度下的饱和蒸汽压明确,水热釜内压力可计算,因此最初的水热釜设计是一个完全密闭的耐高压容器。水热釜技术最大的风险是,一旦超出耐压上限会直接导致剧烈爆炸(图 6-9)。水热釜由不锈钢套筒和不同材质的内胆组成,常见的有耐腐蚀的聚四氟乙烯内胆和耐高温的不锈钢内胆。一般容积在 25～500mL,常见的水热釜使用温度为 180～220℃,设计使用上限为 1～3MPa。随着水热釜技术的广泛应用,目前也发展出带有泄压设计的水热釜(图 6-10)。

由于使用水热釜存在爆炸风险(图 6-11)。除了爆炸的破坏力导致人员伤亡和设备故障外,还可能造成有害物质释放。因此进行水热釜操作时必须接受培训,了解设备安装与维护方法、个人防护要求、安全操作程序和应急程序。

下面通过事故来分析水热釜事故的直接致因与根本原因,同时分析如何通过事故学习来提升相关实验室管理,弥补风险管理漏洞。

1. 事故经过

2018 年 1 月 12 日,某同学利用水热釜进行二氧化钛(TiO_2)合成实验。具体实验条件为 8mL 异丙醇钛溶于 160mL 异丙醇中,置于 200mL 水热釜中,此体系在 200℃高温和自身形成的高压条件下生成 TiO_2。水热釜组装后放入恒温烘箱开始加热,40min 后升到 200℃,恒温 2h 左右烘箱中发出机械响声,接着看到从烘箱后部冒烟。当事人立即采取应急

6-1

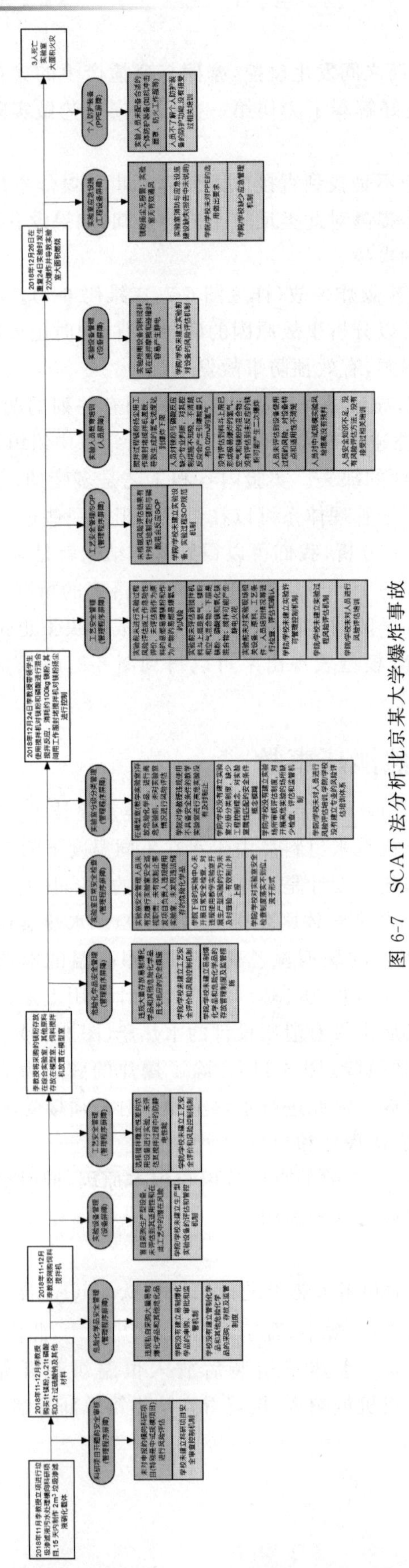

图 6-7 SCAT 法分析北京某大学爆炸事故

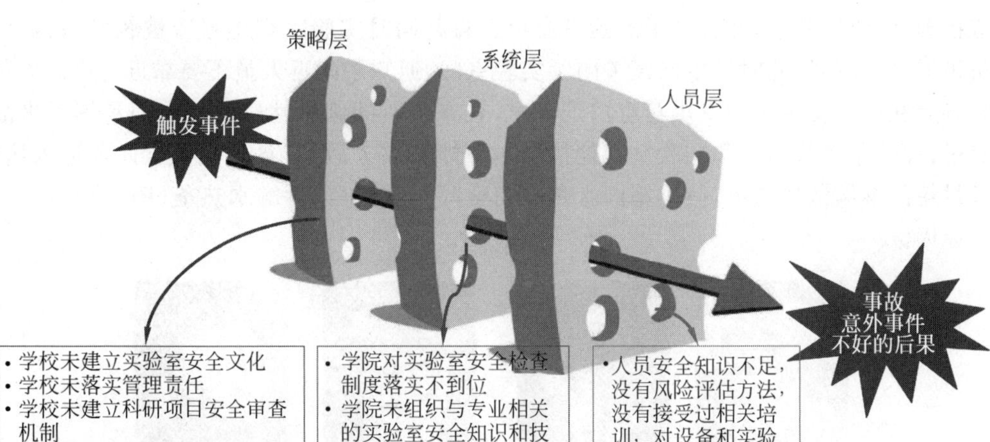

图 6-8 利用瑞士奶酪模型分析北京某大学爆炸事故

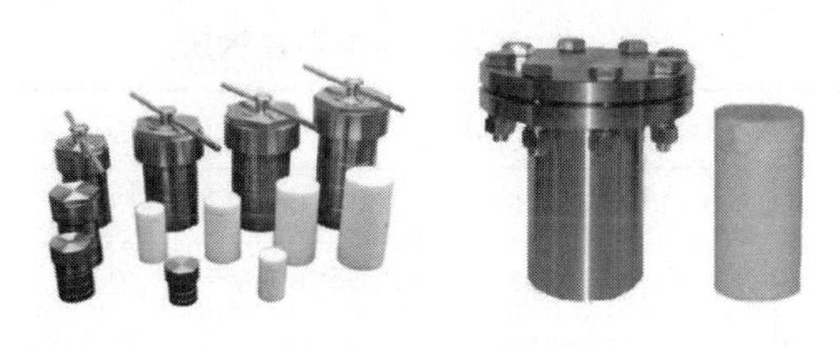

图 6-9 无泄压设计的水热釜

图 6-10 具有泄压设计的水热釜

炸坏的加热炉　加热炉放置位置　加热炉的背面　爆炸的水热釜

图 6-11 水热釜爆炸事故照片

响应措施，将烘箱断电，并打开了实验室窗户。与此同时实验室烟感报警被触发，物业应急人员迅速赶至现场，此时学生已经关闭了实验室门，通知了附近人员不要靠近。应急人员赶至现场后在门外发现实验室烘箱有白烟冒出，且有残留的刺激性气味。当即了解了事故发生经过，评估了事故风险和实验室其他情况。待烟雾散去后，应急人员戴全面罩进入房间，打开烘箱门继续散热通风，待烘箱内水热釜完全降至室温后，拆解水热釜(图 6-12)，并了解事故原因。

图 6-12　发生泄漏的水热釜

2. 事故分析

在对事故原因的分析过程中，我们了解到，当事人是参照文献进行实验的，溶剂异丙醇只能查阅到 90℃以下的饱和蒸气压(表 6-4)，当事人用理想气体方程估算异丙醇在 200℃下饱和蒸汽压约为 199kPa，并意识到这一估算偏离太大，因此在多次重复原配方量的基础上，逐步放大到 2 倍和 4 倍配方量，并获得多次的成功实验数据。

表 6-4　异丙醇的饱和蒸气压

温度/℃	蒸气压/kPa	温度/℃	蒸气压/kPa	温度/℃	蒸气压/kPa	温度/℃	蒸气压/kPa
0.00	1.19	25.00	5.867	50.00	23.57	75.00	74.85
5.00	1.61	30.00	7.88	55.00	30.32	80.00	92.23
10.00	2.27	35.00	10.52	60.00	30.46	85.00	112.74
15.00	3.17	40.00	14.08	65.00	48.41	90.00	136.08
20.00	4.32	45.00	18.24	70.00	60.63		

本次事故与之前重复配方的不同之处在于，实验采用了新的水热釜和新的填充量，这也成了发生本次事故的直接原因。而这一变更并没有引起足够重视。

如果按照之前估算的 199kPa 压力，约为 2 个大气压，在水热釜承压范围之内，而从事故的水热釜可以看到导致顶丝翘起来是不止 2 个大气压的，由此可见，使用者对于饱和蒸汽压的估算是完全错误的。

新的水热釜所配聚四氟乙烯内胆与外壳的高度差设计得太小，无法很牢靠地卡住金属垫片(图 6-13)。安装时，原本放在聚四氟乙烯上面的金属垫片可能由于轻微震动偏离了中心，没有完全将内胆卡压在套筒中。当温度、压力上升之后，压力超过水热釜承受上限，导致受力不均的金属垫片将顶丝单边顶起至翘曲变形，聚四氟乙烯内胆发生严重蠕变直至破裂。随后异丙醇和异丙醇钛从破裂处泄漏至 200℃烘箱内在空气中形成二氧化钛白烟，引发了烟感报警。

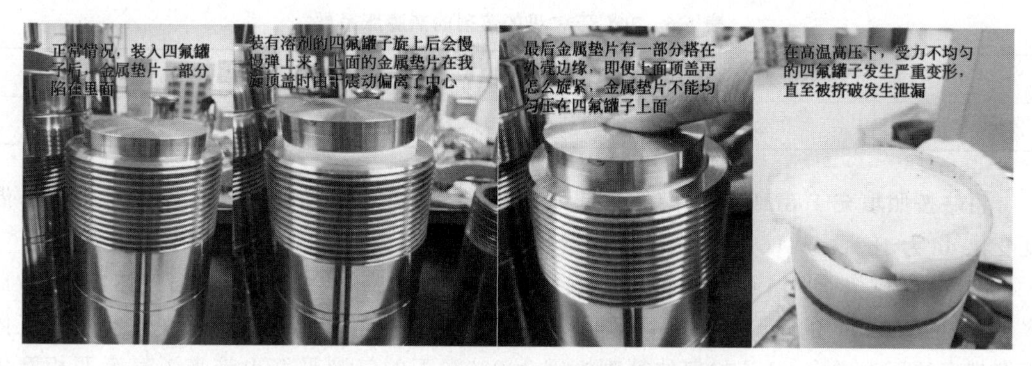

图 6-13 内胆设计有问题的水热釜

以前判定一个水热反应是否安全，主要是看该温度下溶剂饱和蒸汽压是否小于水热釜的设计压力(本次使用的水热釜设计压力上限为 3MPa)。因为在体积一定的密闭容器中，一个纯物质在温度上升到相变点时，将会达到气液平衡，根据克拉佩龙方程，随温度升高，其饱和蒸汽压也上升，并始终保持气液平衡。但是异丙醇不是理想气体，使用克拉佩龙方程进行估算误差会非常大。所幸人们多年来已经总结出不少成熟的数据库(如 Knovel 数据库)，也早已掌握了通过专业软件模拟体系饱和蒸汽压的方法，使用 ProII 软件就可以得到 90℃以上的异丙醇饱和蒸汽压(表 6-5)。

表 6-5 异丙醇在不同温度下的饱和蒸气压

温度/℃	饱和蒸汽压/kPa	温度/℃	饱和蒸汽压/kPa
100	210	180	1760
120	388	200	2610
140	680	220	3750
160	1130	240	5260

从表中可以看出，当温度达到 200℃时，异丙醇的饱和蒸气压已经增加到 26 个大气压，接近水热釜承压的极限值(3MPa)，在接近高压设备的承压上限时使用风险还是比较高的，特别是一些网购产品并没有对每一个出厂的高压设备进行耐压测试，在接近承压上限使用时风险就会更高。

在对本次事故的原因分析中，我们注意到国内水热釜厂家标注的内胆填充量为容积的 4/5 主要指的是水体系(但一般说明书上并未明确指出适用体系)，这对于溶剂体系非常危险。非水体系使用水热釜进行实验只考虑饱和蒸汽压是不够的，一定不能忽略液体在高温下可能存在的体积膨胀。事实上每种液体在高温下都会发生体积膨胀，进一步缩小原来密闭空间中液体上方所剩余的容积。当液体膨胀较大时，上方的气体压缩会导致压力急剧增大，所以最终的容器内总压力应是压缩气体的压力和溶剂的饱和蒸汽压一起贡献的。

从平均体积膨胀系数公式(6-1)和查阅的溶剂的膨胀系数(表 6-6)，可以估算出 200℃时异丙醇膨胀的体积。

$$\beta = \frac{1}{V}\frac{dV}{dt} \tag{6-1}$$

表 6-6　20℃下常见的溶剂的热膨胀系数

水	丙三醇	乙二醇	乙醇	甲醇	异丙醇
0.000208	0.005	0.00057	0.00109	0.00118	0.00107

粗略按照填充 168mL 异丙醇作为起始体积 V，取异丙醇的体积膨胀系数为 0.001，温度变化 dt 为 180，由式(6-1)可得出体积增长 30mL，接近了内胆容积的上限。

空气在 200℃会从 1atm 升至 1.7atm，异丙醇液相的膨胀会进一步压缩气体空间，对比水和异丙醇在 20℃的热膨胀系数，可知异丙醇的液体膨胀可能是水的 5 倍。此时上方气体压缩带来的压力增大，又该如何估算呢？因为 200℃下的气液平衡也带来了气液两相摩尔浓度的变化，以及在较高压力下不可忽略的空气在异丙醇中的溶解度，若采用公式进行估算也是有一定误差的。

$$\frac{P_0V_0}{T_0}=\frac{P_1V_1}{T_1} \tag{6-2}$$

如果忽略摩尔浓度和空气溶解度的变化，简单采用式(6-2)来估算液体膨胀后被压缩的压力 P_1：设 P_0 为标准大气压，V_0 为初始剩余体积(32mL)，$T_0=293\text{K}$，P_1 是 200℃下的压力，V_1 是 200℃剩余的气体体积，$T_1=473\text{K}$。可以得到不同剩余体积 V_1 下的压力变化 P_1(表 6-7)。从表中可以看到，随着剩余气体体积的减小，会带来压力的急剧增加。实验中的剩余体积减小所带来的压力增高与异丙醇的饱和蒸气压共同组成 200℃时体系的压力，明显超过了水热釜说明书上的承压上限。在此实验条件下，水热釜爆炸必然发生。虽然是估算结果，但仍为我们重新认识溶剂体系的水热釜实验提供了一定的参考。因此在水热釜中使用溶剂进行反应时，除了饱和蒸气压的模拟和估算，一定要考虑到溶剂体积膨胀使上方气体压缩带来的压力增加。

表 6-7　不同剩余体积下的压力

V_1/mL	5	4	3	2	1
P_1	$10P_0$	$13P_0$	$17P_0$	$26P_0$	$52P_0$

然而超过水热釜设计上限的实验压力为什么没有直接引起水热釜爆炸呢？这是本事故案例非常值得注意的结果：不是所有缺陷的叠加都会导致更大的灾难。在此案例中，正是因为实验条件严重超压与水热釜顶盖设计安装缺陷同时存在，超压这个最大的风险反而被水热釜设计缺陷和安装不严密“化解”，从爆炸事故等级直接降低到了泄漏事故等级，后果的严重性也降低了。也就是说，设计缺陷带来的安装不严密恰恰起到了泄压的效果。找到了水热釜泄漏事故的直接原因，我们采用事故树法对事故原因进行梳理，如图 6-14 所示。

通过事故树法分析本次事故，并加入安全屏障，管理者就会非常清晰地认识到导致事故的管理漏洞在哪里。也就是说，通过对事故树法中安全屏障的分析和审查，可以针对这次事故及时弥补管理中的漏洞，与此同时在深入梳理安全屏障的时候，也可以分析到安全管理缺陷导致事故的深层次原因。在本次事故中我们就追溯到管理组织层面的问题。在调看了所有实验室的水热釜 SOP 后，发现水热釜的 SOP 并没有及时完善，对水热釜的危害辨识并不全面；在此类高压设备采购环节中，也没有对供应商资质进行规范，导致采购环节就带来了

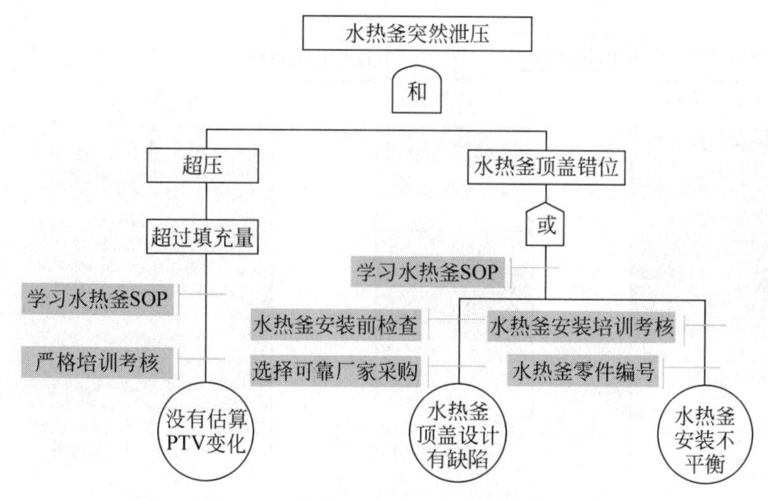

图 6-14 水热釜突然泄压事故树分析

"先天"的漏洞。

3. 事故学习

这是一个非常值得学习的案例。在分析事故原因的过程中,我们通过 FTA 和简化的 SCAT 方法(图 6-15)不仅找到了事故的直接原因,也清晰地认识到导致事故发生的根本原因。SCAT 事故致因分析方法指出所有的事故归根结底都是管理和组织缺陷导致的,无一例外在本次事故中,我们也不难看出,虽然水热釜技术已经应用多年,但是我们并没有建立不断完善 SOP 的制度,在多年的使用中所遇到的问题和挑战并没有及时得到总结,也没有更科学合理地分析水热釜在使用过程中存在的所有风险。此外在对高压设备的采购中也没有建立对供应商的审核制度,基本上是由使用者自行购置,对供应商资质和设备本质安全设计也没有相应的推荐意见,由此使用者在采购时可能仅凭经验,无法判别设备可能具有潜在风险。在对高压设备的使用管理中,设备完整性检查没有纳入实验室安全管理控制的制度中,对于较高风险设备的完整性检查没有强制执行,高压设备管理中仅仅关注了高压灭菌锅和高压气瓶这两类常用设备,对小型高压釜的监管存在明显漏洞。

在弥补漏洞的过程中我们可以学习到,对于无法查阅完整数据的溶剂体系而言,非常容易忽略液体膨胀带来的上方气体体积压缩,从而导致压力增高。这一问题的发现,使得我们对 SOP 中充填体积的要求理解更加透彻,对高压试验中体系压力估算总结了整套方法并应用在 SOP 学习和使用培训之中。这一事故案例同时也警醒我们对于新兴技术的经验积累是多么重要,不断完善 SOP 和相关制度才能面对新的挑战。通过事故学习,我们更新了水热釜使用 SOP,并加强了培训与考核;分享事故并作为案例纳入安全课程中;从设备购置、SOP 学习和实验过程多方面加强了对高压实验的监管;将 SOP 分享给其他高校并举办培训讲座帮助使用水热釜的实验室评估风险。

在事故调查中我们经常发现,对危害评估的不足和缺失往往是导致事故发生的直接原因。用科学的方法解决问题被证实是最有效的途径。强大的安全文化往往会使用科学的方法进行危害沟通,系统地计划、执行和评估实验过程,将识别、评估和减轻实验过程的危害整合到实验设计中,将在下一章进行详细阐述。

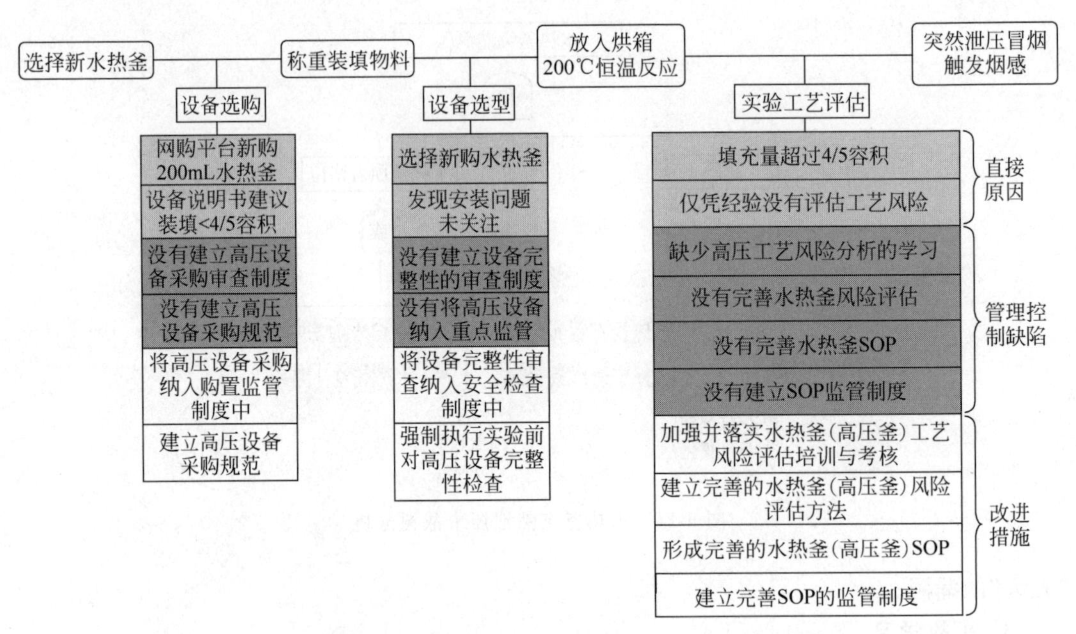

图 6-15 水热釜突然泄压事故 SCAT 分析

课后练习

1. 请列举 3 个实验室中的不安全状态和不安全行为。

2. 请分析在实验室工作中遇到的差点产生损伤的险肇事件(near miss),并采用本章介绍的分析方法找到事件的根本原因。

第7章

化学实验室安全文化

我们在之前的课程中以RAMP为核心，让同学们了解到在化学实验室工作要学会识别危害、评估风险、降低风险，并做好应对紧急情况的准备。危害辨识是RAMP首要的一步，是基于对危险源本身危险属性的了解，而风险更多是实验过程中产生的，需要针对具体操作来分析。在对风险的评估中我们既依靠科学的方法，也凭借正确的伦理观。100多年前我们对炸药和放射性元素的研究都是以生命和健康为代价的，甚至在50年前，世界工业文明的发展仍是忽略对健康和环境的影响，追求利益最大化的。当中国翻开新时代的篇章，我们不禁要思考学校应该给青年提供怎样的教育，传递怎样的价值观，而使未来社会更关注每个人的安全、健康和公共环境。这就需要我们的实验室建设良好的安全文化。

7.1 安全文化的内涵

安全文化的核心是以人为本，是科学、可靠、和谐的安全体系，通过培育员工共同认可的安全价值观和安全行为规范，在企业或单位内部营造自我约束、自主管理和团队管理的安全文化氛围，最终实现持续改善，并保持安全状态的长效机制。

一个组织的群体表现出什么样的行为，可以折射出这个单位的安全文化。陶氏内部用安全文化阶梯来认识文化的不同进化阶段，陶氏把安全文化的综合描述分为5个阶梯（图7-1）。每个阶梯都有不同的行为特征，并且每个阶梯都是前一个阶梯的进步。

第一阶梯，也是最差的阶段，称为“病态阶段”。在这个阶段的行为表现是“只要不被抓到，就不在意”。安全需求作为马斯洛需求层次中仅次于生理需求的基本需要，这一阶段主要依赖人的本能，可以顺从安全管理人员的约束。

第二阶梯，称为“反应阶段”，在这一阶段中安全被认为是重要的，每次事故发生后，就会做许多事去弥补。员工遵守安全规定成为被雇佣的条件和纪律约束，安全行为成了规则程序，安全的结果会影响绩效评定结果。

第三阶梯，称为“计算阶段”，这一阶段有系统来管理所有的危害。企业具有良好的安

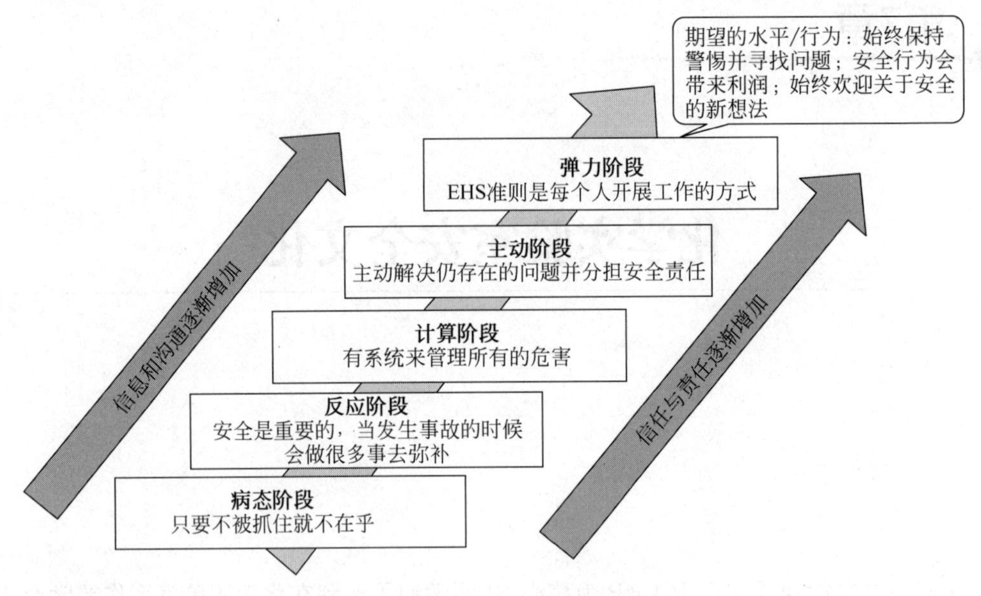

图 7-1 陶氏安全文化的 5 个阶梯

全管理体系，也要求员工承诺遵守安全规范，确保安全行为。员工具有自我保护能力和习惯，在安全行为上形成自我约束，但说到底还是“要我安全”。

第四阶梯，称为“主动阶段”，这一阶段的特征是主动去解决仍存在的问题，分担安全责任。这是从“要我安全”到“我要安全”的转变。这一阶段，企业倡导全员参与安全管理，员工自觉帮助他人遵守安全规定，每个人都会留心他人的安全状态，以自我约束为整个团队的安全做出贡献。

第五阶梯，即最高阶段，称为“弹力阶段”，此阶段 EHS 已经融入工作的精髓。这是一种理想的境界，所有人皆对安全问题保持高度警觉，密切留意所有可能预示问题的迹象。在这一阶段，所有人普遍认为“安全行为可以为企业带来利润”，任何有关安全的新想法都会受到欢迎。安全准则已然成为每个人行事的根本依据，融入到一举一动之中。

如果对照实验室中的各类行为，我们或许可以评估出实验室安全文化处于哪一种阶段。我们时常会在实验室见到没有穿戴 PPE 的同学，他们经常解释说，我现在的操作风险很小不需要防护。在一个公共的实验室，也许你的操作风险很小，但是别忘了其他同学的行为可能导致意外发生而影响到你的安全；此外这种“裸奔”的行为会逐渐成为习惯，增加人的侥幸心理，也给实验室带来负面的影响，其他同学也会效仿。

我们偶尔也会看到教师在实验室指导实验的时候没有穿戴 PPE，在与学生讨论实验的时候只关注实验结果，对危险的实验过程不告知风险。也许教师在繁重的工作和巨大的压力下无暇顾及实验细节，但“师者，所以传道授业解惑也”。“传道”是师者的义务，教师所传递的价值观会影响学生的一生。教师对安全的关注，对风险的准确识别，对安全技术的鼓励，无一不是对生命的尊重，这样的“传道”将凝聚人心，营造优秀的安全文化。

我们还可能发现学院的领导很少思考实验室安全问题，因为风险是危险发生的概率，风险管理几乎是对不确定事件或小概率事件投入成本去控制。我们从海因里希法则了解到如果实验室经常发生意外事件而并没有采取控制措施，久而久之安全文化会荡然无存，必将会发生恶性事故。

由此可见，安全文化是其成员在安全方面的行动、态度和行为的反映。这些成员包括政府部门的管理者、工业企业的经理、主管和雇员等，也包括学术界的教职员工和学生。安全文化需要全员参与，我们从多种控制角度阻挡风险演变为事故，风险管理(或过程控制)本身已经发展为实验技术、职业健康与管理学相结合的系统工程，它建立在共同认可的价值观基础上，通过系统的管理方法建立安全文化。

安全是一种正面价值——它能防止受伤，挽救生命，提高生产力和凝聚力。当安全得到积极实践，并被组织领导视为关键的核心价值时，它会给所有在那里工作的人带来一种自信和关怀。

我们需要强大的安全文化来保护员工，提升企业的社会形象；培养学生的安全技能和意识，保护学术机构的声誉。这种文化源于伦理、道德和实际考虑，而不是监管要求。学术管理人员、教师和工作人员有责任保护学生的安全，并培养他们的安全意识和安全技能。在强大的安全文化中，学生将获得识别和评估风险的能力，将风险降到最低，并准备应对实验室紧急情况。他们在离开校园走上工作岗位后，会将他们在学校中接受的教育延伸。一个良好的安全文化中培养的学生会把这种文化带入到工作中，他们的表现会成为榜样，对事物的全面思考与评估也为自己赢得机遇和信任。一个行业也会由于更多的有良好安全文化教育背景的员工而得到提升，获得更大的社会效益。

安全文化建设的主要内容包括正确的安全伦理和价值观、完善的组织架构和管理体系、完整的教育培训体系，以及良好和充分的沟通交流途径。下面具体介绍安全文化中几个重要内容。

7.2　如何提升安全文化

7.2.1　领导力与伦理观

一个机构的领导是建立强大的安全文化的关键，安全文化的方向和力度是由领导决定的。领导者鼓励其他人重视安全，寻求公开透明的沟通方式以建立彼此的信任，以身作则，承担安全责任，并让其他人也对安全负责。例如在学术领域，从校长、学院院长/系主任、教务长到教员、主要研究人员和其他教职员工都负有相应的责任。然而，这些责任并不总是能得到落实，特别是安全责任被下放到个别部门的时候，不同角色的责任承担者会由于只看重结果和进展、缺少安全认知、不掌握风险控制方法而逃避责任，也会因为害怕追责、认为事不关己而推卸责任。然而，我们应该知道，安全同时还负有教育的责任。实验室安全建设目标，不仅关系到师生的安全健康，而且与培养什么样的人，如何培养人，为谁培养人密切相关。因为一流的科研技术人才，不仅要有一流的创新能力，而且要有能把公众的安全、健康、福祉放在首位的价值观。

牢固的安全意识和安全态度非常重要，需要反复强调和长期的努力。从领导者开始，每个人都要参与安全建设，建立积极的态度和强大的安全伦理。正确的安全观体现在“安全伦理”上即为重视安全、担当安全工作、预防危险行为、鼓励安全实践、承担安全责任。安全伦理是道德标准，指导一个人或群体的行为。安全伦理是领导者的价值观：重视人的生命、健康、保护环境、正义、公开诚实地沟通安全问题。领导力的具体体现在于：

(1) 明确安全责任，制定安全政策，实施安全计划，将实施情况纳入员工绩效考核中。

(2) 鼓励每一位领导成为安全教育的支持者，并在他们的行动中向其他员工和学生展示对安全的极大关注。

(3) 建立一个强有力的、有效的安全管理体系和安全程序。

在多年安全工作的不断反思中，我们认识到需要将正确的"伦理观"作为实验室安全教育的第一讲，而且越来越深刻地体会到正确的"伦理观"是针对每个人的，绝不仅限于参加课程的学生或员工。

例如作为实验室的责任教授，面对每一个生命及自己的科研工作都应有"负责任"的伦理观，评估课题风险，为实验室工作者尽量提供专业可靠的安全设施，告知风险并确保其掌握控制风险的能力。将这一工作放在开展实验之前，正是体现了对生命的尊重，是不愧被称呼为"老师"的基本要求。在此也呼吁实验室安全的管理者们，请以负责任的态度站在实验操作者的角度，以职业卫生与健康的视角分析风险或许会让学生更理解实验室安全的重要性。请在教学实验中加入风险分析的练习，从最初的实验训练就学习"危害辨识—风险评估—降低风险—应急准备"(RAMP)的本领，让他们获得安全素养从而受益终生。

"探索未知就会有未知的风险"。北京大学知名化学家杨震教授在美国的实验室进行科研创新时经历了噩梦般的爆炸事故，胳膊三度烧伤，胸和脸二度烧伤，耳朵烧没了，做了几次手术才得以恢复。不是每个人都会像这个首位合成紫杉醇的英雄一样幸运地九死一生。作为学生或是实验人员，你要学习的就是在可以预见的各个方面消除或降低风险的方法。不要把自己看作实验室的"过客"，请怀着对实验室的敬畏之心，以对生命负责的伦理观，对待自己和你的伙伴，认真做好每个实验的风险评估与控制；对我们赖以生存的环境负责任，妥善处理危险废弃物。

7.2.2 安全教育

在安全计划中教育培训是尤为重要的内容，安全教育与培训也是安全文化建设中的基石。只有充分地掌握安全知识和技能，才能为安全文化的建立奠定基础，从安全伦理和价值观的统一到安全知识和实践的分享，再到危害沟通与风险评估方法的实施，所有人员只有通过充分的安全教育，才能落实安全计划，形成安全文化。

化学作为以实验为主的基础学科，是存在未知风险最多的学科之一。然而我们会不时听到有些师生说"我才是最懂化学的"，老师觉得"这些我都知道"，学生觉得"我做了很多次都没事"。真的都知道吗？这一次真的也会没事吗？我们对不断涌现的新物质危险性是未知的，面对已知危险性的物质如果没有采取有效的控制手段则如同未知。即使同样的原料与工艺，实验环境和人的状态也会有差别。金属毒理专家卡伦·维特豪恩教授(图 7-2)就是因为在实验时错戴了没有防护效果的乳胶手套，两滴剧毒的二甲基汞穿透手套导致中毒，去世时年仅 48 岁，她一定知道二甲基汞的厉害，但却倒在了

图 7-2 卡伦·维特豪恩教授

自己的实验室。

“我才是最懂化学的”思想，也许出自学科知识和见识积累而成的自信心，或是对未知世界的探索和合成新物质的成就感，但是这种思想限制了实验者的“风险意识”，阻碍了“多向思维”。以专心致志的单向目标式思维面对复杂而专业的操作时，会丧失“多维度思考”的视角，以轻视的态度让自己远离了控制与保护，也会抵触实验室安全教育。

现代实验室安全所涉及的知识和技术已远远超越了简单的实验室禁止行为规定。在“风险控制”方法的指导下，可以让我们在用 CAS 号检索化学品供应的时候，也会用 SDS 检索它的安全数据，会用 JHA 和 MOC 论证每一步的操作，会学习和遵守设备和实验过程的 SOP，从而避免大多数实验风险。

安全教育不仅应包含相应的安全知识，还可以特别制定针对不同人群的需求，将安全知识和技术的内容模块化，以适应不同实验研究的要求。平时在小组讨论和各种内部研讨的场合去分享安全经验，讨论安全问题也是非常值得提倡的学习方式，这种只针对具体问题的分析就像我们在课上解答例题，可以非常充分而全面地进行讨论，深入地认知问题的本质并找到科学的答案。与此同时，经常举办应急演练也是非常必要的内容，以此验证应急预案的有效性，也提高学生应对紧急情况的响应能力(详见第 5 章)。

例如，加州大学圣地亚哥分校和普林斯顿大学制定了对全体教职员工、学生和博士后学者的安全培训的具体要求：

(1) 学生在整个课程中都受到安全原则的教育。

(2) 学生在规定的实验课程中不断学习安全知识。

(3) 教授学生在实验室独立工作所需的安全技能。

(4) 在研究实验室工作的学生，要接受具体研究操作所需安全技能方面的教育和培训。

(5) 教师和授权的管理者，在实验室教学或研究中进行监督，教育和培训学生和雇员相应的安全技能。

(6) 所有进入实验室工作的人都会得到安全方面的指导，并学习如何在研究团队中建立安全文化。

现在人们倾向于通过网络获取知识，特别是全球疫情暴发期间，线上教学成了教育培训的主要手段。此外线上会议的举办也为远程交流开辟了新的途径。大家通过线上会议一起讨论安全技术、问题或事故，一起学习新的安全知识，将安全文化延伸到更广阔的领域。

但是近些年随着传媒对知识性产品的青睐，越来越多的电视节目和自媒体涉足危险实验，视频网站中一些危险操作的点击率高居不下。一些没有任何防控措施的实验，均为博人眼球之举。在《疯狂化学》的视频中，实验地点就在自家后院和厨房，没有任何防护的操作者可能的初衷是传达他对化学元素的了解，并通过实验来阐述其特性，而了解化学的人一定会感慨“太危险了”。百度疯狂化学贴吧中标注的口号是“用那些震撼的实验展现化学最美的一面”，尽管设立了禁毒、禁爆、禁娱乐化的规章和免责声明，然而各种在家里“裸奔”实施的危险实验视频紧随其后，同样没有任何安全用量说明。化学之美是在控制其风险的前提下，在安全用量范围内才能完美展现，这种控制又蕴含着多少专业化学知识却只字未提。除了民间传播，一些危险实验被制作为电视节目大张旗鼓地作秀，同样丝毫未提及其中哪些安全措施必须到位。更有不知真实与否的“实验室惨案”之类微信文章，传播甚广。媒体是受众最广、最直接的教育手段，如此科普，将给公众传递怎样的理念？媒体的责任感何在？

正确的安全教育可以让学生们从理解原理开始掌握安全技术的应用和风险控制的方法，所以他们能够学会批判性地思考安全问题，并做出最终决定，以保证自己和周围的人的安全和健康。最好的促进安全的方法是树立榜样，对在安全工作中表现突出的个人给予认可是安全计划的重要组成部分，也是安全教育的一个内容。学生在毕业前学习的安全知识和技能，感受的安全文化，使其建立了一种安全伦理。树立个人榜样、宣传最佳实践行为、评选优秀实验室、设立实验室安全流动奖牌，都是在实施安全教育，这些在学生和员工的心中埋下种子，在不远的将来即会开花结果。在学生毕业后，他将把这种伦理观带到工作岗位上，引领行业的进步和社会的发展，传承未来。

实验室安全教育是安全文化的重要组成，它涵盖了安全意识、知识、方法、能力等各方面的传授和学习，做好这件事依赖于所有人的主动参与，是价值观的实际体现。卢梭说："我们生来是软弱的，所以我们需要力量；我们生来是一无所有的，所以我们需要帮助；我们生来是愚蠢的，所以需要判断的能力。我们在出生时所没有的东西，我们在长大的时候所需要的东西，全部要由教育赐予我们。"

7.2.3 事故分享

建立安全文化的一个重要因素是建立报告和调查事故的制度，找出直接和根本原因，并实施纠正措施。事故分享在安全文化建立初期并不容易，要克服人们对事故伤害的恐惧和对事后问责的担忧，把关注力放在事故调查和学习上，而不是指责和惩罚。很多关于安全的知识都是从错误或事故中学到的，事故分享也是一个学习过程，利用这些事件和学到的教训作为案例研究，使学习者思考哪些安全措施可以防止或最小化这些事故，我们的风险控制中还有哪些漏洞，我们的安全管理和组织形式中还有哪些欠缺。在事故分析和学习之后，对漏洞的弥补也需要在事故分享和学习的基础上建立有效沟通，得到充分理解和全面的落实。

海因里希在 1941 年《工业事故预防(第二版)》中提出了关于事故统计的"事故金字塔"模型(图 7-3)，现在被称为"海因里希法则""安全金字塔"或"事故三角形"，是广为人知的事故分析统计理论，其概念至今仍被很多企业用于事故分类统计。海因里希和弗兰克·博德历时 30 多年统计了 55 万件机械事故，其中死亡、重伤事故 1666 件，轻伤 48334 件，其余则为无伤害事故。从而得出一个重要结论，即在机械事故中，死亡或重伤(major injury)、轻伤(minor injuries)或故障以及无伤害事故(no-injury accidents)的比例为 1∶29∶300(图 7-3)。这个"事故金字塔"揭示了一个十分重要的事故预防原理，即：要防止死亡或重伤事故的发生，必须预防和减少轻伤事故，要防止轻伤事故发生，就必须预防和减少无伤害事故。而预防和减少无伤害事故就必须重视日常的不安全行为和不安全状态，也就是安全管理细节必须到位。虽然从事故统计归纳中诞生的海因里希法则有一定的局限性，但是安全金字塔至今仍被应用于培训教育，原因就在于这一法则引发了两个深层次认知：一是死亡与重伤是小概率事件但却是不可接受的后果，它背后一定隐藏着一个或多个可能导致轻伤或未遂事件的隐患；二是对那些较多发生的小事件要更主动地预防以提高安全性，特别是对无伤害事故的分析和学习，往往收获巨大，是发现日常管理漏洞和弥补管理缺陷的重要契机。

大多数关于安全的知识都是从错误或事故中获得的。事故调查是帮助建立强大安全文化的关键一环，它可以确定直接原因和根本原因，从而采取行动防止未来的事故。例如，由于在靠近火源的地方使用易燃材料而导致火灾是直接原因；没有接受过消防安全教育，没

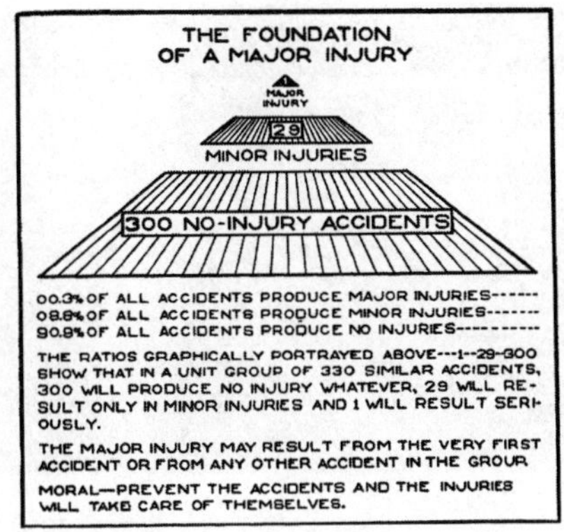

图 7-3　海因里希发表在《工业事故预防》一书中的事故统计结果

有相关的培训课程是根本原因。通常情况下，发生事故的关键根源之一是安全文化的薄弱或缺失——领导说安全很重要，但没有投入大量的时间、精力和资源，回避承担安全责任，这将直接影响安全文化的建立。

强有力的安全文化必然包括建立并维护一个事故报告系统、事故调查系统和事故数据库，并在分析事故致因的基础上实施纠正措施，分享所学到的经验。调查的范围由事件的严重程度决定，但所有的事件都应尽快调查，严重的事件现场应保留到调查公布。事故调查可以作为安全教育和培训的案例，在课堂、小组讨论或研讨会上进行，并定期举办关于事故学习的安全研讨会；在机构的网站或适当的杂志上发表或分享案例研究。调查的重点不应该是指责或处罚，那样会使员工不再报告或分享任何事件。在一个强大的安全文化中，事故不会被永远消除，但严重的事故一定是罕见的。

7.2.4　宣传安全文化

强大的安全文化一定需要一个良好而充分的沟通和交流途径，还需要使用大家都明白的安全语言。多种形式的沟通和交流，以及各类安全语言的表达，都是对安全文化的提升。通过社交平台、视频、慕课、网络会议等方式发布安全信息、事件报告，学习安全知识，讨论安全问题或事故，还可以举办“安全周”或“安全日”，宣讲、演练、展板（图 7-4）、报刊专栏、竞赛、专项督查和清理……这些沟通交流的方式和活动非常有效地帮助实验室成员融入安全文化中来，深刻感受安全文化的内涵，也促进他们进一步学习安全知识和技能。

在宣传的时候我们会运用统一的安全语言，也会自创一些海报和视频来传播安全理念。实际上安全语言就在我们的危险源包装上，可以明显看到各种安全标签、象形符号、警示标识、禁止标识等。无论是化学品还是设备，在购入实验室的时候就成了我们身边的安全语言。在我们实施管理控制的时候，会根据风险评估的结果增加安全标签、警示标识（图 7-5），张贴 SOP、设置实验室信息牌（图 7-6）。师生员工进入实验室就置身于安全语言中，感受安全文化，提升安全意识。

比起批评和惩罚，表彰和奖励在安全文化建设中的作用更加突出。对正确安全认知的表扬，对安全行为的宣传、对最佳实践的赞许、对安全工作突出个人的奖励都是弘扬安全文化的有效举措。在鼓励下将涌现更多的安全行为和最佳实践，也会有更多的人去思考安全，

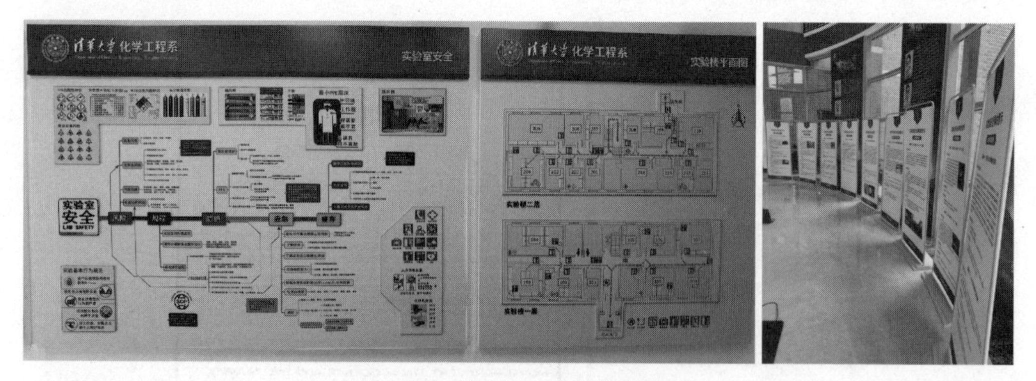

图 7-4　实验室安全宣传展板

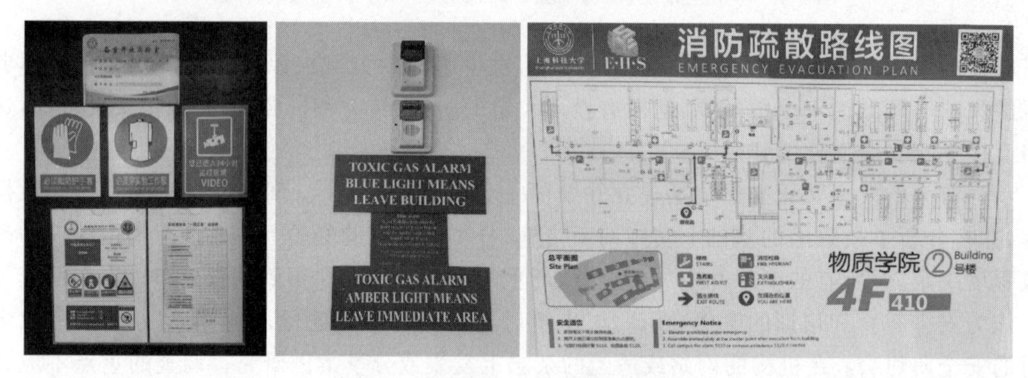

图 7-5　实验室门口警示牌和疏散图

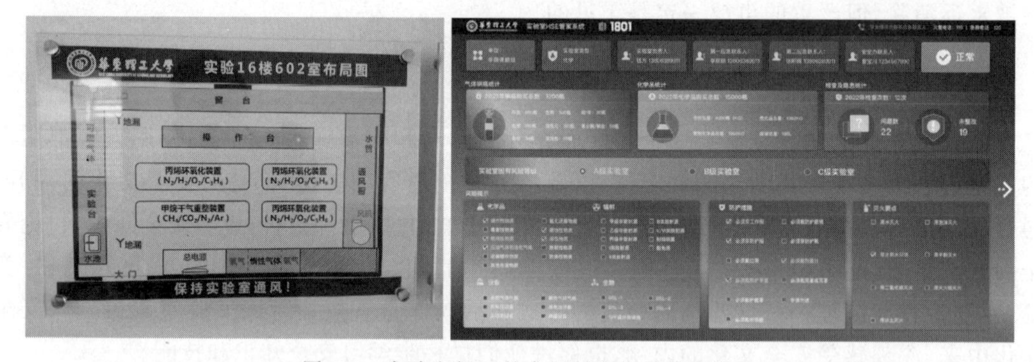

图 7-6　实验室门口的布局图和电子信息牌

探讨安全问题，公开征求对安全问题的改善途径，当遇到不安全的行为时私下去提醒，公布安全规定的时候说明原因等。建立良好的沟通氛围，久而久之安全文化蔚然成风。

7.2.5　协同合作

安全工作绝不是一个部门可以完成的事，它需要不同部门、不同角色的人协同合作。制订安全计划的关键部分是在各成员之间建立协作和信任，各机构、大学或企业应与当地政府、应急部门、消防部门等建立密切的工作关系，也要在内部建立跨部门的协同合作。部门内部的各类成员，包括安全负责人、安全专业人员、师生员工、行政人员等均接受安全计划的指导，并参与安全计划的执行。

与专业人员建立密切的伙伴关系也是很重要的，可以帮助师生员工解决健康、安全和环境的问题，在满足监管要求方面也可以提供宝贵的意见。专业人员也要和师生员工充分沟通，了解他们的问题和困境，帮助他们分析风险并一同找到降低风险的方法。监管部门也要与实验室工作人员充分交流，发现问题的根本原因，从管理和组织体系上帮助实验室改进。

在制订应急计划的时候，特别要加入跨部门之间的协作。在出现紧急情况的时候需要医院、消防部门、环境监察、交通部门等协同工作，为应急响应提供有力保障，减少伤亡和损失。与此同时，要考虑到当几个不同单位的人员一起使用一个实验楼的时候，出现紧急情况必须相互通报，做到快速、合理响应。这些需要协同合作的部门与人员应在平时就进行必要的应急演练，应急演练一定要脱离"走走形式"的花架子，努力通过每一次演练找到应急预案中问题，评估演练过程中的人员响应和设备响应的情况，考察跨部门沟通协作中的漏洞。经过多次演练达到较佳的协同效果，完善应急预案。

各机构、大学或企业还应与社区建立好关系，保持沟通与协作，在制定应急预案和安全计划的时候要考虑对社区的影响。充分尊重社区的知情权，在可能影响社区的活动中提供应有的信息，例如准确的危害信息、紧急切断点的位置、应急组织的关键联系人姓名及电话、后期的应急计划、处理进度追踪等。良好的沟通协作还包括通过座谈会、网络会等方式了解社区对一些事故事件的看法与困惑，切实解决群众遇到的问题，得到社区群众的理解和支持，建立一种信任关系，使各方都受益。

7.2.6 安全文化的传承

安全文化的建设需要实打实的行动，依靠正确的伦理价值观、完善的安全计划、真正落实安全措施、全员参与安全工作。

安全文化的提高需要时间培养，也需要关注不同的方面，采用不同的形式。一个最为简单也被很多企业采纳的形式，就是"安全一刻"(safety moment)，在每次会议开始时，用5min的时间聊一下安全。可以是一个安全知识、安全事故的小视频；可以是亲身经历的安全相关事件的分享，也可以是一个安全友情提醒。陶氏还用PACE模型来助力安全文化的建设(图7-7)。

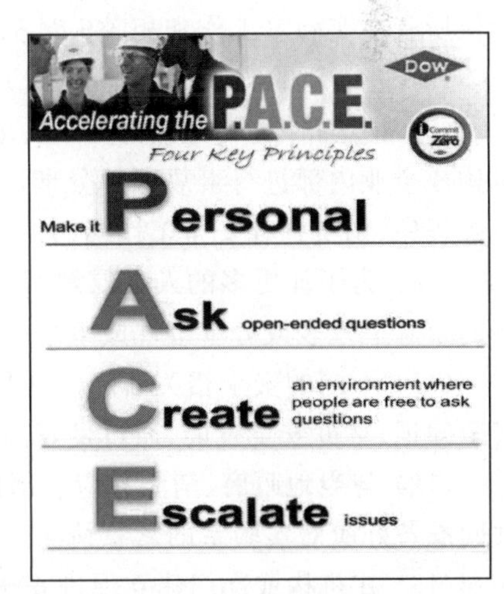

图7-7 陶氏安全文化中的PACE模型

(1) 将安全个人化(make it personal)。要让大家认识到安全是关乎每个人自己的事情。可以邀请大家用自己的语言来阐述一下自己对安全工作的承诺，可以从很小很简单的但又和个人的行为相关的事情开始，但每天都要时时地提醒自己。当承诺变成了习惯，就可以再承诺一个略难达到的行为，最终我们会看到显著的改变。例如，我走路时不看手机；我提醒家人乘车系上安全带；我使用手推车搬运重物。

(2) 提出开放式的问题(ask open-ended questions)。开放式的问题可以引导被询问者自己去思考。例如，询问有关员工计划在白天做什么，做的工作中有哪些风险。要注意的是，这些问题的目的不是去测评别人的知识和智力，而是为围绕安全进行平等地讨论和分享。

（3）建立一个人们可以自由提问的环境（create an environment where people are free to ask questions）。每个未被问及的问题都会使个人和其他人处于危险之中。潜在的危及生命的危害也可能潜伏在未被问及的问题背后。所以每个人都必须找到一种方法来鼓励提问并为提出的问题鼓掌。没有愚蠢的问题，唯一愚蠢的是没有问题可问。

（4）问题升级（escalate issues）。我们必须创造一个环境，让与我们一起工作的每个人都明白，升级既是一种权利，也是一种责任。这样，当有人故意选择不遵守操作纪律或走捷径时，我们会立即采取行动，因为这些人不应该在我们的设施中工作。如果我们遇到安全问题并不同意推进的方法时就会升级，直到我们有一个充分的讨论和答案。不升级问题就有可能使你和他人处于危险之中。所以不要这样做。

总体而言，安全文化建设可以从以下几个方面入手：

（1）建立不同级别的安全领导小组和专家委员会，确立各方面的安全责任，制定包括实验室安全在内的安全政策，并将安全责任纳入所有员工的工作描述和绩效。

（2）鼓励每一位领导成为安全的倡导者，并通过各种途径弘扬安全文化。

（3）将安全信条作为机构或企业的价值观：以人为本、实施责任关怀、保护自然生态与环境。

（4）确定支持安全文化建设的持续需求，建立固定的预算投入安全文化建设。

（5）建立一个强大、有效的安全管理系统和安全计划。

（6）通过在每节实验课上讲授安全内容，并在整个学生求学过程中对这些技能进行评估和提升，确保即将毕业的学生具有较强的实验室安全技能和较高的安全道德水平。

（7）重视并倡导实验室安全教育，通过各种形式讲授和宣传实验室安全知识与技能，并确保所有在实验室工作和相关人员都能接受到实验室安全教育。

（8）进入新的实验室工作前，或开展新的实验前，实施危害分析和风险评估程序。

（9）建立并维护事故报告系统、事故调查系统和事故数据库，及时公布事故报告，鼓励机构或企业内部进行事故事件分享，并作为安全学习的内容。建立事故和纠正措施的内部审查程序，切实弥补安全工作漏洞。

（10）为了让更多的人吸取教训，预防类似事故发生，鼓励在机构的网站、公共网站或适当的杂志上发表或分享事件或事故的经验教训及案例研究。

（11）不同的安全相关部门、不同角色的人员之间建立密切的工作关系，共同协作学习安全知识、掌握安全技能，通过良好沟通与交流，不断在安全方面追求进步。

（12）与当地政府、消防和应急部门建立密切的工作关系，让他们充分了解实验室特征，共同准备好应对实验室的紧急情况。

（13）在机构或部门建立促进安全文化的持续措施，包括：定期的宣传活动、专项研讨会、最佳实践分享、对安全行为的认可与表彰、接受内部员工和当地社区群众的监督并保持良好沟通。

安全文化的建设是我们始终努力的目标。在大学，因为高校科研实验内容的多变性以及人员的流动性，使得安全文化显得尤为重要。我们努力让每一个学院具有安全文化，为了让师生都可以感受到这种文化的陶冶，主动遵守，并加入到建设安全文化的行列中来。当我们的师生都在主动进行风险分析，主动进行变更管理，主动分享安全技术，主动发现管理漏洞，这都是安全文化的特征。大学是培养人的地方，在传播知识技能的同时，也在传递一种文化和价值观。

机构与企业也一样需要将以人为本的安全理念作为可持续发展的信条，这就像企业的灵魂，当正确的价值观深入人心并得到普遍贯彻时，安全文化将得到传承和发扬，也会树立良好的企业形象，促进企业的发展，从而推动社会的进步。

主要参考文献

[1] 叶冬青.实验室生物安全[M].2版.北京:人民卫生出版社,2014.

[2] COLLINS C H. Safety in Microbiology: a Review [J]. Biotechnology and Genetic Engineering Reviews,1984,1: 141-166.

[3] HUA SONGPENG. Muhammad Bilal and Hafiz M. N. Iqbal, Improved Biosafety and Biosecurity Measures and/or Strategies to Tackle Laboratory-Acquired Infections and Related Risks [J]. Int. J. Environ. Res. Public Health,2018,15(2697): 1-13.

[4] 世界卫生组织.实验室生物安全手册[R].3版.日内瓦:世界卫生组织,2004.

[5] CHOU J. Catalytic Combustible Gas Sensors. In Hazardous Gas Monitors—A Practical Guide to Selection,Operation and Applications[M]. New York: McGraw-Hill and SciTech Publishing,1999: 37-45.

[6] JOCELYN KAISER. Accidents Spur a Closer Look at Risks at Biodefense Labs[J]. Science,2007,317(5846): 1852-1854.

[7] RICHARD VAN NOORDEN. Safety survey reveals lab risks[J]. Nature,2013,493: 9-10.

[8] MENARD A D,TRANT J F. A review and critique of academic lab safety research[J]. Nature Chemistry,2020,12: 17-25.